BORUCKI · PHYSIK ZUM SCHMÖKERN

Allen meinen Schülern
in Markkleeberg
Querfurt
Leipzig
Friedberg
Würzburg
Wiesbaden
Bad Neustadt
und Mellrichstadt,
die ich stets mit Vergnügen unterrichtet habe
(und die hoffentlich auch ihr Vergnügen an meinem Unterricht hatten).

Physik zum Schmökern

Ein physikalisches Lesebuch

für junge Leute
und ihre älteren Geschwister
und ihre Eltern
und ihre Großeltern,
wenn sie sich mit Enkeln, Kindern oder Geschwistern
über die interessante Welt der Physik unterhalten wollen
von Hans Borucki

AULIS VERLAG DEUBNER & CO KG · KÖLN

Die Deutsche Bibliothek — CIP-Einheitsaufnahme

Borucki, Hans:
Physik zum Schmökern : ein physikalisches Lesebuch für junge Leute und ihre älteren Geschwister und ihre Eltern und ihre Großeltern, wenn sie sich mit Enkeln, Kindern oder Geschwistern über die interessante Welt der Physik unterhalten wollen.
Hans Borucki. — Köln :
Aulis-Verl. Deubner, 1993
ISBN 3-7614-1472-2

Bestell-Nr. 6087

Einbandgestaltung: Atelier Warminski, Büdingen
Satz: Druckerei Kahm, Frankenberg/Eder
Illustrationen: Eberhard Binder, Magdeburg
Printed in Hungary
ISBN 3-7614-1472-2

INHALTSVERZEICHNIS

Zur Einführung

Wie kann sich Baron von Münchhausen am eigenen Zopf aus dem Sumpf ziehen?
Wie kann ein kleines Kind eine tonnenschwere Steinkugel bewegen?
Wie kann man seine Gewichtsprobleme mit einem Flug ins Weltall lösen?
Wie kann man mit einfachen Mitteln eine Brücke zum Einsturz bringen?
Wie kann man in der Badewanne fürs Tiefseetauchen trainieren?
Verblüffende Antworten auf diese und ähnliche weltbewegende Fragen finden sich in diesem Schmöker. 82 Geschichten aus dem physikalikschen Alltag stehen bereit und warten auf ihren Leser. Und dieser wird feststellen, daß Physik nicht nur in Labors oder Instituten betrieben wird, sondern daß jeder von uns tagtäglich Physik betreibt. Schließlich ist es ja durchaus möglich, physikalische Gesetze auszunutzen und für sich arbeiten zu lassen, ohne sie beim Namen nennen zu können.
So treiben beispielsweise schon die Kleinsten auf dem Kinderspielplatz Physik und nutzen das Hebelgesetz für ihre Zwecke aus, wenn sie die Wippe so besteigen, daß das schwere Kind näher an der Drehachse sitzt als das leichtere. Aus Erfahrung wissen sie, daß nur so ein erquickliches Schaukeln möglich ist, weil andernfalls das leichtere Kind immer oben bleibt; es sei denn, das schwerere verliert die

Lust, steht auf und geht. Und dann beginnt das Fallgesetz zu wirken!

Physik treiben auch die etwas Größeren, die nicht mehr unbedingt auf dem Kinderspielplatz verkehren, wenn sie sich im Sommer die mit recht so beliebten Wasserschlachten liefern. Wer seinen Gegner wegen mangelnden Wasserdrucks nicht auf direktem Wege vollspritzen kann, der richtet den Gartenschlauch schräg nach oben und bringt auf diese Weise das Wasser doch noch ins scheinbar unerreichbare Ziel. Das Wurfgesetz macht's möglich!

Physik betreiben schließlich auch die ganz Großen, die schon Radfahren können. Sie „legen sich in die Kurve" wie die Rennfahrer, ohne auch nur zu ahnen, welche komplizierten Vorgänge sich dabei abspielen, und welche physikalischen Gesetze sie dafür in Anspruch nehmen.

Kurzum: Der Alltag steckt voller Physik! Und jede dieser 82 Geschichten deckt ein bißchen von dieser alltäglichen Physik auf.

Viel Spaß beim Schmökern!

Mellrichstadt, im Sommer 1993 Hans Borucki

Eine mißglückte Schulstunde

Der Lehrer hatte, wie er glaubte, die Unterrichtsstunde zum Thema: „Der Unterschied zwischen einem physikalischen und einem chemischen Vorgang“ gut vorbereitet. Die Schüler, es war eine 7. Klasse, arbeiteten hervorragend mit. Eigentlich waren alle Voraussetzungen für das Gelingen der Unterrichtsstunde gegeben. Und trotzdem ging am Schluß alles schief.

Zunächst hatte der Lehrer mit den Schülern den Unterschied zwischen einem physikalischen und einem chemischen Vorgang herausgearbeitet. Das Ergebnis schrieb er an die Tafel. Dann suchten Lehrer und Schüler gemeinsam nach Beispielen. Schmelzen war ein Beispiel für einen physikalischen Vorgang, denn beim Schmelzen ändert sich ja nur der Zustand eines Körpers, nicht aber seine stoffliche Zusammensetzung. Weitere Beispiele für physikalische Vorgänge waren der Wurf, bei dem ein Körper aus dem Zustand der Ruhe in den Zustand der Bewegung versetzt wird, das Erwärmen eines Eisenstabes, das eine Veränderung der Länge des Stabes bewirkt, und der Stoß zweier Körper, bei dem sich ihr Bewegungszustand ändert.

Dann machten sich die Schüler auf die Suche nach chemischen Vorgängen und fanden dabei die Verbrennung und die Verdauung. Wer ein Beispiel gefunden hatte, durfte es an die Tafel schreiben.

Die Stunde war mittlerweile fortgeschritten, und der Lehrer faßte das Gelernte zusammen. „Stellt euch vor“, sagte er, „der Vorgang, über den entschieden werden soll, ob er physikalischer oder chemischer Natur ist, verläuft in einer großen, schwarzen Kiste, in die ihr nicht hineinschauen könnt. Ihr seht nur, was auf der einen Seite in die Kiste hinein und was auf der anderen Seite aus ihr heraus kommt. Woran erkennt man, daß sich in der Kiste ein physikalischer Vorgang abgespielt hat?“

Die Antwort kam ohne Zögern: Falls derselbe Stoff, der in die Kiste gelangt, auch wieder herauskommt, wenn auch in einer anderen Form oder mit einer anderen Temperatur oder in einem anderen Bewegungszustand, dann hat sich darin ein physikalischer Vorgang abgespielt. So kommt zum Beispiel beim Schmelzen festes Blei in die Kiste hinein und flüssiges Blei aus der Kiste heraus.

„Und wie sieht es aus, wenn sich in der Kiste ein chemischer Vorgang abspielt?"

Auch jetzt kam die Antwort wie aus der Pistole geschossen: Wenn aus der Kiste ein anderer Stoff herauskommt als der, den man hineingegeben hat, vollzog sich in der Kiste ein chemischer Vorgang. So kommt zum Beispiel bei der Verbrennung Kohle in die Kiste hinein und Asche aus der Kiste heraus.

Auch diese Erläuterung wurde auf der Tafel festgehalten. Und damit entstand das abgebildete Tafelbild.

Die Stunde war eigentlich gelaufen. Während der letzten Minuten sollten die Schüler nur noch das an die Tafel Geschriebene in ihr Heft übertragen. Einem aber gefiel es offensichtlich nicht, daß nur zwei Beispiele für chemische

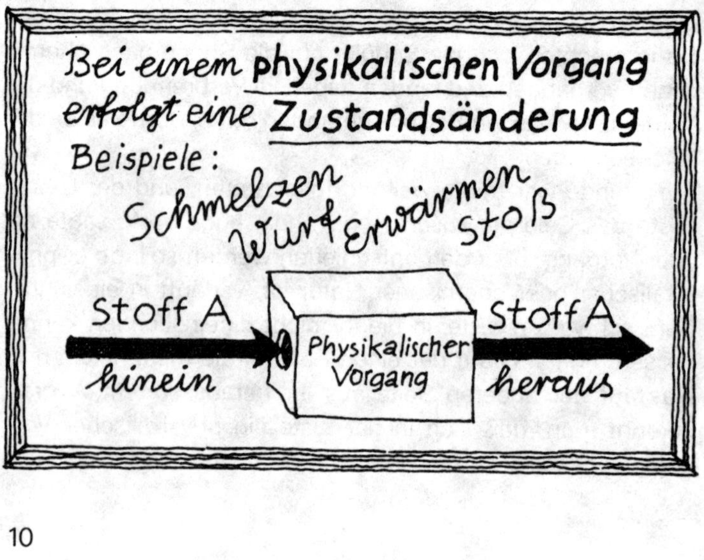

Vorgänge gefunden worden waren. Er kam ins Grübeln, kaute an seinem Federhalter herum und meldete sich plötzlich. Er kenne noch einen chemischen Vorgang, behauptete er, den wolle er an die Tafel schreiben. Der Lehrer stutzte, weil er sich nicht vorstellen konnte, daß einem Schüler dieser Klassenstufe außer der Verbrennung und der Verdauung noch andere chemische Vorgänge bekannt waren. Trotzdem ließ er ihn zur Tafel gehen. Dort schrieb der Junge das Wort „Zigarettenautomat'' unter die Beispiele für chemische Vorgänge. Zunächst glaubte der Lehrer, der Schüler wolle ihn foppen. Ärgerlich fragte er, was denn dieser Blödsinn solle. „Der Zigarettenautomat'' erwiderte der Schüler, „ist doch auch so eine Kiste, von der Sie eben sprachen. Eine Münze kommt hinein, und eine Schachtel Zigaretten kommt heraus. Also hat sich im Zigarettenautomat ein chemischer Vorgang abgespielt. Ist doch logisch, oder?''
Die Klasse tobte vor Vergnügen, auch der Lehrer lachte mit. „Repariert'' war der Schaden schon durch das Lachen. Dann wollte er etwas erwidern. Doch die Schulglocke verkündete das Ende der Stunde.

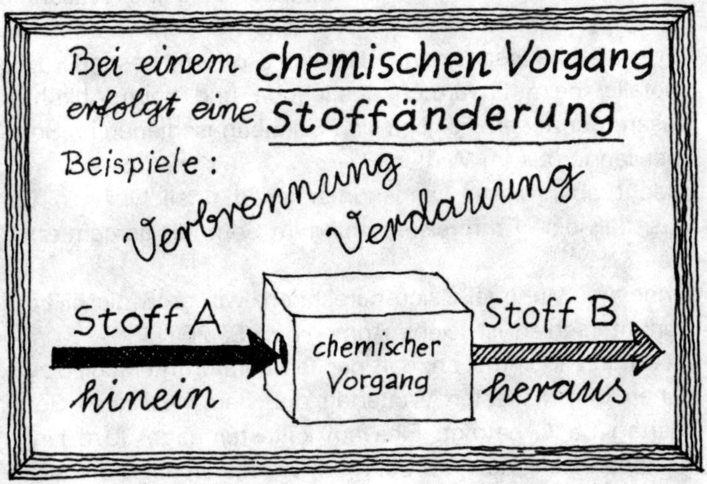

In der Pause kam der Lehrer ins Grübeln. Der Einfall mit der Kiste schien wohl doch nicht so ganz das Gelbe vom Ei gewesen zu sein.
In der darauffolgenden Stunde entzündete sich eine rege Diskussion über den Zigarettenautomaten. Und Lehrer wie Schüler kamen zu dem Schluß, daß die Idee mit der Kiste so schlecht nun auch wieder nicht war. Es gelang nämlich, dem Schüler, der das Zigarettenautomaten-Beispiel vorgebracht hatte, einen Denkfehler nachzuweisen. Sicherlich haben wir ihn mittlerweile auch schon gefunden, oder?

Sommerpreise und Winterpreise bei der Eisenbahn

Ein Witzbold hat einmal behauptet, die Eisenbahnfahrkarten müßten eigentlich im Sommer teurer sein als im Winter. Zur Begründung gab er an, daß man im Sommer für den gleichen Fahrpreis eine längere Fahrstrecke zurücklegen könne als im Winter.
Ganz so unrecht hatte der Schlaumeier mit seiner seltsamen Behauptung nicht. Denn es ist ja eine weitgehend bekannte physikalische Erscheinung, daß sich Stoffe, insbesondere die Metalle, beim Erwärmen ausdehnen und beim Abkühlen zusammenziehen. Folglich sind Eisenbahnschienen im Sommer länger als im Winter.
Macht aber dieser Längenunterschied tatsächlich so viel aus, daß eine Fahrpreiserhöhung im Sommer gerechtfertigt wäre?
Ohne viel Mühe läßt sich berechnen, wie groß dieser Längenunterschied ist (siehe Anmerkung S. 267).
Nehmen wir einmal an, daß der Temperaturunterschied zwischen dem kältesten Wintertag und dem heißesten Sommertag 65 °C beträgt. Eine am kältesten Tage 10 m lange Eisenbahnschiene wäre dann am wärmsten Tage um ziem-

lich genau 7,8 mm länger, d. h. 10,0078 m lang. Unter den gleichen Bedingungen wäre dann eine 100 m lange Eisenbahnschiene am heißesten Tage um 7,8 cm und eine 1000 m lange Eisenbahnschiene um 78 cm länger als am kältesten Tage.
So kommt es beispielsweise auf der Eisenbahnstrecke von München nach Hamburg immerhin zu einer Verlängerung von rund 600 m. Zwischen Warschau und Paris macht diese Verlängerung sogar schon rund 1200 m aus. Und auf der Strecke von Berlin nach Lissabon kommen immerhin 2200 m zusammen.
So groß, um eine Fahrpreiserhöhung zu rechtfertigen, sind diese Verlängerungen wahrscheinlich nicht! Groß genug, sich darüber zu wundern, sind sie aber allemal. So könnte man sich zum Beispiel darüber wundern, daß man im Sommer die Kopfbahnhöfe nicht verschieben muß. Müßte nicht der Münchener Hauptbahnhof im Sommer 600 m weiter südlich liegen? Oder der Hamburger Hauptbahnhof 600 m weiter nördlich, oder der Münchener Hauptbahnhof 300 m weiter südlich und der Hamburger Hauptbahnhof 300 m weiter nördlich? Oder wie oder was?

Wie hoch ist der Eiffelturm?

„Wie hoch ist eigentlich der Eiffelturm?" fragt ein Tourist, der Paris besucht, den Fremdenführer. Dieser, ein Physikstudent, der sich durch Stadtführungen ein paar zusätzliche Franc für sein Studium verdient, antwortet: „Das kann man nicht so genau sagen. Heute ist es warm, da dürfte er etwa 300,6 m hoch sein. Wenn Sie dagegen im Winter kommen, dann ist er ungefähr 20 cm niedriger."

Der Fragende fühlt sich verkohlt. Zu Unrecht natürlich. Denn recht hat er, der Physikstudent.

Die Höhe des Eiffelturms läßt sich, genau genommen, nicht so ohne weiteres angeben, weil sie nämlich von der jeweils herrschenden Temperatur abhängt. In der Kühle der Nacht ist der Turm niedriger als in der Wärme des Tages, und in der Kälte des Winters ist er nicht so hoch wie in der Hitze des Sommers.

Aus dem Kapitel „Sommerpreise und Winterpreise bei der Eisenbahn" wissen wir, daß sich die meisten Stoffe, insbesondere die Metalle, beim Erwärmen ausdehnen und beim Abkühlen zusammenziehen.

Der Eiffelturm besteht aus Stahl, und wenn wir einen Stahlstab von 1 m Länge um 1 °C erwärmen, so wird er um 0,0122 mm länger. Das ist zwar herzlich wenig, aber Monsieur Eiffels Wunderwerk ist immerhin ein „Stahlstab'' von rund 300 m Länge. Und wenn sich jeder einzelne von diesen 300 m um 0,0122 mm ausdehnt, macht das für den ganzen Turm immerhin 300 · 0,0122 mm = 3,66 mm aus.
Das ist nicht viel. Bedenken wir aber, daß zwischen der höchsten Sommertemperatur und der tiefsten Wintertemperatur ein Unterschied von 65 °C besteht. Demzufolge wäre der Eiffelturm am heißesten Sommertag um 65 · 3,66 mm höher als am kältesten Wintertag. Und das sind immerhin rund 24 cm.
Die temperaturbedingte Längenänderung bringt es auch mit sich, daß wir im Sommer von der Plattform des Eiffelturms aus weiter sehen können als im Winter. Offensichtlich haben das die Verantwortlichen noch nicht bemerkt, denn sonst gäbe es erhöhte Sommerpreise für diese Aussicht.
Also nichts von dem weitersagen, was wir soeben berechnet haben!

Ein Loch im Benzintank

Bis zum Rand vollgetankt hat Herr Penner seinen Wagen an der Selbstbedienungstankstelle, ist dann die paar Meter zum Parkplatz der benachbarten Raststätte gefahren und hat dort ein üppiges Mittagsmahl genossen. Als er nach reichlich einer Stunde zu seinem Wagen zurückkommt, der die ganze Zeit in der prallen Mittagshitze stand, stellt er fest, daß Benzin ausgelaufen ist. „Der Benzintank scheint undicht zu sein'', sagt Herr Penner zu seiner Frau, „ich werde zur nächsten Werkstatt fahren müssen''.
Wenn aber hier etwas „nicht ganz dicht'' ist, dann ist es nicht etwa der Benzintank, sondern Herr Penner selbst. Wie

kann man denn auch ein vollgetanktes Fahrzeug stundenlang in der Sonne stehen lassen! Jedes Kind weiß doch, daß sich die meisten Stoffe beim Erwärmen ausdehnen und daß diese Ausdehnung bei Benzin besonders stark ist.
Nehmen wir an, unmittelbar nach dem Tanken befanden sich 75 Liter Benzin von 20 °C im Tank, und in der mittäglichen Sommersonne ist die Temperatur des Benzins auf 60 °C gestiegen. Diese Temperaturerhöhung um 40 °C bewirkte, daß aus 75 Liter Benzin 78 Liter geworden sind (siehe Anmerkung S. 267). Und wenn für diese 78 Liter kein Platz im Tank ist, läuft eben ein Teil davon auf die Straße. Das ist aber nicht nur teuer, sondern auch gefährlich!
Selbst im Winter sollte man dem Benzin immer noch ein bißchen Platz zum Ausdehnen lassen, denn auch die Wintersonne kann für „höhere" Temperaturen im Benzintank sorgen.
Übrigens dehnt sich auch der Benzintank selbst beim Erwärmen aus. Seine Ausdehnung ist jedoch sehr viel geringer als die des Benzins, so daß sich die beiden Ausdehnungsvorgänge nicht gegenseitig ausgleichen.

Hart an der Grenze zum Betrug

Mancher Eigenheimbesitzer, der sich seinen Heizöltank in der kalten Jahreszeit bis zum Rand füllen läßt, glaubt am nächsten Morgen, er sei das Opfer eines Diebstahls oder eines Betrugs geworden. War am Vortag der Tank randvoll, so fehlen jetzt mehr Liter, als die Heizung im Laufe einer Nacht verbrauchen kann.
Zwar liegt in der Regel kein Diebstahl vor, aber hart an der Grenze zum Betrug kann sich die Sache schon bewegen, denn nicht jeder Heizölhändler ist ein Ehrenmann. Einige versuchen tatsächlich, ihren Gewinn durch geschickte Ausnutzung physikalischer Gesetze zu vergrößern. Und das ist ver-

hältnismäßig einfach. Der Händler braucht nur dafür zu sorgen, daß das Heizöl bei der Lieferung an den Kunden eine möglichst hohe Temperatur hat.
Mit zunehmender Temperatur nimmt, wie wir wissen, auch das Volumen des Heizöls zu. Aus 5000 Liter Heizöl von 10 °C werden durch eine Temperaturerhöhung auf 25 °C ohne jedes Zutun von außen 5072 Liter (siehe Anmerkung S. 267). Bei einem Literpreis von 0,40 DM macht diese Heizölvermehrung immerhin 28,80 DM aus, und das ist mehr als ein Trinkgeld.
Für den Kunden sieht jedoch die Rechnung ein wenig anders aus: Er bekommt 5000 Liter Heizöl von 25 °C geliefert und bezahlt sie auch. Wenn am nächsten Morgen die Temperatur des Heizöls im kalten Keller oder im Erdtank auf 10 °C gefallen ist, hat er nur noch etwa 4929 Liter im Tank. Sein Verlust: 28,40 DM.
Wie aber kann man sich vor derartigen Einbußen schützen? Am einfachsten wäre es, man kaufte sein Heizöl nicht nach Litern, also nach Volumen, sondern nach Kilogramm, d. h. nach seiner Masse. Im Gegensatz zum Volumen bleibt nämlich die Masse bei Temperaturänderungen die gleiche. Da sich aber wohl kein Heizölhändler auf ein solches Geschäft einlassen würde, schon allein deshalb, weil ihm die Meßeinrichtungen dafür fehlen, sollten wir wenigstens darauf achten, daß das Heizöl bei Lieferung eine möglichst niedrige Temperatur hat.

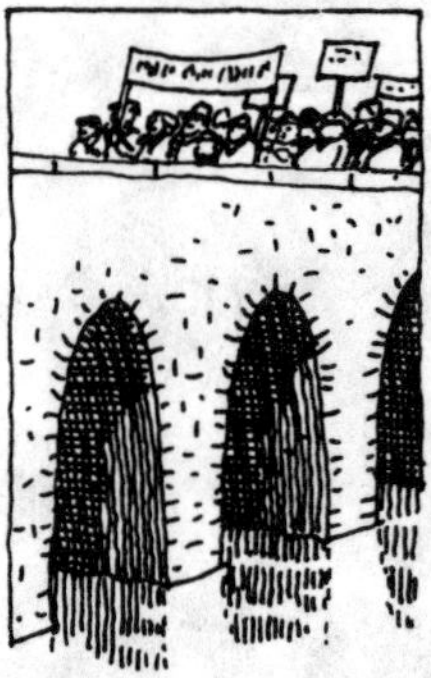

Eine Brücke wird gesprengt

„Heute um 11 Uhr wird die alte Mainbrücke gesprengt“, verkündete die Zeitung, und viel Volk strömte zusammen. Die einen, um gegen die Zerstörung des beliebten Bauwerkes zu protestieren, die anderen, um die Brocken fliegen zu sehen. Als die Uhr dann Elf schlug, kam ein Mann mit einer Gießkanne daher, lief auf die Brücke zu und ... Es war der 1. April.

Und da haben wir's. Mit Wasser kann man „sprengen“. Zum Beispiel den Rasen, damit er im Sommer nicht verdorrt, oder die Straße, damit es beim Kehren nicht staubt, oder auch eine Brücke, damit die Leute am 1. April etwas zum Lachen haben.

Weshalb aber sind viele auf die Zeitungsnachricht hereingefallen? Wenn im Zusammenhang mit einer Brücke von „sprengen“ die Rede ist, denkt ein jeder sofort an die Zerstörung des Bauwerks durch Sprengstoff. Kommt dagegen das Wörtchen „sprengen“ in enger Nachbarschaft mit dem Wort „Wasser“ daher, denkt kein Mensch an Zerstörung, sondern an Befeuchtung. Sobald aber ein Wort zweierlei Bedeutung haben kann, überwiegen oft Vorurteile bei seiner Auslegung. Das Vorurteil: „Eine Brücke sprengen = eine Brücke zerstören“ ließ manchen auf den Aprilscherz hereinfallen. Das Vorurteil: „Mit Wasser sprengen = mit Wasser befeuchten“ lenkt jedoch auch von der Tatsache ab, daß Wasser eine gewaltige Sprengkraft im Sinne des Zerstörens haben kann. Wasser ist so ziemlich der einzige in der Natur vorkommende Stoff, der sich beim Erstarren nicht zusammenzieht, sondern ausdehnt. Ein Liter Wasser, d. h. 1000 cm^3, ergeben beim Gefrieren rund 1111 cm^3 Eis. Wenn wir folglich eine Literflasche bis oben hin mit Wasser füllen und anschließend auf Temperaturen unter 0° Celsius abkühlen, so finden 111 cm^3 des entstehenden Eises keinen Platz mehr in der Flasche. Sie drängen nach außen. Und wenn

ihnen kein Weg nach draußen offen steht, schaffen sie sich einen, und zwar mit aller Gewalt. Die Flasche zerplatzt, sie wird „gesprengt". Und der Sprengstoff ist nichts anderes als das gefrierende Wasser. Sollte jetzt jemand glauben, um eine Glasflasche zu sprengen, bedarf es keiner allzu großen Sprengkraft, so ist das nicht einmal falsch. Wenn wir allerdings annehmen, für viel mehr würde die Sprengkraft des gefrierenden Wassers kaum ausreichen, unterliegen wir einem gewaltigen Irrtum. Bei der Ausdehnung gefrierenden Wassers kennt nämlich die Natur keinerlei Kompromisse. Sie besteht unter allen Umständen auf dieser Ausdehnung und läßt sich selbst durch allergrößte Gewaltanwendung nicht davon abhalten. Füllen wir beispielsweise eine hohle Stahlkugel von mehreren Zentimetern Wandstärke mit Wasser und legen wir die dann festzugeschraubte Kugel in die Tiefkühltruhe, so hören wir nach einiger Zeit einen Knall. Die Kugel hat der Gewalt, mit der sich das erstarrende Wasser ausdehnt, nicht widerstehen können. Sie ist geprengt worden.

Etwas Ähnliches passiert, wenn im Winter die Wasserleitung zufriert. Das erstarrende Wasser fordert mit aller Kraft mehr Raum, und selbst das stärkste Wasserrohr gibt ihm bereitwillig diesen Raum, indem es platzt.

Würden wir dem Kühlwasser im Auto kein Anti-Gefrier-Mittel beimischen, könnte bei Temperaturen unter 0 °C das gefrierende Wasser sogar den stärksten Motorblock zerstören.

Gegen Ende des zweiten Weltkrieges lag Deutschland in

Trümmern. Damals spielten Kinder gern in den Ruinen ausgebrannter Häuser. Es war abenteuerlich, dort umherzukriechen und sich in den Kellern Verstecke zu schaffen. Und so verbrachten manche den größten Teil ihrer Freizeit auf diesen Trümmergrundstücken. Wenn aber nach Regen oder nach Tauwetter eine Frostperiode anbrach, mußten sie einen großen Bogen um jede Ruine machen, denn bei einer solchen Wetterlage brach häufig ganz unvermittelt die eine oder andere der noch stehengebliebenen Mauern zusammen. Bei Regen oder Tauwetter war nämlich Wasser in die Mauerritzen gedrungen. Der anschließende Frost brachte das Wasser zum Gefrieren. Das entstehende Eis verschaffte sich seinen Platz, indem es die Mauerritzen auseinanderpreßte, und schon war das Unglück geschehen.

Sturm im Schlüsselloch

Wie fast jeder Körper, so dehnt sich auch die Luft beim Erwärmen aus. Was sich aber ausdehnt, braucht Platz. Und wenn nicht genug Platz vorhanden ist, gibt es Spannungen, oder, wie es in der Physik heißt, eine Druckerhöhung.
Genau das aber geschieht mit der Luft in einem Zimmer, z. B. einem Klassenzimmer, wenn morgens vor Schulbeginn geheizt wird, damit wir uns darin wohlfühlen, wenigstens soweit es die Temperatur betrifft. Nehmen wir an, das Klassenzimmer sei 12 m lang, 8 m breit und 4 m hoch, dann hat es einen Rauminhalt von $12\,m \cdot 8\,m \cdot 4\,m = 384\,m^3$. Da es bis in jeden Winkel mit Luft gefüllt ist, enthielte es ohne jedes Mobiliar genau $384\,m^3$ Luft. Das Holz der Tische, Stühle, Schränke usw. dürfte zusammen nicht viel mehr Rauminhalt als $4\,m^3$ haben, weshalb für die Luft ein Volumen von rund $380\,m^3$ übrig bleibt. Solange noch keine Schüler im Klassenzimmer sind, füllt die Luft diese $380\,m^3$ vollständig aus. Um 7 Uhr morgens ist aber noch kein Schüler in der Schule.

Schließlich wäre es ja auch im Winter noch zu kalt in den Klassenzimmern, weil über Nacht normalerweise die Heizung zurückgestellt wird.

Nach einer kalten Nacht beträgt die Temperatur im Klassenzimmer um 7 Uhr morgens daher nur etwa 10 °C. Nun wird aber Dampf gemacht, denn in einer Stunde, um 8 Uhr, kommen die Schüler, und da soll die Raumtemperatur 20 °C betragen. Innerhalb einer Stunde muß folglich die Luft im Klassenzimmer von 10 °C auf 20 °C erwärmt werden. Dabei will sie sich aber ausdehnen. Wäre genug Platz vorhanden, so würden sich die 380 m^3 Luft im Zimmer zu einem Volumen von rund 393 m^3 aufblähen (siehe Anmerkung S. 267). Ins Klassenzimmer passen aber nur 380 m^3 Luft hinein. Wo also den Platz hernehmen für die zusätzlichen 13 m^3?

Außerhalb des Klassenzimmers ist zwar genug Platz vorhanden, wie aber soll die Luft von dort hinaus kommen?

Wenn es keinen anderen Weg gibt, bleibt schließlich das Schlüsselloch.

Nehmen wir der Einfachheit halber einmal an, daß die Temperatur der Luft im Flur nach wie vor 10 °C beträgt und daß sie auch von der durch das Schlüsselloch schlüpfenden wärmeren Luft nicht merklich erhöht wird, so müßten sich innerhalb einer Stunde 13 m^3 Luft durch das Schlüsselloch hindurchquälen. Und da käme natürlich Sturm auf, der in seiner Stärke durchaus mit den orkanartigen Stürmen am Kap Horn konkurrieren könnte! Wenn wir davon ausgehen, daß das Schlüsselloch einen Querschnitt von 1 cm^2 hat, so müßte die Luft mit einer Durchschnittsgeschwindigkeit von sage und schreibe 38 m/s (Meter pro Sekunde) hindurchströmen. Das sind immerhin 135 km/h, und das nennen die Seeleute Windstärke 12. Windstärke 12 im Schlüsselloch, und das eine Stunde lang? Kaum zu glauben!

Ganz so schlimm wird es natürlich nicht. Man könnte ja sonst ein ziemlich lautes Pfeifen hören, denn geräuschlos strömt Luft bei einer derartigen Geschwindigkeit nicht durch eine so enge Öffnung. In der Regel ist ja auch das Schlüssel-

loch nicht die einzige Verbindung, die ein Zimmer mit seiner Außenwelt hat. Da gibt es zahlreiche undichte Stellen an Fenstern und Türen, durch die die Luft den Raum verlassen kann.
Trotzdem bleibt fürs Schlüsselloch noch einiges übrig. Wenn wir nämlich eine Kerze davor halten, merken wir's!

Wasserkunstlauf

Was soll denn das nun sein? Wasserkunstlauf? Nie gehört! Ist das etwa eine neue sportliche Disziplin?
Fast erraten! Nur „neu" ist dieser Sport nicht. Wasserkunstlauf gibt es schon sehr lange, besser bekannt unter dem Namen Eiskunstlauf.
Genug damit! Es ist endlich eine Erklärung nötig! Die Sache verhält sich nämlich so: Alle Welt redet vom „Eis"kunstlauf und nicht vom „Wasser"kunstlauf, denn diese Sportart wird schließlich auf einer Eisfläche und nicht auf einer Wasserfläche ausgetragen. Auf einer Wasserfläche zu laufen, ist schier unmöglich. Sankt Petrus hat es seinerzeit einmal auf dem See Genezareth versucht und ist kläglich dabei gescheitert. Aber in diesem Sinne ist Wasserkunstlauf auch nicht zu verstehen. Er findet durchaus auf einer Eisfläche statt. Doch unter den Kufen der Schlittschuhe befindet sich kein Eis, sondern Wasser.
Physiker wissen es: Eis kann man nicht nur durch Erwärmen in Wasser umwandeln, sondern auch durch Zusammenpressen. Wenn man nämlich auf Eis einen hinreichend großen Druck ausübt, beginnt es schon bei Temperaturen weit unter seinem Schmelzpunkt, also weit unter 0° Celsius, zu schmelzen. Und genau das passiert beim Eiskunstlauf. Die schmalen, scharfen Schlittschuhkufen üben auf das Eis einen so starken Druck aus, daß es schmilzt. Der Schlittschuhläufer gleitet also nicht etwa auf Eis, sondern auf einem dünnen

Wasserfilm. Und sobald der Schlittschuh darüber hinweg geglitten ist, gefriert das Wasser wieder.

Übrigens gibt es den richtigen Eiskunstlauf natürlich auch. Er ist aber verhältnismäßig selten, denn er gelingt nur bei sehr tiefen Temperaturen. Dann nämlich kann es vorkommen, daß der Druck der Schlittschuhkufen nicht ausreicht, das Eis zum Schmelzen zu bringen. Der Schlittschuhläufer gleitet nun tatsächlich auf Eis und nicht auf Wasser. Profis merken das sofort und sagen: „Das Eis ist stumpf!" Wir aber wissen es nunmehr besser: Das Eis ist immer stumpf. Was den Schlittschuh so schön gleiten läßt, ist das Wasser unter den Kufen.

Am besten wäre es, man spräche vom Schlittschuhkunstlauf. Dann gäbe es keine Mißverständnisse mehr.

Die durchgesägte Jungfrau

Früher sah man sie öfter auf den Jahrmärkten, die „durchgesägte Jungfrau". Ein junges und hübsches Mädchen wurde in einen länglichen Kasten gelegt, aus dem nur noch ihr Kopf und ihre Füße herausragten, und dann wurde der Kasten samt Mädchen in der Mitte durchgesägt.

Welch ein wohliges Grausen durchlief da die Zuschauer, obwohl kein Blut zu sehen war!

Wie staunte aber erst das Publikum, wenn nach dem Durchsägen die Hälfte mit dem herausragenden Kopf auf die eine Seite und die Hälfte mit den heraushängenden Füßen auf die andere Seite der Bühne geschoben wurden!

Und wenn dann der Kopf lächelte, obwohl doch nur noch eine halbe Jungfrau daran hing, und die Füße sich bewegten, obgleich sie nicht mehr mit dem Kopf verbunden waren, gruselte es die Leute tatsächlich. Wie atmeten schließlich alle auf, wenn die beiden Hälften wieder zusammengeschoben wurden und die Jungfrau nach viel Hokus-Pokus und Abrakadabra unversehrt der Kiste entstieg!

Den Trick, der dieser Vorführung zugrunde liegt, kennen wohl nur ganz wenige. Wir können jedoch ähnlich Verblüffendes — wenn auch nicht so Gruseliges — mit einem Eisblock oder einem dicken Eiszapfen anstellen. Und hier ist

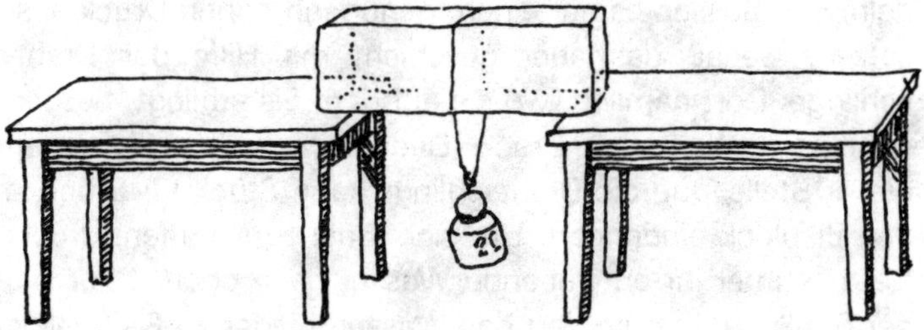

überhaupt kein Trick dabei, es handelt sich lediglich um die geschickte Anwendung einer physikalischen Gesetzmäßigkeit.
Statt einer Jungfrau nehmen wir einen Eisblock oder einen dicken Eiszapfen und statt einer Säge eine Schlinge aus dünnem Draht. Den Eisblock legen wir mit seinen Enden auf zwei Hocker oder zwei Sägeböcke oder auch über die Lehnen zweier mit den Rücken zueinander stehenden Stühle. Den Draht schlingen wir dann in der Mitte um den Eisblock, und schließlich hängen wir einen schweren Gegenstand daran.
In den darauffolgenden Minuten wandert die Drahtschleife langsam durch den Eisblock hindurch. Sie schneidet ihn mitten durch. Und wenn die Schlinge unten wieder aus dem Eisblock herauskommt und samt daranhängendem Körper mit Getöse zu Boden fällt, müßten ja eigentlich auch die beiden Hälften des Eisblocks hinterherfallen.
Das tun sie jedoch eigenartigerweise nicht. Der Eisblock bleibt liegen, wo er vorher lag. Und wenn wir genau hinschauen, so erkennen wir, daß er keineswegs in zwei Teile zerschnitten wurde. Er hat die Prozedur unbeschadet überstanden, genauso wie die Jungfrau auf dem Rummelplatz. Woran liegt's denn?
Aus dem Kapitel „Wasserkunstlauf" wissen wir, daß wir Eis keineswegs nur durch Erwärmen auf Temperaturen über 0° Celsius zum Schmelzen bringen können. Auch bei Temperaturen weit unter 0° Celsius läßt sich Eis in Wasser umwan-

deln, wir müssen es nur einem genügend hohen Druck aussetzen. Genau das aber geschieht mit Hilfe der Drahtschlinge. Dort nämlich, wo sie auf dem Eis aufliegt, bewirkt sie einen sehr hohen Druck. Dadurch schmilzt das Eis an dieser Stelle, und die Drahtschlinge kann Stück für Stück in den Eisblock eindringen. Um sich Platz zu schaffen, drückt sie das unter ihr entstehende Wasser nach oben. Oberhalb der Schlinge aber gefriert das Wasser wieder zu Eis, weil ja dort nach wie vor die Temperatur weniger als 0° Celsius beträgt.

Die flüssige Fensterscheibe

Wie wir wissen, erstarren die meisten Flüssigkeiten bei einer ganz bestimmten Temperatur. Kühlen wir z. B. Wasser ab, so wird es bei 0 °C zu Eis. Nehmen wir umgekehrt einen Brocken Eis und erwärmen ihn, so wird er bei 0 °C wieder zu Wasser, und die Temperatur steigt nicht weiter an, solange das Eis nicht vollständig geschmolzen ist. Nur bei 0 °C kann demnach das Wasser sowohl in fester als auch in flüssiger Form existieren. Diese Temperatur nennt man seine Schmelztemperatur bzw. seine Erstarrungstemperatur, je nachdem, von welcher Seite aus man den Vorgang betrachten. Wie das Wasser verhalten sich zahlreiche andere Stoffe, zum Beispiel alle Metalle. Jedes Metall hat seine ganz spezielle Schmelz- bzw. Erstarrungstemperatur, bei der es in zwei Zuständen existieren kann, im festen und im flüssigen. Es gibt jedoch auch Stoffe, für die man keine Erstarrungs- bzw. Schmelztemperatur angeben kann. Diese Stoffe haben deshalb auch keine bestimmte Temperatur, bei der sie sowohl flüssig als auch fest sein können. Wenn wir einen solchen Stoff in flüssiger Form abkühlen, so wird er allmählich zäher und zäher. Selbst wenn er zuerst so flüssig wie Wasser war, wird er allmählich schwerflüssig wie Schmieröl,

danach zähflüssig wie Sirup oder Honig und danach noch zäher und noch zäher und noch zäher, und schließlich sieht es so aus, als wäre er fest geworden. Das ist trügerisch, er ist in Wirklichkeit nicht fest. Es handelt sich nach wie vor um eine Flüssigkeit, wenn auch um eine äußerst zähe. Und die „Angewohnheit" einer Flüssigkeit, stets nach unten zu fließen, hat der Stoff nach wie vor. Es geht alles nur ein bißchen langsamer vor sich.
Glas ist ein solcher Stoff. Wenn wir es erhitzen, dann wird es nicht bei einer bestimmten Temperatur flüssig wie zum Beispiel das Eis, sondern es wird zuerst weich, dann teigig, dann zähflüssig wie Sirup und allmählich immer leichtflüssiger. Kühlen wir es danach wieder ab, so findet der ganze Vorgang umgekehrt statt. Es gibt jedoch keine Temperatur, bei der wir sagen können: „Jetzt ist das Glas fest!"
Wir können jeweils nur sagen: „Jetzt ist das Glas fester als vorher!"
Glas ist also bei jeder Temperatur eine Flüssigkeit, und deshalb muß es auch bei jeder Temperatur fließen, wie es sich für eine ordentliche Flüssigkeit gehört. Und in der Tat: Glas fließt. Langsam zwar, äußerst langsam sogar, aber immerhin meßbar. Bei sehr genauen Messungen stellte man fest, daß Fensterscheiben, die noch aus der Zeit des Mittelalters stammen, also vor mehr als 500 Jahren hergestellt wurden, unten dicker sind als oben.
Und weshalb wohl?

Das mißlungene Frühstück auf dem Mont Blanc

Der Gipfel ist erreicht. Die Kameraden der Seilschaft fallen sich vor Freude um den Hals. Nachdem der Eintrag ins Gipfelbuch erfolgt ist, soll auf dem Gipfel des Mont Blanc, 4807 m über dem Meer, gefrühstückt werden. Ein richtiges

Frühstück soll es werden, wie bei Muttern zuhause, mit Kaffee, Brot, Butter, Wurst und frischgekochten Eiern. Der Spirituskocher wird entzündet, bald siedet das Wasser für die Eier und die Frage: Hart oder weich? ist auch geklärt. Alle haben sich für hartgekochte Eier entschieden. Einer der Bergsteiger, der sich aufs Kochen versteht, legt die Eier ins siedende Wasser, holt sie, wie es sich für hartgekochte Eier gehört, nach fünfzehn Minuten wieder heraus, schreckt sie mit kaltem Wasser ab, und los geht's mit dem Frühstück. Da passiert's!

Als der erste Bergsteiger mit forschem Schlag sein Ei köpft, läuft ihm die Soße über den Anorak. Das Ei ist so weich und flüssig, als wäre es nie mit heißem Wasser in Berührung gekommen. Alle schauen zum Koch. Der wird blaß und hebt die Hand zum Schwur: Genau fünfzehn Minuten habe er die Eier gekocht, und da sei ein ordentliches Ei so hart, daß es beim Aufschlagen beinahe staubt. Aber jeder hält die Beteuerung für Schwindel. Nur einer nicht, der Bergführer. Er kennt diese Situation. Schon viele Seilschaften hat er auf den Gipfel geführt, denen es ähnlich erging. Und er weiß auch, woran es liegt, daß die Eier noch weich sind, obwohl sie fünfzehn Minuten in siedendem Wasser lagen: Der Luftdruck ist schuld.

Was aber hat der Luftdruck mit Eierkochen zu tun?

Gehen wir dieser Frage einmal nach!

Wenn wir einen Topf mit Wasser auf den warmen Ofen oder auf einen Spirituskocher stellen, ist klar, daß die Temperatur des Wassers zunimmt und das Wasser wärmer wird. So weit, so gut!

Jedoch glauben manche Leute, man könne die Temperatur des Wassers immer höher treiben, wenn man den Topf nur lange genug auf dem Feuer läßt. Das aber ist ein gewaltiger Irrtum. Die Temperatur des Wassers nimmt nur solange zu, bis das Wasser unter Aufwallen und Dampfblasenbildung zu sieden beginnt. Von diesem Augenblick an ist es aus mit der Temperaturerhöhung. Die Temperatur des Wassers bei

Beginn des Siedevorgangs heißt seine Siedetemperatur. Sie kann nicht übertroffen werden, selbst wenn man ein Höllenfeuer unter dem Topf entfacht. Alle Wärmeenergie, die dem Wasser nach Erreichen seiner Siedetemperatur noch von der Herdplatte oder vom Spirituskocher zugeführt wird, dient nicht mehr zur Temperaturerhöhung. Sie wird ausschließlich dazu verwendet, das Wasser in Wasserdampf umzuwandeln.

Die Siedetemperatur einer Flüssigkeit hat jedoch die bemerkenswerte Eigenschaft, vom Druck in der Umgebung abhängig zu sein. Bei normalem Luftdruck, wie er gewöhnlich in Meereshöhe und nicht allzu weit darüber herrscht, beträgt die Siedetemperatur des Wassers rund 100 °C. Und auf diese Siedetemperatur haben sich die Hausfrauen, Hausmänner, Hobby- und Profiköche mit ihren Garzeiten eingestellt. Aus Erfahrung wissen sie: Ein Ei braucht fünfzehn Minuten, um hartgekocht, eine Kartoffel zwanzig Minuten, um weichgekocht zu sein.

Sinkt jedoch der Luftdruck, dann sinkt auch die Siedetemperatur des Wassers. Der Luftdruck auf dem Mont Blanc ist nur noch etwas mehr als halb so groß wie der Luftdruck in Meereshöhe. Die Siedetemperatur des Wassers beträgt dort oben nur noch 83 °C. Und diese 17 Grad, die an der gewohnten Siedetemperatur von 100 °C fehlen, haben bewirkt, daß die Eier nicht hart waren, obwohl sie fünfzehn Minuten in kochendem Wasser lagen. Bei 83° Wassertemperatur wird ein Ei, wenn überhaupt, nur dann hart, wenn man es wesentlich länger als fünfzehn Minuten kocht.

Wie aber läßt sich das „Kochproblem" bei einer Rast in größeren Höhen lösen? Wollten die Bergsteiger auf dem Gipfel des Mont Blanc auch noch ihr Mittagessen einnehmen, so geschähe ihnen ein ähnliches Mißgeschick beim Kochen der Kartoffeln. Nach einer von Hause aus gewohnten zwanzigminütigen Kochzeit wären die Kartoffeln noch recht hart und kaum genießbar. Ob sie bei längeren Garzeiten überhaupt einmal weich werden, ist gar nicht so sicher. 83 °C sind eben ein bißchen wenig.

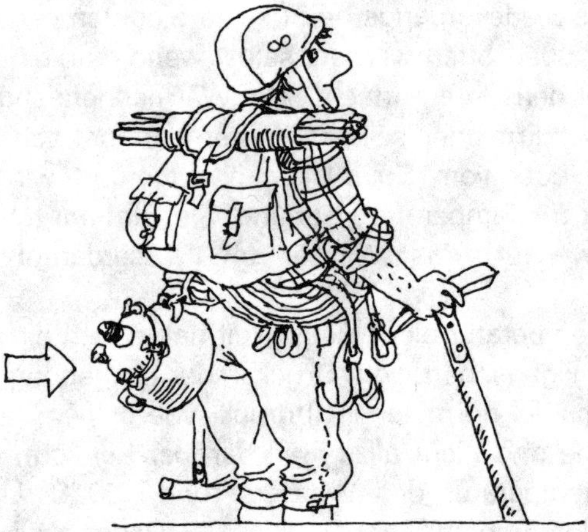

Sollte sich unter den Bergsteigern einer befinden, der etwas von Physik versteht, könnte er das Problem trotz der 83 °C sehr einfach lösen. Es genügt nämlich zu wissen, daß mit zunehmendem Druck die Siedetemperatur des Wassers ansteigt. Das heißt aber: Wenn wir eine höhere Siedetemperatur erreichen wollen, so brauchen wir nur den Druck zu erhöhen. Wie aber soll das geschehen? Auf dem Mont Blanc den Luftdruck erhöhen? Das ist gar nicht erforderlich. Schließlich brauchen wir ja nicht auf dem ganzen Mont Blanc den Druck zu erhöhen. Es genügt, wenn wir den Druck im Topf erhöhen. Und wie erreichen wir das? Nichts einfacher als das: Wir halten den Deckel zu! Dann kann der entstehende Dampf nicht entweichen. Er muß im Topf bleiben. Dadurch geht's da drin aber bald ziemlich eng zu. Die Folge ist, daß der Druck im Topf steigt. Und mit dem Druck im Topf steigt auch die Siedetemperatur. Und damit haben wir, was wir erreichen wollten. Wir müssen aber gut aufpassen, daß der Druck nicht zu hoch wird, denn die Siedetemperatur stiege dann auf über 100 °C an, und die Eier wären nach fünfzehn Minuten hart wie Stein, die Kartoffeln nach zwanzig Minuten weich wie Matsch.
Also wird es doch besser sein, wir halten den Deckel nicht

einfach zu, sondern versehen ihn mit einem Gewinde zum Zuschrauben und bringen zusätzlich noch ein regelbares Sicherheitsventil an, mit dem verhindert wird, daß der Druck im Topf eine bestimmte Höhe übersteigt und es womöglich zu einer Explosion kommt. Wenn wir dann das Sicherheitsventil so einstellen, daß die Siedetemperatur genau 100 °C beträgt, so sind die Garzeiten für die einzelnen Gerichte auf dem Gipfel des Mont Blanc genauso lang wie unten im Tal oder in Meereshöhe oder auch auf dem 8849 m hohen Mount Everest.
Übrigens benutzen viele Hausfrauen einen derartigen „Dampfkochtopf". Schon im Jahre 1680 hat der französische Naturforscher Denis Papin einen solchen Topf gebaut. Heutzutage ist der Dampfkochtopf unter dem Namen Schnellkochtopf bekannt, weil man ihn in der Regel nicht dazu benutzt, um sich seine Mahlzeit auf Bergeshöhen zu bereiten, sondern um im Alltagsleben Zeit und Energie zu sparen. Das Ventil des Topfes ist meist so eingestellt, daß die Siedetemperatur etwa 115 °C beträgt. Bei dieser Temperatur werden die Speisen in einem solchen Topf viel schneller gar als in einem gewöhnlichen Kochtopf. Und dadurch enthalten die derart zubereiteten Speisen auch noch viele wertvolle Bestandteile, die beim Kochen in einem normalen Topf verloren gegangen wären.

Vorsicht, Hitzestau!

Wir Menschen sind von Natur aus Warmblüter. Als solche müssen wir unsere Körpertemperatur weitgehend konstant halten, unabhängig davon, wie warm oder wie kalt unsere Umgebung ist. Sinkt unsere Körpertemperatur unter 36 °C oder steigt sie über 41 °C, so ist höchste Gefahr im Verzuge. Gegen zu starkes Absinken unserer Körpertemperatur können wir uns beispielsweise durch warme Kleidung oder durch körperliche Anstrengung schützen. Jeder weiß, daß ein körperlich schwer arbeitender Mensch sogar im strengsten Winter kaum friert. Vielleicht haben wir das beim Schneeschippen schon an uns selbst festgestellt.

Während wir uns sogar bei großer Kälte mit verhältnismäßig einfachen Mitteln vor einem gefährlichen Absinken unserer Körpertemperatur schützen können, sind wir großer Hitze gegenüber ziemlich hilflos, denn mehr als alle Kleidungsstücke können wir schließlich nicht ausziehen. Und sollte auch das noch nichts helfen, bleibt uns nur noch der Weg in den Schatten oder ins kühle Wasser übrig, um der Gefahr einer zu starken Erhöhung der Körpertemperatur, dem Hitzestau, zu entgehen.

Allerdings besitzt jeder Mensch ein recht wirkungsvolles Mittel zum Schutz gegen zu hohe Körpertemperaturen, nämlich das Schwitzen.

Wird unsere Körpertemperatur zu hoch, sondern die zahlreichen Schweißdrüsen, die über die gesamte Haut verteilt sind, Flüssigkeit (Schweiß) ab, die auf der Haut verdunstet (siehe Anmerkung S. 268). Dabei geht der Schweiß vom flüssigen Zustand in Dampf, d.h. in den gasförmigen Zustand, über. Zu diesem Übergang wird aber Wärmeenergie benötigt. Und diese Wärmeenergie entzieht der Schweiß unserem Körper, der sich dadurch abkühlt.

Bis zu 15 Liter Schweiß pro Tag kann unser Körper zu seinem Schutz produzieren. Kein Wunder, daß wir dabei durstig werden, denn irgendwie muß ja dieser enorme Flüssigkeitsverlust wieder ausgeglichen werden.

Das Schwitzen ist um so wirkungsvoller, je größer unsere Körperoberfläche im Verhältnis zu unserem Körpervolumen ist. Wie Mathematiker herausgefunden haben, ist die Kugel unter allen möglichen Körpern derjenige, der im Verhältnis zu seinem Volumen die kleinstmögliche Oberfläche hat. Und da ein dicker, rundlicher Mensch hinsichtlich seiner Körperform einer Kugel mehr ähnelt als ein dünner, hat folglich der Dicke im Vergleich zu seinem Volumen eine geringere Körperober-

fläche als der Schlanke. Deshalb müssen dicke Menschen, um den gleichen Kühlungseffekt zu erreichen, mehr schwitzen als schlanke und das stimmt ja auch, wie unsere Erfahrung immer wieder zeigt. Wenn nämlich bei sehr hohen Außentemperaturen schlanke, Menschen durchaus noch genügend Reserven haben, um der Hitze durch Schwitzen zu trotzen, können dicke bei gleichen Temperaturen bereits an der Grenze ihrer Möglichkeiten angelangt sein und in die Gefahr eines Hitzestaus geraten. Das trifft insbesondere für Säuglinge zu, die zwar in der Regel nicht dick sind, aber von Natur aus eine rundlichere Körperform haben als Erwachsene. Deshalb sind Säuglinge ganz besonders empfindlich gegen Hitze. Sollten wir beispielsweise in der prallen Mittagshitze einmal in einem stehenden Auto gesessen haben, so wissen wir, was Hitze ist, denn in einem geschlossenen Wagen steigt die Temperatur schnell auf über 40 °C oder gar über 50 °C. Ein schlanker Erwachsener mag das ja einige Zeit aushalten, ohne Gefahr für seine Gesundheit zu nehmen, und ein dicker Erwachsener hat immerhin die Möglichkeit, das Weite zu suchen, hingegen hat ein Säugling überhaupt keine Chance, eine solche Tortur unbeschadet zu überstehen. Deshalb ist es im höchsten Grade kriminell, einen Säugling oder ein Kleinkind auch nur kurzzeitig, z. B. während eines Einkaufs, in einem geparkten Auto zurückzulassen.

Eine „ausgleichende Gerechtigkeit'' gibt es in gewissem Sinn übrigens doch, denn ihren Nachteil, den Dicke gegenüber den Schlanken im Sommer haben, gleichen sie im Winter wieder aus: Weil ihre Körperoberfläche im Verhältnis zu ihrem Volumen kleiner als bei Schlanken ist, geben sie weniger Körperwärme an die Umgebung ab als Schlanke. Und das hat zur Folge, daß dicke Leute nicht so leicht frieren wie schlanke.

Der zerkratzte Himmel

Vorwiegend bei strahlendem Sonnenschein kommt es vor, daß plötzlich ein weißer Kratzer auf dem wolkenlosen, tiefblauen Himmel erscheint, gerade so als würde jemand mit einem spitzen Gegenstand darüber hinwegfahren. Natürlich weiß ein jeder, daß es sich nicht um einen Kratzer oder eine Schramme, sondern um einen Kondensstreifen handelt und daß dieser nicht von einem spitzen Gegenstand, sondern von einem hoch fliegenden Flugzeug herrührt. Viel mehr darüber wissen aber die meisten Leute nicht. Manche glauben sogar, bei einem Kondensstreifen handle es sich um die Auspuffgase der Flugzeugmotoren. Ganz so einfach ist die Sache aber nicht. Um das Zustandekommen eines Kondensstreifens zu erklären, müssen wir nämlich ein bißchen weiter ausholen.

Alle wissen, daß siedendes Wasser vom flüssigen in den gasförmigen Zustand übergeht. Es entsteht Wasserdampf, und der ist unsichtbar. Was die meisten Leute Wasserdampf nennen, etwa die weißen Schwaden in der Waschküche oder die weißen Wolken, die aus den Kühltürmen der Kraftwerke quellen, ist in Wirklichkeit kein Wasserdampf, sondern flüssiges Wasser in Form von kleinen, in der Luft schwebenden Wassertröpfchen. Das trifft auch auf die Wolken und den Nebel zu. Und wer schon einmal mit dem Flugzeug durch eine Wolke geflogen oder mit dem Auto durch ein Nebelgebiet gefahren ist, der konnte diese kleinen Wassertröpfchen auf seiner Windschutzscheibe begrüßen. Kurz und gut, Wasserdampf ist unsichtbar, und wenn sich Wasserdampf in der Luft befindet, stört uns das überhaupt nicht. Die Luft ist mit Wasserdampf für uns genauso durchsichtig wie ohne Wasserdampf. Das ist ein großes Glück für uns, weil die Luft praktisch immer — mehr oder weniger — Wasserdampf enthält.

Wie wir nämlich aus dem Kapitel „Vorsicht, Hitzestau" bereits wissen, geht das Wasser nicht nur durch Sieden, d. h. bei etwa 100 °C, sondern auch schon bei niedrigeren Temperaturen, beispielsweise bei 0 °C, vom flüssigen in den gasförmigen Zustand über, es verdunstet. Gäbe es kein Verdunsten, so würde z. B. die Wäsche auf der Leine niemals trocken werden. Weil nun ständig Wasser aus Pfützen, Bächen, Tümpeln, Flüssen, Seen, Strömen und Meeren verdunstet, enthält die Luft stets etwas Wasserdampf. Wieviel sie enthält, hängt von ihrer Temperatur ab. So kann beispielsweise ein Kubikmeter Luft von 0 °C höchstens 4,84 g Wasserdampf aufnehmen. Danach ist Schluß, denn die Luft ist zu 100 % gesättigt.

Folgende Tabelle gibt uns Auskunft darüber, wieviel Gramm Wasserdampf ein Kubikmeter Luft bei verschiedenen Temperaturen höchstens aufnehmen kann.

Temperatur in °C	Masse des Wasserdampfes in g
– 10	2,1
– 5	3,2
0	4,8
5	6,8
10	9,4
15	12,8
20	17,3
25	23,0
29	28,7

Wenn die Luft so viel Wasserdampf enthält, wie sie bei ihrer jeweiligen Temperatur überhaupt aufnehmen kann, wenn sie

gewissermaßen 100prozentig gesättigt ist, sagen die Wetterkundler: Die relative Luftfeuchtigkeit beträgt 100 %. Wenn aber die relative Luftfeuchtigkeit 100 % beträgt, dann kann die Luft kein einziges Gramm Wasserdampf mehr aufnehmen. Und wenn die Luft keinen Wasserdampf mehr aufnehmen kann, so kann auch kein einziges Gramm Wasser mehr verdunsten.
Da kein Wasser mehr verdunsten kann, kann auch der Schweiß nicht mehr verdunsten.
Und da der Schweiß nicht mehr verdunsten kann, müssen wir ihn uns selbst abwischen, und wir sagen: „Wie ist es doch so schwül heute!"
Gott sei Dank ist in unseren Breiten die relative Luftfeuchtigkeit meistens deutlich geringer als 100 %. Beträgt sie beispielsweise 50 %, so enthält die Luft eben nur 50 %, d. h. genau die Hälfte an Wasserdampf, die sie bei der vorhandenen Temperatur höchstens aufnehmen kann. Bei einer relativen Luftfeuchtigkeit von 50 % enthält demzufolge ein Kubikmeter Luft von 25 °C statt der maximal möglichen 23,0 g Wasserdampf nur die Hälfte, also 11,5 g. Bei einer so niedrigen relativen Luftfeuchtigkeit empfinden wir selbst sehr hohe Temperaturen im Sommer nicht als drückend, weil die Luft dann noch genügend Schweiß aufnehmen kann. Schweiß verdunstet dann verhältnismäßig rasch und problemlos. Und weil der Schweiß zum Verdunsten viel Wärmeenergie braucht, die er sich über die Haut aus unserem Körper herausholt, wird es uns beim Verdunsten des Schweißes so angenehm kühl auf der Haut.

Zurück zur relativen Luftfeuchtigkeit von 100 %. Ein Kubikmeter Luft von 25 °C enthält dann 23,0 g Wasserdampf. Was aber geschieht, wenn wir diese Luft abkühlen, beispielsweise auf 20 °C? Bei 20 °C kann nach unserer Tabelle nur noch maximal 17,3 g Wasserdampf darin enthalten sein. Wohin aber mit den überzähligen 5,7 g? Ganz einfach: Diese 5,7 g Wasserdampf werden zu 5,7 g Wasser und schweben als kleine Tröpfchen in der Luft. „Nebel'' sagen die Leute dazu, oder „Wolken'', je nachdem, wo sich dieser Vorgang abspielt, unmittelbar am Erdboden oder hoch oben in der Luft. Und wenn sich diese winzig kleinen in der Luft schwebenden Wassertröpfchen zu größeren Tropfen zusammenballen, dann ist es bald aus mit dem Schweben, sie fallen zu Boden, und die Leute sagen: „Es regnet.''
Die Luft rückt allerdings beim Abkühlen den überzähligen Wasserdampf nicht freiwillig heraus. Was sie hat, hat sie. Sie fühlt sich durchaus in der Lage, unter bestimmten Umständen auch einmal etwas mehr Wasserdampf zu enthalten, als ihr eigentlich zusteht, und besitzt damit eine relative Luftfeuchtigkeit von über 100 %. Sie ist übersättigt, sagt man in der Physik.
Beispielsweise würde der Kubikmeter Luft, von dem soeben die Rede war, die 5,7 g Wasserdampf lieber bei sich behalten, als ihn in Form von Nebel, Wolken oder Regen auszuschwitzen.
Mehr als die maximale Wasserdampfmenge, die ihr auf Grund ihrer Temperatur zusteht, kann die Luft aber nur bei sich behalten, wenn in ihr keine Staubkörnchen oder ähnliche kleine Teilchen umherfliegen. Zu solchen Teilchen nämlich fühlt sich der überzählige Wasserdampf unwiderstehlich hingezogen und wird, wenn er sie erreicht hat, zu Wasser. Kondensation heißt dieser Übergang vom gasförmigen in den flüssigen Zustand, und diese kleinen, in der Luft schwebenden Teilchen nennt man deshalb Kondensationskerne. Wenn keine Kondensationskerne in der Luft enthalten sind, kann der überzählige Wasserdampf auch nicht zu flüssigem

Wasser werden. Er bleibt, wo er ist, nämlich in der Luft, und wie er ist, nämlich unsichtbar.
In den unteren Luftschichten sind überall Kondensationskerne vorhanden. Dafür sorgen schon Auspuff und Kamin. Aber auch die Natur selbst sorgt für ständigen Vorrat, wenn sie z. B. mit kräftigen Windstößen Staub aufwirbelt. In größeren Höhen jedoch herrscht oft ein ausgesprochener Mangel an Kondensationskernen. Deshalb kommt es häufig vor, daß die Luft dort oben mit Wasserdampf übersättigt ist, ohne daß sich Wolken bilden können. Das ändert sich schlagartig, wenn jemand kommt und Kondensationskerne ausstreut. Und genau das tun die Flugzeuge mit ihren Abgasen. Sie liefern regelrechte Straßen von Kondensationskernen, an denen sich die Wassertröpfchen festsetzen und lange schmale Wolken bilden, die wir Kondensstreifen nennen.
Da die heutigen Verkehrsflugzeuge in sehr großen Höhen fliegen, können wir sie von der Erde aus kaum noch hören oder sehen. Wir erkennen sie meist nur an ihren Kondensstreifen.
Etwas Ähnliches passiert in einem physikalischen Gerät, der Wilsonschen Nebelkammer. Sie enthält Luft, die mit Wasserdampf übersättigt ist. Fliegt ein atomares Teilchen, etwa ein Proton, ein Neutron, ein Elektron oder ein Alphateilchen, durch diese Kammer hindurch, so erzeugt es bei seinen Zusammenstößen mit den Luftmolekülen Kondensationskerne, und es bildet sich ein regelrechter Kondensstreifen. Dieser Kondensstreifen ist das einzige, was wir von dem Teilchen sehen. Das Teilchen selbst ist viel zu klein, als daß es der Mensch jemals zu sehen bekäme. An diesen Kondensstreifen können die Physiker jedoch erkennen, was für ein Teilchen durch die Kammer geflogen ist und was für Eigenschaften es hat. Eine wahrhaft reife Leistung! Das ist ungefähr so, wie wenn wir aus einem Kondensstreifen am Himmel erkennen könnten, was für ein Flugzeugtyp da gerade entlangfliegt und wie viele Passagiere darin sitzen.

Der Benzinsäufer

Ohne Treibstoff läuft bei einem Auto überhaupt nichts. Man muß seinem Wagen, wenn man mit ihm fahren will, hin und wieder ein paar Liter Benzin spendieren, denn im Benzin steckt die zum Fahren erforderliche Energie. Sie wird bei der Verbrennung im Motor freigesetzt und zur Fortbewegung genutzt.

Ohne Treibstoff läuft auch bei uns Menschen nichts. Wir müssen unserem Körper, um zu existieren, ebenfalls Energie zuführen. Wir brauchen sie, um uns zu bewegen, unseren Kreislauf in Gang zu halten, unsere Körpertemperatur gegenüber einer kälteren Umgebung aufrechtzuerhalten, ja sogar, wenn auch nur in bescheidenem Maße, um denken zu können. Alle unsere Lebensvorgänge sind mit Energieverbrauch verbunden. Da wir jedoch die zum Leben erforderliche Energie nicht aus uns selbst erzeugen können, müssen wir sie unserem Körper in irgendeiner Weise von außen zuführen. Während unseres gesamten Lebens, vom Augenblick der Zeugung an bis zum Tod, sind wir auf Energiezufuhr angewiesen. Nach dem Ableben eines Menschen sieht man, welch katastrophale Folgen das Fehlen jeglicher Energiezufuhr hat. Unser Körper ist dann nicht einmal mehr in der Lage, seine Form und seinen Zustand aufrechtzuerhalten. Er erkaltet, nimmt die Temperatur seiner Umgebung an und ist wehrlos den Angriffen zahlreicher Mikroorganismen ausgeliefert, die ihn ihrerseits als Energielieferanten ausschlachten. Die Energiezufuhr, auf die wir angewiesen sind, erfolgt natürlich nicht, wie beim Auto, in Form von Benzin, sondern in Form unserer Nahrung. Was dem Auto die Tankstelle, das ist uns der Eßtisch. Und die Bezeichnung „Lebensmittel" für unsere Nahrung trifft genau den Kern der Sache, denn sie ist wahrlich das Mittel für unser Leben. Während der Verdauung wird die in der Nahrung enthaltene Energie freigesetzt und unserem Körper zur Nutzung übergeben.

Ein Lebensmittelhändler hatte einmal in seinem Schaufenster den durchschnittlichen monatlichen Lebensmittelbedarf eines Mitteleuropäers, fein säuberlich aufgebaut. Es handelt sich dabei um rund 60 kg feste Nahrungsmittel und etwa 60 Liter Getränke.

Bei der Verdauung dieser 120 kg Lebensmittel wird vergleichsweise genauso viel Energie frei wie bei der Verbrennung von 10 Litern Benzin. Wie sparsam doch unser Körper mit Energie umgeht! Was sind schon 10 Liter Benzin für ein Auto? So um die 150 km schafft man damit. Unser Körper aber kommt mit der gleichen Energiemenge immerhin einen ganzen Monat aus, und wenn wir obendrein ein bißchen Hungergefühl in Kauf nehmen, auch einige Tage mehr.

Ein Federbett aus Schnee

Spätestens im Januar, wenn es bis dahin noch nicht genügend geschneit hat, werden Landwirte unruhig. Sie sorgen sich um die Wintersaat, die ungeschützt dem rauhen Frost ausgesetzt ist. Was aber könnte die Saat vor Frost schützen? Natürlich eine Schneedecke! Ist die weiße Pracht aber nicht selber frostig kalt? Schnee besteht aus Eiskristallen, die die Wärme schlecht leiten, und durch seine lockere Form enthält er viel Luft, die ein noch schlechterer Wärmeleiter als Eis ist. Eine lockere Schneeschicht können wir physikalisch mit einem guten Federbett vergleichen. Auch das Federbett ist ja ein schlechter Wärmeleiter, ganz besonders dann, wenn man es vor Gebrauch gut aufgeschüttelt hat und dadurch viele luftgefüllte Zwischenräume zwischen den einzelnen Federn entstanden sind.

Wie ein Federbett verhindert, daß die Wärme des Körpers an das kalte Schlafzimmer abgegeben wird, verhindert auch eine Schneeschicht, daß die selbst im Winter noch vorhandene Wärme des Ackerbodens in die kalte Luft übergeht.

Unter einer Schneedecke herrschen folglich auch bei strengstem Frost so milde Temperaturen, daß die Saat keinen Schaden erleidet. Das Märchen von Frau Holles Federbett ist also gar nicht so abwegig.

Übrigens haben schon vor sehr, sehr langer Zeit die Eskimos die schlechte Wärmeleitfähigkeit von Schnee und Eis erkannt und bei ihren Schneehäusern ausgenutzt. In diesen Iglus sollen, wie Forschungsreisende berichteten, ähnlich angenehme Temperaturen herrschen wie in unseren Wohnzimmern.

Ein eigenartiger „Wärmeschild"

Im mittelalterlichen Gerichtswesen benutzte man ab und zu das sogenannte Gottesgericht, um Schuld oder Unschuld eines Angeklagten herauszufinden. Dazu mußte der eines Verbrechens Verdächtigte mit bloßen Füßen über glühende Kohlen bzw. glühende Pflugscharen gehen. Erlitt er dabei keinen Schaden, verstand man das als Zeichen für seine Unschuld, und er wurde freigesprochen.
So eigenartig und unbegreiflich das auch klingen mag, soll es nach solchen Prozeduren durchaus manchmal einen Freispruch gegeben haben.
Um das zu verstehen, wenden wir uns einer Erscheinung zu, die vielen sicher nicht unbekannt ist:
Läßt man Wassertropfen auf eine sehr heiße Herdplatte fallen, so verdampfen diese nicht etwa sofort, sondern tanzen auf der heißen Platte hin und her. Sobald nämlich ein solcher Tropfen auf die heiße Herdplatte trifft, bildet sich zwischen Tropfen und Platte schlagartig eine dünne Wasserdampf-Schicht, die den Tropfen trägt. Diese Dampfschicht behindert den weiteren Wärmetransport von der Herdplatte zum Wassertropfen, weil Wasserdampf ein schlechter Wärmeleiter ist. Deshalb verdampft der Tropfen nur recht langsam.
Besonders lange hält sich ein solcher Tropfen in der Vertiefung der Kochplatte eines Elektroherdes. Jetzt tanzt er nicht auf der Platte umher, und muß nicht an jeder Stelle, an die er bei seiner Tanzerei gelangt, einen Teil seiner selbst zu erneuter Dampfbildung opfern.
Wenn wir jetzt den lieben Gott einmal aus dem Spiel lassen und die Prozedur des „Gottesgerichts" mit Hilfe unserer Kenntnisse über den tanzenden Wassertropfen durchdenken, wird uns durchaus verständlich, daß nicht immer ein Schuldspruch gefällt wurde. Der Angeklagte brauchte nur genügend feuchte Füße zu haben, um davonzukommen.

Physik in der Bahnhofswirtschaft

Noch 10 Minuten sind es bis zur Abfahrt des Zuges, als einem Reisenden in der Bahnhofswirtschaft die bestellte Tasse Kaffee samt dem Döschen Milch serviert wird. Der Kaffee kommt frisch aus der Maschine und ist viel zu heiß, als daß man ihn gleich trinken könnte. Was soll der Reisende tun, um innerhalb der ihm noch zur Verfügung stehenden Zeit in den Genuß seines Kaffees zu kommen?
Soll er sofort die Milch in den Kaffee schütten und dann das immerhin schon etwas weniger heiße Gemisch bis zur Trinkfähigkeit abkühlen lassen?
Oder soll er zunächst den heißen Kaffee ein Weilchen abkühlen lassen und dann erst die Milch dazu geben?
Da ist guter Rat teuer!
Die einen meinen, der Reisende sollte den Kaffee erst einmal abkühlen lassen, ehe er, sozusagen als letztes Mittel, die kalte Milch dazu gibt. Und sie begründen ihre Meinung so: Die Abkühlungsgeschwindigkeit ist um so größer, je größer der Unterschied zwischen der Temperatur des heißen Kaffees und der umgebenden Luft ist.
Die anderen wiederum meinen, wenn man sofort die kalte Milch in den Kaffee schüttet, sei man der Trinktemperatur immerhin schon etwas näher gekommen, und man werde sie letztlich auch schneller erreichen, selbst wenn die Abkühlungsgeschwindigkeit in diesem Fall etwas geringer ist. Beide Meinungen haben durchaus etwas für sich. Welcher Weg aber ist denn nun der richtige, um noch vor Abfahrt des Zuges in den Genuß des Kaffees zu kommen? Nach unserem Gefühl können wir diese Entscheidung sicherlich nicht treffen. Folglich müssen wir die Physik zu Rate ziehen. Es gibt nämlich mehrere physikalische Gesetzmäßigkeiten, die dabei helfen, uns richtig zu entscheiden. Eine davon ist das sogenannte Newtonsche Abkühlungsgesetz, mit dessen Hilfe wir beurteilen können, auf welche Weise die Temperatur eines

heißen Körpers in einer kühleren Umgebung abnimmt. Eine andere ist das Gesetz von der Erhaltung der Energie, mit dessen Hilfe wir berechnen können, welche Mischungstemperatur sich einstellt, wenn wir zwei Flüssigkeiten unterschiedlicher Temperatur zusammenschütten. Durch die folgende Überlegung ergibt sich die richtige Entscheidung: Es ist piepegal, was man macht.

Wenn eine heiße Flüssigkeit abkühlen soll, so muß sie Wärmeenergie an ihre Umgebung abführen. Wie intensiv das geschieht, ist u. a. vom Temperaturunterschied zwischen der heißen Flüssigkeit und ihrer Umgebung abhängig: Der Kaffee ohne Milch kühlt schneller ab als der Kaffee mit Milch. Wärmeabgabe geschieht aber auch durch Strahlung, und diese ist von der Temperatur der Flüssigkeit abhängig: Dem Kaffee ohne Milch geht auch durch Strahlung mehr Wärme pro Sekunde verloren als dem Kaffee mit Milch. Wärme verliert der Kaffee schließlich auch durch Verdunsten, und da eine Flüssigkeit bei höherer Temperatur etwas schneller verdunstet als bei niedrigerer, so spricht das wieder für den Kaffee ohne Milch. Insgesamt gesehen, ist es also vorteilhafter, den Kaffee zunächst ohne Milch eine Zeit abkühlen zu lassen und dann die Milch dazuzuschütten.

Bei genauer Rechnung können wir jedoch feststellen, daß der Zeitunterschied zwischen den beiden Abkühlungsmethoden des Kaffees sehr klein ist. Deshalb ist es praktisch piepegal, was man macht, und dem Reisenden bleibt die Qual der Wahl erspart. Er kann so verfahren, wie er es gewöhnt ist.

Kosmische Gewichtsreduzierung

„Sie müssen unbedingt ihr Gewicht reduzieren, Sie bringen ja stolze 90 kg auf die Waage", sagt der Arzt und hat sicher recht damit, denn der 1,60 m große Patient wiegt zuviel. Ganz bestimmt hat er aber nicht recht, wenn er meint, das Gewicht des Patienten betrage 90 „Kilogramm". Der Patient, physikalisch bewandert, erwidert: „Nichts leichter als das, wenn es nur ums Gewicht geht. Schließlich gibt es verschiedene Möglichkeiten sein Gewicht zu reduzieren." „Ich kenne nur eine", knurrt der Arzt, „und die lautet FDH, was ‚Friß die Hälfte' heißt." „Da haben Sie wahrscheinlich im Physikunterricht nicht gut aufgepaßt", frozzelt der Patient, „es gibt nämlich noch eine Möglichkeit, sein Gewicht zu reduzieren, und zwar eine schnellwirkende, ohne zu hungern."
In der Tat, der Patient hat recht. Sein Arzt hat sich nämlich schon darin geirrt, daß er im Zusammenhang mit dem Gewicht des Patienten von „Kilogramm" gesprochen hat. Die von der Waage des Arztes — meist eine Hebelwaage — angezeigten 90 kg sind, physikalisch gesehen, nicht das Gewicht des Patienten, sondern seine Masse. Nur die Masse wird in der Einheit „Kilogramm" gemessen, nicht das Gewicht, obwohl man es damit sprachlich allgemein nicht so genau nimmt. Und wenn der Arzt sagt, der Patient müsse sein Gewicht reduzieren, so meint er gar nicht das Gewicht. Der Patient muß im Interesse der Gesunderhaltung seine Masse reduzieren. Unsere Körpermasse aber können wir tatsächlich nur dadurch reduzieren, daß wir weniger essen und uns körperlich mehr anstrengen.
Für eine reine Gewichtsreduzierung gibt es eine sehr komfortable, wenn auch nicht gerade kostengünstige Methode.

Man braucht sich nur auf den Mond schießen zu lassen und schon hat man sein Gewicht auf ein Sechstel reduziert. Sollte das jemandem immer noch zuviel sein, so kann er sich ja auf eine Erdumlaufbahn bringen lassen und schon ist er aller seiner Gewichtsprobleme ledig. Auf der Erdumlaufbahn wird er, wie ihm jeder Astronaut bestätigen kann, überhaupt nicht mehr von der Erde angezogen, er ist schwerelos, hat also überhaupt kein Gewicht mehr.

Wer übermäßiges Untergewicht hat, müßte sich auf den Planeten Neptun transportieren lassen, damit sein Gewicht um rund 14 % zunimmt. Wem das nicht genügte, der wäre auf dem Jupiter gut untergebracht. Ohne eigenes Zutun wäre sein Gewicht dort schlagartig auf das knapp Zweieinhalbfache angestiegen.

Diese „kosmische" Gewichtsveränderung hat jedoch den Nachteil, daß die Masse dabei unverändert bleibt. Und daran erkennen wir einen wesentlichen Unterschied zwischen der Masse eines Körpers und seinem Gewicht.

Die Masse eines Körpers ist überall gleich, wohin er auch immer gebracht wird: auf den Mond, auf den Saturn, auf den Jupiter oder auf eine Umlaufbahn um die Erde.

In der Physik sagt man: Die Masse eines Körpers ist eine ortsunabhängige Größe.

Anders verhält es sich mit dem Gewicht. Das Gewicht ist eine ortsabhängige Größe. Ein und derselbe Körper kann durchaus unterschiedliches Gewicht haben, je nachdem, an welchem Ort er sich gerade befindet. Selbst auf unserer Erde können wir diese Erscheinung beobachten. Bringen wir beispielsweise einen Körper vom Äquator zum Nordpol, so vergrößert sich sein Gewicht. Diese Gewichtszunahme, die im wesentlichen auf der Abplattung der Erde an den Polen beruht, beträgt zwar nur etwa ein halbes Prozent, was aber beispielsweise bei einer Schiffsladung Kaffee schon merklich wird. Würde man beispielsweise den Kaffee am Äquator nach seinem Gewicht und nicht nach seiner Masse einkaufen und diesen Kaffee in der Nähe des Nordpols an die Eskimos ebenfalls nach Gewicht verkaufen, so wäre auch am

Geldbeutel feststellbar, daß während des Transports eine wunderbare Gewichtsvergrößerung eingetreten ist. Aber wer handelt schon Kaffee oder ähnliche Waren nach Gewicht? Man kauft und verkauft sie nach Kilogramm und Tonnen, also nach ihrer Masse, und dabei können derartige Zusatzgewinne nicht auftreten. Genauso viele Kilogramm oder Tonnen, wie man am Äquator eingeladen hat, lädt man an jedem beliebigen Zielort wieder aus, selbst am Nordpol oder gar auf dem Mond.

Die Masse eines Körpers kann man vereinfacht als seine Stoffmenge verstehen. Ihre (Maß-)Einheit ist das Kilogramm (kg).

Das Gewicht eines Körpers dagegen ist diejenige Kraft, mit der er auf seine Unterlage drückt oder an seiner Aufhängung zieht.

Das Gewicht ist folglich eine Kraft. Um das nicht zu vergessen, sollte man eigentlich das Wort „Gewicht" überhaupt nicht mehr benutzen, sondern durch die Bezeichnung „Gewichtskraft" ersetzen, die, wie jede andere Kraft, in der Einheit „Newton" (N) gemessen wird.

Wenn wir jedoch mehrere Körper am selben Ort miteinander vergleichen, so finden wir heraus, daß Masse und Gewicht in enger Beziehung zueinander stehen. Ein Körper, der eine doppelt so große Masse hat wie ein anderer, hat auch ein doppelt so großes Gewicht. Mit anderen Worten: Wenn man

die Masse eines Körpers verdoppelt, verdreifacht, vervierfacht, ver-n-facht, so verdoppelt bzw. verdreifacht bzw. vervierfacht bzw. ver-n-facht sich auch sein Gewicht am selben Ort.
Physiker sagen einfacher: Am selben Ort sind Masse und Gewicht einander proportional (siehe Anmerkung S. 268). Wenn's nicht gar so genau sein muß, kann man für alle einigermaßen zugänglichen Orte der Erde davon ausgehen, daß ein Körper mit der Masse 1 kg ein Gewicht von 10 N hat. Wenn also die Masse einer Person 46 kg beträgt, so hat sie ein Gewicht von 46 · 10 N = 460 N.
Auf dem Mond erfährt ein Körper mit der Masse von 1 kg durch Anziehung eine Kraft von nur 1,6 N. Mit ihren 46 kg würde diese Person dort ein Gewicht von nur noch 46 · 1,6 N = 73,6 N haben.
Das Gewicht des anfangs erwähnten Patienten würde auf der Erde 90 · N = 900 N und auf dem Mond 90 · 6 N = 144 N betragen.
Übrigens ist die geschilderte kosmische Gewichtsreduzierung weder eine kosmetische, weil der Patient dabei ja genauso dick bleibt, wie er vorher war, noch eine gesundheitlich wirksame, weil Herz und Kreislauf nach wie vor die

gleiche Körpermasse zu versorgen haben. So hat sich diese kosmische Gewichtsreduzierung eher als eine komische Gewichtsreduzierung entpuppt, weshalb es wohl fürderhin bei der bewährten FDH-Methode bleiben wird.

Wo reißt der Faden?

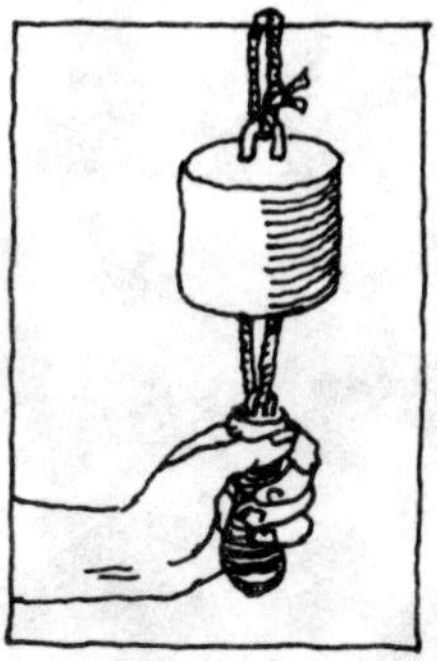

Ein Eisenkörper hängt, wie aus unserer Abbildung hervorgeht, an einem dünnen Faden. Ein völlig gleichartiger Faden ist unten am Eisenkörper befestigt und führt zu einem Handgriff. Welcher wird wohl reißen, wenn wir am Handgriff ziehen, der Faden oberhalb oder der Faden unterhalb des Eisenkörpers?
Das ist doch überhaupt keine Frage, werden wohl die meisten denken, natürlich reißt der Faden oberhalb des Eisenkörpers, denn dort wirkt ja außer der Kraft, mit der am Handgriff gezogen wird, zusätzlich noch die Gewichtskraft des Eisenkörpers in die gleiche Richtung. Also wirkt auf den oberen Faden eine größere Kraft als auf den unteren, weshalb der obere Faden und nicht der untere reißt. Punktum, Schluß und basta. Auf eine weitere Diskussion würden sich bestimmt die wenigsten einlassen, weil für die meisten der Fall ja schließlich sonnenklar ist.
Dennoch sollte man nicht so sicher sein! Auf die gestellte Frage wäre nämlich durchaus die Gegenfrage möglich: „Wo hättet ihr's denn gern?'' Selbst wenn wir damit riskieren, für verrückt erklärt zu werden, sollten wir unbedingt fragen: „Wo hättet ihr's denn gern, daß der Faden reißt?'' Was auch immer uns darauf geantwortet wird, wir können's richten, wie wir's wollen. Soll der Faden oberhalb des Eisenkörpers reißen, ziehen wir ganz langsam und mit allmählich zunehmender Kraft am Griff. Und siehe da, der Faden reißt oberhalb des Eisenkörpers. Warum wohl? Natürlich deshalb, weil auf den oberen Faden zwei Kräfte wirken, die Gewichtskraft

des Eisenkörpers und unsere Zugkraft. Auf den unteren Faden wirkt dagegen nur unsere Zugkraft. Wird jedoch gefordert, daß der Faden unterhalb des Eisenkörpers reißt, dann ziehen wir ruckartig und sofort mit voller Kraft am Griff. Und siehe da, jetzt reißt der untere Faden, und der Eisenkörper bleibt am oberen Faden hängen, als wäre überhaupt nichts geschehen.
Alle werden staunen!
Wie ist dieses seltsame Verhalten zu erklären?
Es liegt daran, daß alle Körper träge sind. Diese Trägheit kommt unter anderem dadurch zum Ausdruck, daß ein ruhender Körper jedem Versuch, ihn in Bewegung zu bringen, einen Widerstand entgegensetzt. Und dieser Widerstand ist um so größer, je größer die Masse des Körpers ist. Wir alle haben wohl diese Trägheit eines Körpers schon feststellen können. Wollen wir beispielsweise beim Ballweitwurf einen zunächst in der Hand ruhenden Ball in Bewegung set-

zen, müssen wir eine Kraft aufwenden. Genauso verhält es sich beim Kugelstoßen. Wegen der großen Masse der Kugel ist sogar eine recht erhebliche Kraft vonnöten, um die zunächst in der Hand ruhende Kugel möglichst schnell auf eine möglichst hohe Geschwindigkeit zu bringen. Auch der Fußballspieler, der einen Strafstoß tritt, braucht eine ziemlich große Kraft, um den auf dem Elfmeterpunkt liegenden Ball aus seiner Ruhe und ins Tor zu bringen.
Die Trägheit macht sich um so stärker bemerkbar, je schneller man den Körper in Bewegung versetzen will. Geht man's langsam an, so folgt er der Aufforderung zur Bewegung wesentlich williger, als wenn man ihn abrupt dazu veranlassen will. Dann nämlich kann er ziemlich bockig werden.
Genau das aber tut unser Eisenkörper, wenn man ruckartig am Handgriff zieht. Er denkt gar nicht daran, dieser unhöflichen Aufforderung zu folgen, und bleibt dort, wo er ist. Das rettet den oberen Faden. Er würde ja nur dann zerreißen, wenn sich die Kugel nach unten bewegt und ihn dabei übermäßig dehnt. Und das tut sie nur, wenn man sie etwas höflicher dazu auffordert, indem man schön langsam am Handgriff zieht.

Der standhafte Zinnsoldat

Hans Christian Andersen erzählt in seinem Märchen vom standhaften Zinnsoldaten die Geschichte eines kleinen Zinnsoldaten, der in einem winzigen Boot steht und sich weder vom Wind noch von den Wellen umwerfen läßt. Das ist wahrlich märchenhaft. Wer kann schon glauben, daß eine Zinnfigur trotz Wind und Wellen in einem Schiffchen, das einer Nußschale gleicht, über längere Zeit aufrecht stehenbleibt? Schon bei der kleinsten Schaukelbewegung müßte sie doch umkippen.

Um das nachzuprüfen, brauchten wir nur ein Schiffchen und eine Zinnfigur. Ein Papierschiffchen ist schnell gefaltet, und eine Zinnfigur findet sich wohl in fast jeder Spielzeugkiste. Jetzt fehlt eigentlich nur noch ein kleiner Bach. Woher aber nimmt man so schnell einen Bach, noch dazu einen, der ein paar Wellen schlägt? Wir müssen uns wohl doch nach einem Ersatz dafür umsehen. Vielleicht lassen sich die Schaukelbewegungen der Wellen durch die Bewegung einer ganz gewöhnlichen Kinderschaukel nachahmen. Dann könnten wir uns sogar das Papierschiffchen sparen, und die Gefahr, vor lauter Forschungseifer in den Bach zu fallen, wäre außerdem gebannt.
Prüfen wir doch einmal nach, wie sich eine Zinnfigur auf einer schwingenden Schaukel verhält! Wie aber bringen wir die Figur am besten dorthin? Da ein „Aufspringen während der Fahrt" wohl kaum gelingen dürfte, stellen wir sie auf die noch ruhende Schaukel. Danach müssen wir aber die Schaukel zum Schwingen bringen, und jetzt fangen die Schwierigkeiten an. Gäben wir der Schaukel zum Beispiel einen kräftigen Anstoß, würde die Zinnfigur sicherlich nicht stehenbleiben. Zum Glück gibt es aber noch eine andere Möglichkeit: Wir lenken die Schaukel aus und lassen sie dann los. Auch jetzt gelangen wir nicht zum Ziel. Noch bevor die Schaukel schwingt, ist die Figur umgekippt. Sie hat die Schräglage bei der Auslenkung nicht unbeschadet überstanden. Dem kann jedoch dadurch abgeholfen werden, daß wir die Zinnfigur einfach festhalten, während wir die Schaukel auslenken. Wenn wir nun Figur und Schaukel gleichzeitig loslassen, erreichen wir unser Ziel: Die Schaukel beginnt mit der aufrecht stehenden Figur zu schwingen. Und wider alle Erwartungen kippt die Figur trotz ihrer erheblichen Schräglage nicht nach vorn um. Aufrecht stehend bewegt sie sich zusammen mit dem Schaukelbrett nach unten, ganz so, als wäre sie an ihrer Unterlage festgeklebt. An diesem Verhalten der Figur ändert sich auch dann nichts, wenn sich die Schaukel wieder nach oben bewegt, obwohl doch eigentlich

zu erwarten wäre, daß die Figur nun infolge der Schräglage des Schaukelbrettes nach hinten kippt. Aber nein, der Zinnsoldat bleibt standhaft und läßt sich nicht umwerfen.
Ein wahrhaft umwerfendes Ergebnis!
Und das Umwerfendste dabei ist, daß es sich hierbei nicht um ein Märchen handelt. Mit unserem Experiment, das jedermann an jedem Ort der Erde durchführen kann, haben wir nachgewiesen, daß diese Standhaftigkeit des Zinnsoldaten kein märchenhafter Zufall, sondern eine physikalische Gesetzmäßigkeit ist, die wir jetzt ein bißchen genauer unter die Lupe nehmen wollen.
Wenn wir die Schaukel auslenken, gerät die Zinnfigur in eine schräge Lage. Unter dem Einfluß der Erdanziehungskraft müßte sie eigentlich nach vorn kippen, und das täte sie auch, wenn die Schaukel in dieser Schräglage stehen bliebe. Die Schaukel bewegt sich jedoch, nachdem wir sie losgelassen haben, mit wachsender Geschwindigkeit auf ihre tiefste Lage zu. Dadurch erfährt die Zinnfigur eine Kraft, die sie nach hinten kippen will. Es handelt sich um dieselbe Kraft, die beispielsweise die Personen in einem Auto in die Sitze preßt, wenn sich die Geschwindigkeit des Fahrzeugs erhöht. Weil aber die Kräfte, die die Figur nach hinten bzw. nach vorn kippen wollen, gleich groß sind, bleibt dem Zinnsoldaten gar nichts anderes übrig, als standhaft zu sein und aufrecht stehen zu bleiben. Und wenn die Schaukel ihre tiefste Lage erreicht hat, wird sie auf ihrem Weg nach oben immer langsamer. Genauso wie die Insassen eines bremsenden Autos eine Kraft in Fahrtrichtung erfahren, wirkt auch auf unseren Zinnsoldaten eine Kraft, die ihn nach vorn kippen will. Weil diese Kraft aber genauso groß ist wie die Erdanziehungskraft, die ihn nach hinten kippen will, macht der standhafte Zinnsoldat seinem Namen auch bei der Aufwärtsbewegung der Schaukel alle Ehre und bleibt aufrecht stehen.
Sollte übrigens jetzt jemand glauben, an dem Märchen vom standhaften Zinnsoldaten sei nun nichts märchenhaftes mehr, so ist das ein Irrtum. Auf einer Schaukel bleibt der

Zinnsoldat zwar standhaft, wie wir festgestellt haben, und diese Standhaftigkeit ist in der Tat keine märchenhafte, sondern eine ganz natürliche Erscheinung. Seine Standhaftigkeit gegenüber Wind und Wellen dagegen gibt es nur im Märchen. Die durch Wasserwellen hervorgerufenen Bewegungen sind nur sehr bedingt mit den Bewegungen einer Schaukel zu vergleichen. Deshalb läge unser Zinnsoldat in seinem Schiffchen schon sehr bald auf der Nase oder auf dem Rücken. Selbst wenn er den Wellen trotzte, würde ihn sicherlich der Wind umwerfen. Es ist wohl doch ein Märchen, das Märchen vom standhaften Zinnsoldaten.

Herr Loschmidt hat sie abgezählt

„Weißt du, wieviel Sternlein stehen an dem hohen Himmelszelt?" heißt es in einem bekannten Kinderlied, und als Antwort: „Gott der Herr hat sie gezählet..." Und dabei ist es bis heute auch geblieben. Alle Sterne konnte bisher noch kein Mensch zählen. Wir werden es vermutlich auch nie schaffen. Wir wissen ja, daß es „hinter" den Sternen, die wir sehen, noch unzählige andere Sterne gibt. Von den mehreren hundert Milliarden Sternen der Milchstraße, die unsere kosmische Heimat ist, können wir lediglich etwa 5000 Sterne mit bloßem Auge sehen. Kurz und gut, das Sternen-Zählen werden wir wohl für alle Zeit dem lieben Gott überlassen müssen.

Nicht an die Sterne, wohl aber an die Moleküle hat sich im vorigen Jahrhundert der österreichische Naturforscher Joseph Loschmidt (1821–1895) herangewagt. Die Frage, die er sich stellte, lautete nämlich: „Weißt du, wieviel Moleküle sich in 1 dm^3 Luft befinden?" Und diese Frage ist ja wohl auch nicht so leicht zu beantworten. Schließlich sind Moleküle ziemlich klein, und es sind vor allen Dingen sehr, sehr viele, die sich da in 1 dm^3 Luft tummeln. Das anscheinend

schier Unmögliche gelang Herrn Loschmidt. Er erhielt als Ergebnis:
Ein Kubikdezimeter Luft enthält rund
26 873 000 000 000 000 000 000 Moleküle.
Diese Zahl ist allerdings nur dann richtig, wenn der Luftdruck „normal" ist, d. h. 1,01325 bar beträgt, und die Luft eine Temperatur von 0 °C hat. Unter diesen „Normalbedingungen" gilt derselbe Wert auch für fast alle anderen Gase.
Noch viel mehr Moleküle als 1 dm^3 Luft enthält 1 dm^3 Wasser, für gewöhnlich 1 Liter Wasser genannt, nämlich rund 33 400 000 000 000 000 000 000 000. Ein Kubikdezimeter Wasser enthält also mehr als tausendmal soviel Moleküle wie ein Kubikdezimeter Luft.
Alle Weltmeere zusammen enthalten übrigens rund 1 444 000 000 000 000 000 000 Liter Wasser.
Würden wir einen Liter davon herausschöpfen, die rund 33 400 000 000 000 000 000 000 000 darin befindlichen Moleküle markieren, den Liter wieder ins Meer zurück schütten und das Ganze gut umrühren, so enthielte jeder einzelne Liter Meerwasser rund 23 200 der von uns markierten Moleküle.

Je schneller, desto schwerer

Nehmen wir einmal an, jemand käme daher und behauptete, ein Auto und die darin sitzenden Personen bekämen mit wachsender Geschwindigkeit eine immer größere Masse. Sicher wären wir nahe daran, unsere gute Erziehung zu vergessen, mit dem Finger an die Stirn zu tippen und diesen Jemand für verrückt zu erklären. Und damit würden wir uns, vorsichtig ausgedrückt, in zahlreicher Gesellschaft befinden, denn die meisten Menschen halten es für ganz und gar unmöglich, daß ein Körper mehr wiegt, wenn seine Geschwindigkeit zunimmt. Das würde nämlich bedeuten, daß ein Auto während der Fahrt eine größere Masse hat als beim Parken, und daß schließlich auch wir selbst, beispielsweise während eines 100-m-Laufs, eine größere Masse haben als am Start.

Das ist doch irre! Wer so etwas glaubt, muß ja verrückt sein!

Dann aber sind alle Physiker verrückt, denn sie glauben das nicht nur, sie wissen es genau: Ein Körper hat, wenn er sich bewegt, tatsächlich eine größere Masse als wenn er ruht, d. h., die Masse eines Körpers wächst mit zunehmender Geschwindigkeit tatsächlich. Diese Erscheinung ist ein unumstößliches Naturgesetz, das uns beachtliche, ja teilweise unüberwindliche Schwierigkeiten bei der Erforschung des Weltraums in den Weg legt.

Aber nun schön der Reihe nach!

Als Albert Einstein (1879–1955) im Jahre 1905 eine neue physikalische Theorie, die spezielle Relativitätstheorie, erdachte, kam er darin unter anderem auch zu dem Schluß, daß die Masse eines Körpers mit wachsender Geschwindigkeit zunimmt. Die Physiker waren damals genauso schockiert wie viele Menschen heute noch, wenn sie das hören, denn eine solche Massezunahme hatten sie noch niemals beobachtet. Das war aber auch kein Wunder, denn bei den Geschwindigkeiten, wie sie im täglichen Leben auftreten, kann man in der Tat selbst mit den genauesten Meßinstrumenten keine Massezunahme feststellen. Meßbar wird sie erst bei Geschwindigkeiten von etwa 100 Kilometer pro Sekunde, und das sind immerhin 360 000 km/h. Solche Geschwindigkeiten aber erreichen selbst die größten und schnellsten Raketen bis heute noch nicht. Ein Erdsatellit z. B. benötigte bei dieser Geschwindigkeit nur rund 7 Minuten für einen vollen Erdumlauf. Trotzdem nähme seine Masse, falls er beim Start genau 5000 kg gewogen hätte, dabei nur um ganze 0,275 g zu, und ein 50 kg wiegender Mensch hätte in diesem Satelliten nur um 0,00275 g mehr Masse. Das sind 2,75 Milligramm. Der Tabelle können wir entnehmen, wieviel wir bei den angegebenen Geschwindigkeiten wiegen würden, wenn wir normalerweise, d. h. im Ruhezustand, genau 50 kg wiegen (siehe Anmerkung S. 268).

Geschwindigkeit in km/s	Masse in kg
100	50,000002782
1000	50,000278165
10 000	50,027839485
100 000	53,038
200 000	67,119
250 000	90,596
290 000	197,240
299 700	2 013,384
299 792,45	216 411,692
299 792,457	611 760,980

Sicherlich fragen wir uns nun, ob diese Werte überhaupt stimmen. Schließlich kann das doch niemand nachprüfen, weil so hohe Geschwindigkeiten überhaupt nicht zu erreichen sind. Wieder sind wir im Irrtum. Man kann nämlich tatsächlich derart hohe Geschwindigkeiten erreichen, allerdings nicht mit dem Auto und auch (noch?) nicht mit Weltraumraketen, wohl aber mit Elektronen. Diese kleinen Teilchen, die im Ruhezustand nur eine Masse von 0,000 000 000 000 000 000 000 000 000 911 g haben, können in sogenannten Teilchenbeschleunigern auf nahezu

Lichtgeschwindigkeit gebracht werden. Die Lichtgeschwindigkeit aber beträgt 299 792,458 km/s.
Wenn wir jetzt unsere Tabelle noch einmal anschauen, so erkennen wir, daß die Masse eines Körpers um so schneller zunimmt, je näher seine Geschwindigkeit an die Lichtgeschwindigkeit herankommt.
Aus Erfahrung wissen wir aber: Je mehr Personen in einem Auto sitzen, desto länger dauert es, bis es beispielsweise vom Stillstand auf 100 km/h gebracht werden kann.
In der Physik drückt man diesen Sachverhalt so aus: Je größer die Masse eines Körpers ist, um so größer ist sein Widerstand gegen eine Geschwindigkeitszunahme.
Wenn jedoch ein Körper immer näher an die Lichtgeschwindigkeit herankommt, so nimmt seine Masse und damit auch der Widerstand, den der Körper einer weiteren Geschwindigkeitszunahme entgegensetzt, so rapide zu, daß schließlich selbst die größte Kraft nicht mehr ausreicht, ihn noch schneller zu machen. Deshalb kann auch kein Körper eine Geschwindigkeit erreichen, die gleich der Lichtgeschwindigkeit ist oder sie gar übertrifft.
Für alle Zeit und Ewigkeit müssen wir uns damit begnügen, daß alle unsere Schwimm-, Fahr- und Flugzeuge, insbesondere auch alle Raketen, die jemals von Menschen erdacht, konstruiert und auf die Reise zu möglichen anderen Planetensystemen geschickt werden, sich stets langsamer fortbewegen als das Licht. Dadurch sind unserem Tatendrang im Weltall erhebliche Grenzen gesetzt, denn um diejenigen Stellen der Milchstraße zu erreichen, an denen wir andere Planetensysteme erwarten und damit unter Umständen auf menschenähnliche Lebewesen treffen können, braucht selbst das Licht schon viele tausend Jahre. Die Zunahme der Masse eines Körpers mit wachsender Geschwindigkeit dürfen wir uns jedoch nicht so vorstellen, als ob sich dabei seine Stoffmenge, d. h. die Anzahl seiner Atome, vergrößern würde. Diese Anzahl bleibt unverändert, selbst bei der höchsten Geschwindigkeit. Was sich ändert, ist lediglich der Wider-

stand, den der Körper einer Geschwindigkeitszunahme entgegensetzt, und das nennt man seine Trägheit.

Dicht, dichter, am dichtesten

„Was ist schwerer, ein Kilogramm Blei oder ein Kilogramm Federn?" Die meisten kennen sicher diese Scherzfrage und fallen nicht mehr darauf herein. Ein Kilogramm ist eben ein Kilogramm, und es spielt überhaupt keine Rolle, um welchen Stoff es sich dabei handelt. Ein Kilogramm Blei hat die gleiche Masse und ist folglich am gleichen Ort auch genauso schwer wie ein Kilogramm Federn oder ein Kilogramm Wasser oder ein Kilogramm Kork.

Obwohl 1 kg Blei genauso schwer ist wie 1 kg Kork, hört man immer wieder sagen, Blei sei schwerer als Kork. Diese Aussage ist falsch. Blei kann zwar auch einmal schwerer sein als Kork, ein anderes Mal aber auch leichter. Wer das nicht glaubt, der bedenke: 1 kg Blei ist auf jeden Fall leichter als 2 kg Kork, oder?

Die meisten werden jetzt sagen, so sei der Satz: „Blei ist schwerer als Kork", doch gar nicht gemeint. Wenn man das aber nicht so meint, darf man es auch nicht so sagen. Gemeint ist offensichtlich: „1 cm^3 Blei ist schwerer als 1 cm^3 Kork." Dieser Satz aber ist durchaus richtig, denn 1 cm^3 Blei wiegt 11,35 g, und 1 cm^3 Kork wiegt nur 0,3 g.

In der Physik sagt man: Die Dichte von Blei beträgt 11,35 Gramm pro Kubikzentimeter (11,35 g/cm^3). Und entsprechend heißt es beim Kork: Die Dichte von Kork beträgt 0,3 g/cm^3.

Die Dichte eines Stoffes gibt also an, wieviel Gramm ein Kubikzentimeter dieses Stoffes wiegt. Da sich die meisten Stoffe beim Erwärmen ausdehnen und beim Abkühlen zusammenziehen, ist das Volumen eines Stoffes und damit seine Dichte von der Temperatur abhängig. Blei hat beispielsweise bei 0 °C eine größere Dichte als bei 40 °C. In der ersten Tabelle ist die Dichte für einige feste Stoffe bei einer Temperatur von 20 °C angegeben.

Stoff	Dichte in g/cm³
Aluminium	2,70
Eisen	7,87
Kupfer	8,96
Silber	10,49
Gold	19,32
Plutonium	19,60
Platin	21,45
Iridium	22,40
Osmium	22,48

Natürlich haben auch flüssige Stoffe eine Dichte, die im allgemeinen noch viel stärker von der Temperatur abhängt als bei festen Stoffen. Die Dichten einiger Flüssigkeiten bei 20 °C sind:

Flüssigkeit	Dichte von g/cm³
Benzin	0,70
Alkohol	0,79
Petroleum	0,85
Rizinusöl	0,96
Wasser	1,00
Meerwasser	etwa 1,02
Milch	etwa 1,03
Glyzerin	1,26
Schwefelsäure	1,80
Quecksilber	13,55

Wie wir wissen, gibt es auch gasförmige Stoffe. Ihre Dichte hängt außer von der Temperatur auch wesentlich von ihrem Druck ab. Einige Gase haben bei einer Temperatur von 20 °C und normalem Druck (etwa 1 bar) folgende Dichten:

Gas	Dichte in g/cm³
Wasserstoff	0,00009
Helium	0,00018
Methan	0,00072
Neon	0,00090
Luft	0,00129
Sauerstoff	0,00143
Kohlendioxid	0,00198
Propan	0,00200
Ozon	0,00214
Chlor	0,00321

Für Körper, die nicht einheitlich zusammengesetzt sind, zum Beispiel unsere Erdkugel, kann man nur eine durchschnittliche Dichte angeben. Beispielsweise beträgt diese durchschnittliche Dichte unserer Erde 5,517 g/cm³, die der Sonne dagegen nur 1,409 g/cm³.
Im Jahre 1967 hat man erstmals einen Stern entdeckt, dessen Dichte nicht weniger als rund 100 000 000 000 000 g/cm³ beträgt. Könnten wir uns aus diesem Stern einen Würfel von 1 cm Kantenlänge herausschneiden, so hätte dieser Würfel sage und schreibe eine Masse von 100 000 000 000 000 g, und das sind 100 000 000 Tonnen!
Nahezu die gleiche Dichte wie dieser Stern hätte übrigens auch unser Körper, wenn wir alle Hohlräume und alle Zwischenräume beseitigen könnten, insbesondere auch die Zwischenräume zwischen den Kernen und den Elektronen aller Atome, aus denen er besteht. Allerdings könnten wir aus einem so zusammengepreßten Körper keinen Würfel von 1 cm Kantenlänge mehr herausschneiden, nicht einmal einen solchen von 1 mm Kantenlänge und auch keinen von 0,1 mm Kantenlänge, denn unser Körper hätte dann nur noch einen Rauminhalt von etwa einem hundertmillionstel Kubikmillimeter.
Das zeigt uns sehr deutlich, wie „löcherig" wir und unsere Umwelt doch aufgebaut sind.

Eine trockene Flüssigkeit

Wasser ist naß! Kein Mensch zweifelt daran.
Wenn wir aus dem Wasser kommen, zum Beispiel aus der Badewanne oder aus dem Schwimmbecken, so sind wir naß. Wenn das Geschirr aus dem Spülbecken kommt, ist es naß. Wenn wir unser Auto mit dem Gartenschlauch abgespritzt haben, ist es naß.
Wasser ist also tatsächlich naß!
Vielleicht trifft es aber den Kern der Sache besser, wenn wir stattdessen sagen: „Wasser macht naß!" Denn nicht deshalb, weil Wasser naß ist, sondern weil es naß macht, müssen wir nach dem Baden unseren Körper abtrocknen, müssen nach dem Spülen das Geschirr bzw. nach dem Abspritzen das Auto abtrocknen. Abtrocknen bedeutet in diesem Zusammenhang nichts anderes, als daß wir die an unserem Körper bzw. an dem Geschirr bzw. am Auto anhaftenden Wassertropfen beseitigen.
Wenn wir also sagen: „Wasser macht naß", wollen wir damit ausdrücken, daß das Wasser unseren Körper bzw. das Geschirr benetzt. Aus diesem Grund nennen Physiker das Wasser eine benetzende Flüssigkeit. Wie schön könnte aber die Welt sein, meinen sicher jetzt viele, wenn das Wasser eine nicht-benetzende Flüssigkeit wäre. Wir brauchten dann keine Badetücher mehr, denn wir wären ja völlig trocken, wenn wir aus der Badewanne oder aus dem Schwimmbecken steigen. Wir brauchten auch keine Geschirrtücher mehr, denn die lästige Arbeit des Geschirrabtrocknens wäre nicht mehr erforderlich. Und schließlich könnten wir uns die Arbeit des Ablederns sparen, weil nach der Autowäsche kein einziges Wassertröpfchen an der Karosserie haften bliebe. Fürwahr, paradiesische Zustände!
Sollte da jemand meinen, eine solche nicht-benetzende Flüssigkeit gäbe es nicht, so befindet er sich im Irrtum! Es gibt sie tatsächlich. Leider ist sie aber nicht zum Waschen geeig-

net. Es ist nicht einmal zu empfehlen, seinen Finger auch nur für kurze Zeit in sie hineinzutauchen, um nachzuprüfen, ob er auch wirklich völlig trocken wieder herauskommt. Diese Flüssigkeit ist nämlich ziemlich giftig, und wir sollten mit ihr nur unter allergrößter Vorsicht umgehen. Es handelt sich um Quecksilber, ein Metall, das bei Zimmertemperatur flüssig ist wie das Wasser. In seiner Dichte unterscheidet es sich dagegen erheblich vom Wasser. Während 1 Liter Wasser 1 kg wiegt, hat 1 Liter Quecksilber sage und schreibe 13,5 kg Masse. Deshalb kann man größere Mengen Quecksilber auch nicht in normalen Glasflaschen aufbewahren oder transportieren. Beim Hochheben würde der Flaschenboden sofort herausbrechen.

Dieses giftige Quecksilber ist tatsächlich eine nicht-benetzende Flüssigkeit. Jeder Körper, den wir hineintauchen, kommt trocken wieder heraus. Kein einziges Quecksilbertröpfchen bleibt an ihm haften.

So bestechend uns diese Eigenschaft aber auch erscheinen mag, sie hat einen großen Nachteil, der den Umgang mit Quecksilber sehr erschwert.

Wenn wir Wasser verschütten, nehmen wir einen Lappen und wischen es auf. Das funktioniert aber nur deshalb, weil das verschüttete Wasser den Lappen „lieber" benetzt als

den Fußboden. Es haftet nach dem Wischen kaum mehr am Boden, sondern überwiegend am Lappen und kann danach durch Auswringen oder Trocknenlassen aus diesem wieder entfernt werden. Wenn wir dagegen Quecksilber verschütten, dann nützt uns ein Lappen überhaupt nichts, denn das Quecksilber will weder den Boden noch den Lappen benetzen. Es igelt sich im wahrsten Sinne des Wortes ein und bildet auf dem Boden Kügelchen. Wenn wir an ein solches Kügelchen mit dem Lappen herangehen, rollt es einfach davon, als wäre es quicklebendig. Jetzt wissen wir auch, woher das Quecksilber seinen merkwürdigen Namen hat. Offensichtlich hieß es früher „Quick"silber.
Wie bekommt man aber verschüttetes Quecksilber vom Boden wieder weg? Dafür gibt es eine besondere Zange. Ihre Backen sind wie die beiden Hälften einer Schale geformt. Wenn man das Quecksilberkügelchen zwischen diese beiden Backen bringt und die Zange schließt, hat man es eingefangen. Es befindet sich gewissermaßen in einer Schale und kann darin in sein Gefäß zurückgebracht werden.
Übrigens kann man sehr leicht feststellen, ob eine Flüssigkeit benetzend oder nicht-benetzend ist. Dazu taucht man ein sehr dünnes Glasröhrchen senkrecht hinein. Wenn die Flüssigkeit im Glasröhrchen höher steht als außerhalb des Röhrchens, handelt es sich um eine benetzende Flüssigkeit. Steht dagegen die Flüssigkeit im Glasröhrchen unter dem Flüssigkeitsspiegel der Umgebung, dann liegt eine nicht-benetzende Flüssigkeit vor. Natürlich können wir auch ohne ein solches Glasröhrchen benetzende Flüssigkeiten von nicht-benetzenden unterscheiden. Benetzende Flüssigkeiten stehen am Rande eines Gefäßes höher, nicht-benetzende Flüssigkeiten dagegen tiefer als in der Mitte.
Ob eine Flüssigkeit benetzend oder nicht-benetzend ist, hängt von zwei besonderen Kräften ab. Eine dieser Kräfte wirkt zwischen den Teilchen der Flüssigkeit, die andere zwischen Flüssigkeit und Gefäßwand. Im ersten Fall spricht man in der Physik von Kohäsion, im zweiten von Adhäsion.

Juwelier Perlenbeißer und der falsche Goldbarren

Juwelier Perlenbeißer wittert das Geschäft seines Lebens. Soeben wurde ihm ein Goldbarren zu einem ungemein günstigen Preis angeboten. Einen Haken hat die Sache allerdings: Der Mann, der ihm das Gold verkaufen will, ist ihm unbekannt. Und das stört Herrn Perlenbeißer. Solche Geschäfte sollte man nur mit Leuten machen, die man gut kennt. Wie leicht kann einem da etwas angedreht werden, was zwar aussieht wie Gold, aber keines ist.

Nun ist Juwelier Perlenbeißer kein heuriger Hase im Goldgeschäft. Er kennt sich darin aus, und er verfügt auch über die physikalischen Grundkenntnisse, die man in diesem Gewerbe braucht. Er weiß also, daß die Dichte von Gold 19,3 g/cm^3 (gelesen: 19,3 Gramm pro Kubikzentimeter) beträgt. Das bedeutet bekanntlich, ein Kubikzentimeter Gold wiegt 19,3 Gramm.

Daraus folgt aber,

2 cm^3 Gold wiegen $2 \cdot 19{,}3\,g = 38{,}6\,g$,
3 cm^3 Gold wiegen $3 \cdot 19{,}3\,g = 57{,}9\,g$,
4 cm^3 Gold wiegen $4 \cdot 19{,}3\,g = 77{,}2\,g$ usw.

Allgemein gilt also:

x cm^3 Gold wiegen $x \cdot 19{,}3\,g$.

Herr Perlenbeißer bittet seinen unbekannten Geschäftspartner um ein wenig Geduld und begibt sich in seine Werkstatt. Dort stellt er zunächst einmal fest, wie groß das Volumen des Goldbarrens ist. Der Barren hat die Form eines Quaders und ist genau 10,2 cm lang, 3,4 cm breit und 2,5 cm hoch. Sein Volumen beträgt folglich $10{,}2\,cm \cdot 3{,}4\,cm \cdot 2{,}5\,cm = 86{,}7\,cm^3$. Nun nimmt Herr Perlenbeißer seinen Taschenrechner zu Hilfe und berechnet, wieviel Gramm 86,7 cm^3 Gold wiegen müßten. Er tippt die Aufgabe $86{,}7 \cdot 19{,}3$ ein und erhält als Ergebnis 1673,31.

Bestünde der Barren, wie der Unbekannte vorgibt, aus reinem Gold, so müßte er genau 1673,31 g wiegen.
Der spannende Moment naht. Herr Perlenbeißer legt den Barren auf die Waage. Und siehe da, der Zeiger bleibt bei 1551,8 g stehen.
Also war's wohl doch nichts mit dem Geschäft seines Lebens. Enttäuscht greift der Juwelier zum Telefon: „Herr Kommissar, schicken Sie doch bitte sofort einen Polizisten zu mir. Ich habe Arbeit für ihn." Der Unbekannte scheint gute Ohren zu haben. Um dem Polizisten die Arbeit zu ersparen, verzieht er sich schnell und geräuschlos aus dem Laden.
Übrigens: Wenn der Barren genau die errechnete 1673,31 g gewogen hätte, wäre das für Herrn Perlenbeißer zwar kein Grund gewesen, die Polizei zu rufen, er hätte aber auch noch keine Gewißheit darüber gehabt, ob es sich tatsächlich um einen Barren handelte, durch und durch aus Gold. Darüber sollten wir eigentlich einmal nachdenken!

Schwimmende Steine

Schwimmende Steine? Gibt's denn so etwas auch? Wo es doch in Nachrichten über Unfälle auf See immer heißt, das Schiff sei gesunken „wie ein Stein". Und nun auf einmal soll es schwimmende Steine geben. Da müßten die Redakteure der Nachrichtensendungen ja schleunigst ihren Sprachgebrauch ändern!
In der Tat gibt es sie, die schwimmenden Steine. Bevor wir uns jedoch eingehender mit ihnen beschäftigen, sollten wir das Kapitel „Dicht, dichter, am dichtesten" gelesen haben, weil wir bei der Lösung dieses Problems sonst Schwierigkeiten bekommen könnten. In diesem Kapitel wird hauptsächlich erklärt, was wir unter der Dichte eines Stoffes zu verstehen haben. Mit diesen Kenntnissen ausgerüstet, können wir auch begreifen, wie es sich mit dem Schwimmen verhält. In

einer Flüssigkeit schwimmen nur solche Körper, deren Dichte kleiner als die der Flüssigkeit ist.
Die Dichte des Wassers beträgt 1 g/cm³. Folglich schwimmen alle festen Stoffe im Wasser, deren Dichte kleiner als 1 g/cm³ ist.
Fichtenholz hat eine Dichte von rund 0,5 g/cm³, weshalb es im Wasser schwimmt.
Kork hat eine Dichte von 0,3 g/cm³; also schwimmt auch Kork im Wasser, was für die meisten sicher nicht neu ist. Aus Erfahrung wissen wir außerdem, daß ein Holzklotz beim Schwimmen tiefer in das Wasser eintaucht als ein gleichgroßer Korkklotz. Das liegt daran, daß der Unterschied zwischen den Dichten von Kork und Wasser größer ist als der Dichte-Unterschied zwischen Holz und Wasser.
Im allgemeinen drücken wir diese Erscheinung so aus: Schwimmende Körper tauchen um so tiefer in eine Flüssigkeit ein, je kleiner der Unterschied zwischen ihrer Dichte und der Dichte der Flüssigkeit ist.
Eigenartigerweise ist die durchschnittliche Dichte einer weiblichen Person meist kleiner als die einer männlichen Person. Aus diesem Grunde tauchen beim Schwimmen die Männer tiefer ins Wasser ein als die Frauen. Genauso verhält es sich bei dicken und dünnen Personen. Die mittlere Dichte einer dicken Person ist nämlich im allgemeinen kleiner als die einer dünnen, weshalb dünne Leute beim Schwimmen tiefer in das Wasser eintauchen als dicke.
Das können wir leicht bei unserem nächsten Schwimmbadbesuch nachprüfen. Die Dichte des Meerwassers ist mit 1,02 g/cm³ etwas größer als die des Süßwassers. Folglich tauchen wir beim Schwimmen im Meer nicht so tief ein wie im Schwimmbad. Aus demselben Grund nimmt der Tiefgang eines Schiffes zu, wenn es aus dem offenen Meer in eine Flußmündung, d. h. aus dem Salzwasser ins Süßwasser einfährt.
Nun aber endlich zu den angekündigten schwimmenden Steinen!

Granit hat eine Dichte von 2,8 g/cm³, also schwimmt ein Granitstein im Wasser nicht, er geht unter „wie ein Stein''. Alle Steine, den Bimsstein ausgenommen, haben eine Dichte, die größer ist als die Dichte des Wassers. Das heißt aber, von allen Steinen schwimmt einzig und allein nur der Bimsstein. Alle anderen Steine gehen im Wasser unter. Demnach müßte die Überschrift besser und ehrlicher heißen: „Der schwimmende Stein''. Wie sie jetzt lautet, könnte sie leicht zu der irrigen Annahme führen, es gäbe mehrere Steinarten, die im Wasser schwimmen.
Von Wasser jedoch war in der Überschrift überhaupt nicht die Rede. Es ging dabei lediglich um schwimmende Steine. Und die gibt es in Hülle und Fülle. Alle Steine können sogar schwimmen. Allerdings nicht im Wasser! Denn die Dichte aller Steine — mit Ausnahme des Bimssteins — ist größer als die des Wassers.
Wie wäre es mit Quecksilber? Schließlich ist das ja bei normaler Zimmertemperatur auch eine Flüssigkeit. Da Quecksilber eine Dichte von 13,55 g/cm³ hat, schwimmen in ihm alle Körper, deren Dichte weniger als 13,55 g/cm³ beträgt. Bei allen bekannten Gesteinsarten ist das aber der Fall. Sie alle schwimmen auf Quecksilber und können folglich mit Recht schwimmende Steine genannt werden.
Übrigens kann auch eine Flüssigkeit auf einer anderen Flüssigkeit schwimmen. Auf Wasser schwimmen zum Beispiel alle Flüssigkeiten, deren Dichte kleiner als die des Wassers ist. Bei Benzin und Heizöl trifft das zu, sie schwimmen auf Wasser. Deshalb darf man zum Löschen von brennendem Benzin oder brennendem Heizöl keinesfalls Wasser verwen-

den. Die brennenden Flüssigkeiten würden auf dem Wasser davonschwimmen, sich dadurch ausbreiten und noch andere Gegenstände in Brand setzen. Brände von Flüssigkeiten, deren Dichte kleiner ist als die des Wassers, dürfen nur mit Schaumfeuerlöschern bekämpft werden. Schaum ist nämlich äußerst „leicht" und bewirkt, daß die brennende Flüssigkeit vom Luftsauerstoff, ohne den die Flüssigkeit überhaupt nicht brennen kann, abgeriegelt wird. Das ist aber schon kein physikalisches Problem mehr.

Ein Glück für die Fische

Wo bleiben eigentlich die Fische, wenn im Winter der Teich zufriert? Na, wo sollen sie denn schon bleiben? Im Teich natürlich. Auswandern können sie schließlich nicht, dazu fehlen ihnen die Beine. Und eine Verbindung zu einem fließenden Gewässer, das nicht so leicht zufriert, hat ja auch nicht jeder Teich. Da können die armen Viecher nur hoffen, daß der Winter nicht allzu streng wird und ihnen unter der Eisdecke noch etwas Wasser zum Leben bleibt. Die Chancen dafür sind allerdings sehr gut. Die Natur hat sich nämlich etwas „einfallen" lassen und den Fischen eine reelle Chance gegeben, den Winter in ihrer gewohnten Umgebung zu überleben. Im Gegensatz zu fast allen anderen Stoffen, die in der Natur vorkommen, hat das Wasser, wie im Kapitel „Eine Brücke wird gesprengt" bereits erwähnt wurde, eine außergewöhnliche physikalische Eigenschaft, die den Lebensbedingungen der Fische entgegenkommt. Wenn Wasser erstarrt (gefriert), d. h. zu Eis wird, zieht es sich nicht etwa zusammen wie zum Beispiel Quecksilber, Alkohol oder Essig, sondern es dehnt sich aus. 1000 cm^3 Wasser ergeben rund 1111 cm^3 Eis, das somit eine kleinere Dichte als Wasser hat. Dadurch kommt es, daß das Eis, das ja zuerst an der Oberfläche eines Sees entsteht, und zwar dort, wo die kalte Winterluft mit dem vom Sommer noch warmen Wasser in Berührung kommt, nicht etwa auf den Grund sinkt, sondern als zusammenhängende dünne Eisdecke auf dem Wasser schwimmt. Um das Maß ihrer Güte den Fischen gegenüber voll zu machen, hat Mutter Natur dem Eis noch eine besondere Eigenschaft gegeben: Es schützt das Wasser darunter wie eine wärmende Bettdecke. Wie ein gutes Federbett sorgt es dafür, daß die im Wasser noch vorhandene Wärme nicht an die kalte Winterluft verlorengeht. Sollte die Wärmedämmung einmal nicht ausreichen, wird die Eisschicht automatisch dicker. Das ist genauso, als würde unser Federbett von allein dicker werden, wenn es draußen kälter wird. Dagegen wäre eigentlich nichts einzuwenden. Aber wenn die Decke so dick wird, daß für uns darunter kein Platz mehr bliebe? Die Fische im Teich haben keine Ausweichmöglichkeit, wenn die Eisdecke bis zum Grunde reicht. Sie hätten keine Chance, das Frühjahr zu erleben. Gott sei Dank passiert das in unseren Breiten jedoch verhältnismäßig selten, falls der Teich nicht gar zu flach ist. Für die Fische mag es ein Glück sein, daß ein Teich von oben nach unten zufriert. Für uns Menschen hingegen wäre es aber auf den ersten Blick gar nicht so schlecht, wenn der Vorgang umgekehrt verliefe, ein Teich also von unten nach oben zufröre. Wir brauchten die Fische dann nicht mehr

mühevoll mit Angel oder Netz zu fangen. Tiefgefroren lägen Karpfen, Hechte, Forellen und was es sonst noch an schmackhaften Fischen gibt, im Winter auf der Eisoberfläche. Wir brauchten sie nur aufzulesen. Allerdings hätten wir dieses Vergnügen nur ein einziges Mal, denn im nächsten Frühjahr wäre kein einziger Fischer mehr im Teich.

Der Luftlift

Winde, die in waagerechter Richtung wehen, also parallel zur Erdoberfläche, kennt jeder, der schon einmal mit dem Fahrrad unterwegs war. Wer hat sich nicht schon darüber geärgert, daß ihn ein scharfer Gegenwind aus dem Sattel zwang? Und wen freute es nicht, wenn ein kräftiger Rückenwind das Treten erleichterte?

Auch Segler wissen um diese waagerecht wehenden Winde und nutzen die darin enthaltene Energie nach Kräften aus. Solche Winde gibt es aber nicht nur in Bodennähe, sondern auch in größeren Höhen. In 9000 m bis 12 000 m Höhe blasen sie nicht selten mit orkanartiger Stärke ununterbrochen in dieselbe Richtung. Man nennt sie Jetstreams. Sie sind von großer Bedeutung für die Luftfahrt. Die Verkehrspiloten nehmen gern größere Umwege in Kauf, um in einem solchen Jetstream „mitzuschwimmen", denn dabei läßt sich viel Treibstoff einsparen, was letztlich ja auch der Umwelt zugute kommt.

Die wenigsten aber wissen, daß es auch Winde gibt, die in vertikaler Richtung wehen. Wie stark solche Auf- bzw. Abwinde sein können, erleben wir gelegentlich, wenn wir mit dem Flugzeug unterwegs sind. Da kann es schon hin und wieder vorkommen, daß der Flugkapitän nicht etwa nur bei Start und Ladung die Passagiere auffordert, die Sicherheitsgurte anzulegen, sondern auch während des Fluges. Und das tut er immer dann, wenn er in ein Gebiet einfliegt, in dem mit Auf- bzw. Abwinden gerechnet werden muß, etwa in der Nähe von Gewitterfronten. Schon bald merken die Passagiere, weshalb sie die Gurte anlegen mußten, das Flugzeug rüttelt sich und schüttelt sich. Bald wird es mit großer Kraft unvermittelt nach oben gerissen, bald sackt es Hunderte von Metern ab, wobei sich nicht nur dem Flugungewohnten der Magen umdreht. Auch mancher Vielflieger schielt heimlich nach der für den Notfall bereitliegenden Tüte. Den Flugpassagieren kommt es vor, als säßen sie in einem riesengroßen Lift, der abwechselnd nach oben und nach unten fährt.

In der Tat befindet sich das Flugzeug in einer Art Lift, in einem „Luftlift". In Betrieb gesetzt wird dieser Riesenlift von der Sonne. Und das spielt sich so ab: Die Sonne erwärmt zunächst einmal den Erdboden. Der Erdboden gibt einen Teil der empfangenen Sonnenenergie an die unmittelbar auf ihm liegende Luftschicht ab. Diese erwärmt sich, fühlt sich dadurch ganz offensichtlich den kälteren Luftschichten weit überlegen und möchte sich über sie erheben. Physikalische Ursache dieses plötzlichen Drangs der warmen Luftschicht nach oben ist die Ausdehnung der Luft beim Erwärmen, wodurch ihre Dichte abnimmt. Und so, wie ein Stoff (z. B. Holz oder Öl) auf Wasser schwimmt, wenn seine Dichte kleiner als die des Wassers ist, so möchte auch die warme Luftschicht auf den kälteren Luftschichten schwimmen. Dazu muß sie zunächst nach oben steigen. Bevor sie sich jedoch auf den Weg macht, wartet sie erst einmal ab, bis ein ordentlicher Troß zusammengekommen ist. Deshalb bildet sich zunächst eine regelrechte Warmluftblase, die genauso an der Erdoberfläche hängt wie eine Gasblase am Boden eines mit Sprudel gefüllten Glases. Erst wenn die Luftblase groß genug geworden ist und dadurch einen hinreichenden Auftrieb erhalten hat, löst sie sich bei der kleinsten Erschütterung, wie sie z. B. ein hoppelnder Hase verursacht, oder bei dem kleinsten Luftzug, der etwa von einem fahrenden Auto herrührt, vom Boden ab und steigt mit großer Kraft nach

oben. Eine solche Loslösung vom Erdboden erkennt man an einem Luftwirbel bzw. an einem unvermittelt auftretenden kurzzeitigen Luftzug, der sich bildet, wenn kältere Luft an die Stelle der ursprünglichen Warmluftblase nachströmt.
Segelflieger beispielsweise warten sehnsüchtig auf solche Aufwinde, die sie „Bärte" oder „Thermik" nennen, um sich mit ihren motorlosen Flugzeugen längere Zeit in der Luft halten zu können. Erfahrene Segelflieger wissen, wann und wo sich solche Bärte bilden, und erkennen sie schon von weitem an bestimmten Wolkenformen. Bei günstigen Wetterlagen und günstigen Bodenverhältnissen haben sich routinierte Segelflieger von derartigen Luftliften schon in Höhen von weit über 10 000 m befördern lassen. Selbstverständlich haben lange vor den Segelfliegern die Vögel solche Aufwinde genutzt. Wir sollten z. B. einmal einen Bussard beobachten, wenn er mit weitausgebreiteten Schwingen seine Kreise am Himmel zieht: Ohne die Flügel zu bewegen, schraubt er sich höher und höher hinauf. Besonders Greifvögel haben auf Grund ihrer langen Entwicklung einen untrüglichen Instinkt für Aufwinde entwickelt, so daß sie darin den Segelfliegern weit überlegen sind. Deshalb wissen die Piloten: Wo Vögel kreisen, herrscht Aufwind.
Natürlich müssen dort, wo es Aufwinde gibt, auch Abwinde sein, sonst gäbe es bald keine Luft mehr an der Erdoberflä-

che. Deshalb geht es in der Lufthülle der Erde zu wie bei einem Pater-Noster-Aufzug, bei dem die Kabinen gewissermaßen auf einer Schnur aufgereiht sind. Auf der einen Seite steigen sie nach oben, auf der anderen geht's nach unten zurück. Erfahrene Segelflieger sind gar nicht böse, wenn sie in ein Abwindgebiet kommen. Im Gegenteil! Sie wissen nämlich, daß das nächste Aufwindgebiet in unmittelbarer Nähe liegt. Dann heißt's, den „Abwärtslift" rasch zu durchqueren, um danach so lange wie nur irgend möglich im „Aufwärtslift" zu kreisen.

Der Kraftprotz in der Wasserleitung

Bestimmt haben viele schon einmal versucht, mit dem Daumen einen aufgedrehten Wasserhahn so zuzuhalten, daß kein Wasser mehr herausfließt. Dabei haben sie erfahren, wie schwer das ist, und wir können sicher sein, daß es kaum jemandem gelungen ist. Denn immer wieder spritzt das Wasser mit großer Kraft seitlich am Daumen vorbei, so daß man selbst und die Umstehenden gehörig naß werden. Mit der Zeit lernt man, den seitlich austretenden Wasserstrahl so zu dirigieren, daß er nicht mehr einen selbst, sondern nur noch die Umstehenden trifft. Normalerweise ist die Kraft des Wassers so groß, daß man mehrere Meter weit spritzen kann.

Woher aber kommt diese Kraft, mit der sich das Wasser scheinbar mühelos einen Weg am absperrenden Daumen vorbei ins Freie bahnt?

Auch höher gelegene Haushalte wollen selbstverständlich stets mit fließendem Wasser versorgt sein. Zu diesem Zweck muß in der städtischen Wasserleitung ein so großer Druck herrschen, daß das Wasser bis in diese Höhe steigt. Befindet sich die höchstgelegene Wasserentnahmestelle beispielsweise in 30 m Höhe, so muß in der Wasserleitung ein Druck von mindestens 3 bar herrschen. Dieser Druck ist dreimal so groß wie der normale Luftdruck bzw. doppelt so groß wie der Luftdruck in einem Pkw-Reifen.

Bei einem Druck von 3 bar wirkt das Wasser auf eine Fläche von 1 cm^2 Flächeninhalt mit einer Kraft, die einen Körper von 3 kg hochheben kann. Und genau diese Kraft erfährt der Daumen, wenn man versucht, mit ihm die etwa 1 cm^2 große Ausflußöffnung eines Wasserhahnes abzudichten. Kein Wunder also, daß das danebengeht!

Stellten wir dem Leitungswasser zur Demonstration seiner Kraft nicht nur eine Fläche von 1 cm^2 zur Verfügung, sondern doppelt so viel, also 2 cm^2, so übte es (siehe Anmerkung S. 268) eine Kraft aus, die einen Körper von $2 \cdot 3$ kg = 6 kg hochheben könnte. Bei 5 cm^2 Flächeninhalt kann die Kraft des Leitungswassers, die auf diese Fläche wirkt, einen Körper von $5 \cdot 3$ kg = 15 kg hochheben. Auf diese Weise können wir das Wasser in der Leitung auch dazu veranlassen, beispielsweise einen LKW von 30 Tonnen = 30 000 kg hochzuheben. Für je 3 kg bedarf es, wie wir wissen, eines Flächeninhalts von 1 cm^2. Wenn wir folglich dem Wasser

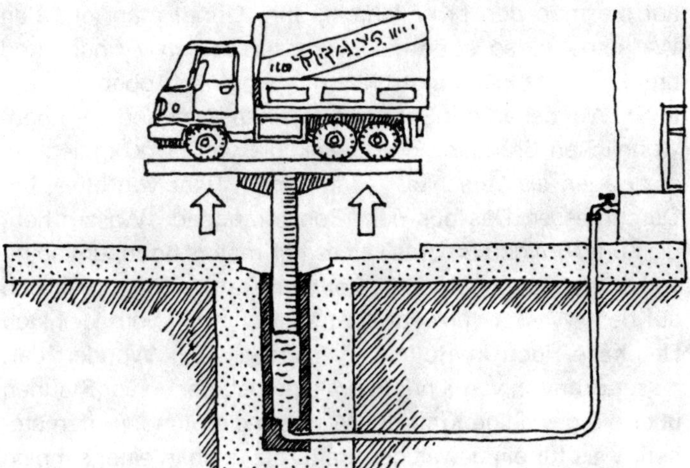

einen Flächeninhalt von 10 000 cm² überlassen, so hebt es für uns diesen LKW in die Höhe. In der Praxis geht man so vor, wie es die Abbildung zeigt. Die Wasserleitung wird durch einen Schlauch mit einem Stahlzylinder verbunden, in dem ein dicht sitzender Kolben auf- und abwärts gleiten kann. Die untere Kolbenfläche muß in unserem Fall mindestens 10 000 cm² Flächeninhalt haben, d. h. mindestens 1 m². Das obere Ende des Kolbens trägt eine Hebebühne, auf die man den LKW fahren kann. Öffnet man jetzt den Wasserhahn, so strömt das Wasser in den Zylinder und drückt den Kolben samt LKW mühelos nach oben.
In St. Wendel an der Saar gibt es einen ganz und gar ungewöhnlichen Brunnen: Eine Steinkugel von 6000 kg liegt — sozusagen als Verschluß — auf einem Rohr von etwa 1 m Durchmesser. Das aus dem Rohr drängende Wasser hebt die Kugel um den Bruchteil eines Millimeters hoch, um an ihr vorbei ins Freie strömen zu können. Da die Kugel praktisch auf dem Wasser schwebt, läßt sie sich auch vom kleinsten Drei-Käse-Hoch in Rotation versetzen. Kein Wunder, daß dieser Brunnen von Kindern umlagert ist, denen vor Staunen über die gewaltige Kraft des Wassers die Münder offen stehen. Was für ein gewaltiger Kraftprotz doch in einer simplen Wasserleitung steckt!

Überlebensphysik

Hin und wieder liest man in der Zeitung von Unfällen, bei denen ein Auto ein Brückengeländer durchbrochen hat oder auf irgendeine andere Art und Weise in einen Fluß oder einen See gestürzt und dort untergegangen ist. Meist gelang es dann den Insassen nicht, sich aus dem sinkenden Auto zu befreien. Sie ertranken. Dabei hätten sie doch in vielen Fällen eine Chance gehabt, ihr Leben zu retten, falls sie nur den eigentlichen Unfall und den Aufprall auf das Wasser einigermaßen unbeschädigt überstanden hatten und bei Bewußtsein geblieben waren. Ein paar physikalische Grundkenntnisse und gute Nerven sind das Einzige, was sie dazu brauchten. Gute Nerven hat man oder hat man nicht. Die erforderlichen physikalischen Kenntnisse jedoch kann sich jeder leicht aneignen.

Welche besonderen Kenntnisse sind das? Selbst wenn das Auto den Grund des Sees bzw. Flusses schon erreicht hat, dringt Wasser nur sehr langsam ins Innere des Wagens, vorausgesetzt, die Fenster sind noch geschlossen. Solange aber der Innenraum des Fahrzeugs nicht bis weit über das Lenkrad hinauf mit Wasser gefüllt ist, hat es überhaupt keinen Zweck zu versuchen, die Tür zu öffnen, um danach an die Oberfläche zu schwimmen. Selbst der größte Kraftprotz schaffte das nicht. Und diese Erscheinung hat eine ganz einfache physikalische Ursache:

Nehmen wir an, das Auto befindet sich 2 m unter der Wasseroberfläche. In dieser Tiefe drückt das Wasser auf jeden Quadratzentimeter der Fahrzeugoberfläche, also auch auf jeden Quadratzentimeter der Autotür, mit einer Kraft, die gleich dem Gewicht eines Körpers von 200 Gramm ist (siehe Anmerkung S. 268).

Das ist ja nun wahrlich nicht viel, wird mancher meinen. Wenn wir jedoch bedenken, daß eine Autotür eine Außenfläche von etwa 1 m^2 hat, und wenn wir uns ferner daran erinnern, daß 1 m^2 zehntausend Quadratzentimeter hat, mutet die ganze Sache beinahe unheimlich an. Denn in der angenommenen Wassertiefe von 2 m drückt auf jede Autotür eine Kraft, mit der ein Körper von 10 000 · 200 g = 2 000 kg = 2 t angehoben werden kann. Wer da glaubt, unter diesen Umständen die Autotür öffnen zu können, traut sich auch zu, zwei Tonnen hochzuheben. Und das bringt selbst der Weltrekordinhaber im Gewichtheben nicht zuwege.

Wenn das aber jemand nicht weiß, drückt er und drückt, weil er meint, die Tür klemmt. Beim Drücken verbraucht er soviel Energie und soviel des kostbaren Sauerstoffs, der sich noch im Autoinnern befindet, daß er im entscheidenden Augenblick nicht mehr die Kraft hat, sich zu retten.

Der entscheidende Augenblick ist nämlich dann gekommen, wenn das Wasser im Innenraum fast bis an die Decke gestiegen ist, denn dann drückt das Wasser im Innern des Wagens mit nahezu gleich großer Kraft von innen gegen die Tür wie das Wasser von außen. Weil sich jetzt diese beiden Kräfte gegenseitig aufheben, läßt sich die Tür erstaunlicherweise verhältnismäßig leicht öffnen, und man ist gerettet, denn an die Wasseroberfläche trägt einen das Wasser von selbst.

Also heißt es, Nerven behalten, keine Kraft vergeuden, ruhig abwarten bis das Wasser hoch genug gestiegen ist, eventuell nachhelfen, indem man das Fenster einen Spalt öffnet. Und ja keine panische Angst vor Luftmangel aufkommen lassen!

In den allermeisten Fällen hält sich unmittelbar unter dem Autodach eine kleine Luftblase, die als letzte Reserve vor dem Aussteigen dienen kann.
Übrigens sind das keine theoretischen Ratschläge, sie sind experimentell erprobt. Vor einiger Zeit wurde im Fernsehen ein solches Experiment vorgeführt. Eine Versuchsperson ließ sich in einem Auto auf den Boden eines Schwimmbeckens versenken, drehte einen Spalt breit das Fenster herunter, wartete, bis das Wasser im Innern über die Türhöhe gestiegen war, atmete in der verbliebenen Luftblase noch einmal kräftig durch, öffnete ohne große Kraftanstrengung die Tür, schlängelte sich heraus und stieg an die Wasseroberfläche. Also, es geht!

Tiefseetauchen in der Badewanne

Jeder Taucher weiß, daß mit zunehmender Wassertiefe der Druck steigt. Auch wer nur gelegentlich einmal ein paar Meter tief taucht, kann den zunehmenden Druck spüren. In den Ohren macht er sich zuerst bemerkbar, da beginnt es auf einmal zu schmerzen. Und wenn dieser Fall eintritt, sollten wir schleunigst auftauchen, denn dann droht uns Gefahr. Das Trommelfell könnte nämlich unter dem Wasserdruck platzen. Und wenn dann Wasser an das im Innenohr befindliche Gleichgewichtsorgan gelangt, könnte es uns schwindelig werden, und wir würden jegliche Orientierung verlieren, ja wir wüßten nicht einmal mehr, wo oben und unten ist.
Mehr als 10 m tief wird man als Ungeübter wohl kaum tauchen können, ohne Beschwerden zu bekommen. Jedoch haben es durch Training einige Leute schon bis zu Tiefen von nahezu 100 m geschafft, ohne Tauchgerät, wohlgemerkt. Woher aber stammt dieser Druck, und wie kommt es, daß er mit der Tiefe zunimmt?
Der erste, der sich mit dieser Frage eingehend auseinandersetzte, war der französische Philosoph, Mathematiker und

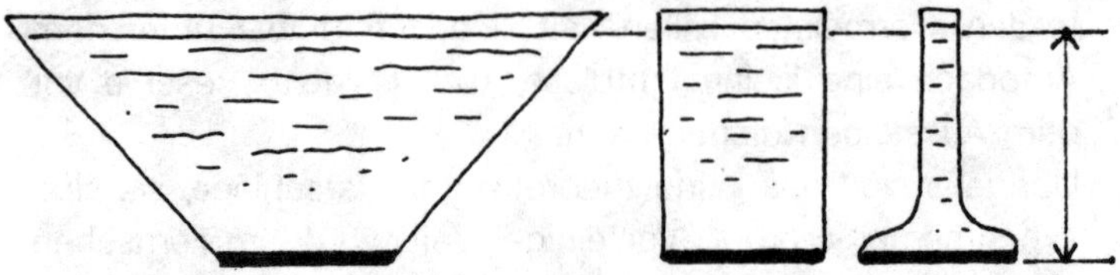

Gleiche Wasserhöhe — gleicher Bodendruck

Physiker Blaise Pascal (1623–1662). Er machte dabei eine recht merkwürdige Entdeckung. Seine Berechnungen lieferten nämlich das Ergebnis, daß der Druck auf den Boden eines mit Wasser gefüllten Gefäßes nur von der Höhe der Wasseroberfläche über der Bodenfläche abhängt, nicht etwa, wie man vermuten könnte, von der Menge bzw. dem Gewicht des im Gefäß befindlichen Wassers. Dieses Ergebnis kam ihm so merkwürdig vor, daß er es „Paradoxon'' nannte, und das heißt auf deutsch „das Unerwartete''.
Unerwartet kommt dieses Ergebnis in der Tat. Schließlich hat doch wohl kein Mensch erwartet, daß am Boden unterschiedlich geformter, aber gleich hoch mit Wasser gefüllter Gefäße jeweils der gleiche Druck herrscht, obwohl sie verschiedene Mengen Wasser enthalten.
Dieses von Pascal entdeckte Paradoxon hat, um es von anderen Paradoxa unterscheiden zu können, den Beinamen „hydrostatisch'' erhalten, und das heißt zu deutsch „auf eine ruhende Flüssigkeit bezogen''.
Mit Hilfe des hydrostatischen Paradoxons ist es möglich, mit wenig Aufwand in einer Badewanne denselben Wasserdruck zu erzeugen, wie er beispielsweise in 20 m Meerestiefe herrscht. Wir brauchen dazu nur die bis zum Rand gefüllte Wanne mit einem dicht sitzenden Deckel zu verschließen, durch den hindurch ein mindestens 20 m langes Rohr führt, das gar keinen großen Durchmesser zu haben braucht. Wenn wir dieses Rohr bis in 20 m Höhe über der Wanne mit Wasser füllen — und dazu genügt, sofern das Rohr nur einen genügend kleinen Durchmesser hat, weniger als ein Liter Wasser -, so herrscht in der Wanne der gleiche Wasser-

druck wie in 20 m Meerestiefe, weil es ja nicht auf die Menge des Wassers ankommt, sondern lediglich auf die Entfernung zwischen Wasseroberfläche und Wanne.
Sofern wir nur ein genügend langes Rohr haben, können wir auf diese Weise in der Wanne auch Druckverhältnisse erreichen, wie sie in hundert oder noch mehr Meter Wassertiefe herrschen. Lediglich durch die Festigkeit der Wanne und des Rohrs sind der Druckerhöhung Grenzen gesetzt, denn irgendwann werden sie schließlich dem gewaltigen Wasserdruck nicht mehr standhalten können und zerplatzen.
Sollte jemand die Sache nicht glauben und denken, dem Herrn Pascal müsse da wohl ein Fehler unterlaufen sein, so lasse er sich einen Versuch schildern, mit dem mancher Physikprofessor seine Studenten von der Richtigkeit des hydrostatischen Paradoxons überzeugt: Ein Bierfaß im Hörsaal wird bis oben hin mit Wasser gefüllt und mit einem festen Korken verschlossen, durch den ein superdünnes Glasrohr bis zu einem in etwa 15 m Höhe befindlichen kleinen Balkon führt. Dort steht der Assistent mit einem Glasgefäß, das nicht mehr als einen halben Liter Wasser enthält, und dieses Wasser gießt er langsam in das Glasrohr. Er dauert nicht lange, da tut es einen Schlag, und das Faß zerplatzt. Es hat dem gewaltigen Wasserdruck, der von weniger als einem halben Liter Wasser erzeugt worden ist, nicht standhalten können. Und wer's jetzt immer noch nicht glaubt, der hole sich in der nächsten Brauerei ein Faß und probiere es selbst einmal. Aber Vorsicht! Es kann ziemlich feucht werden!

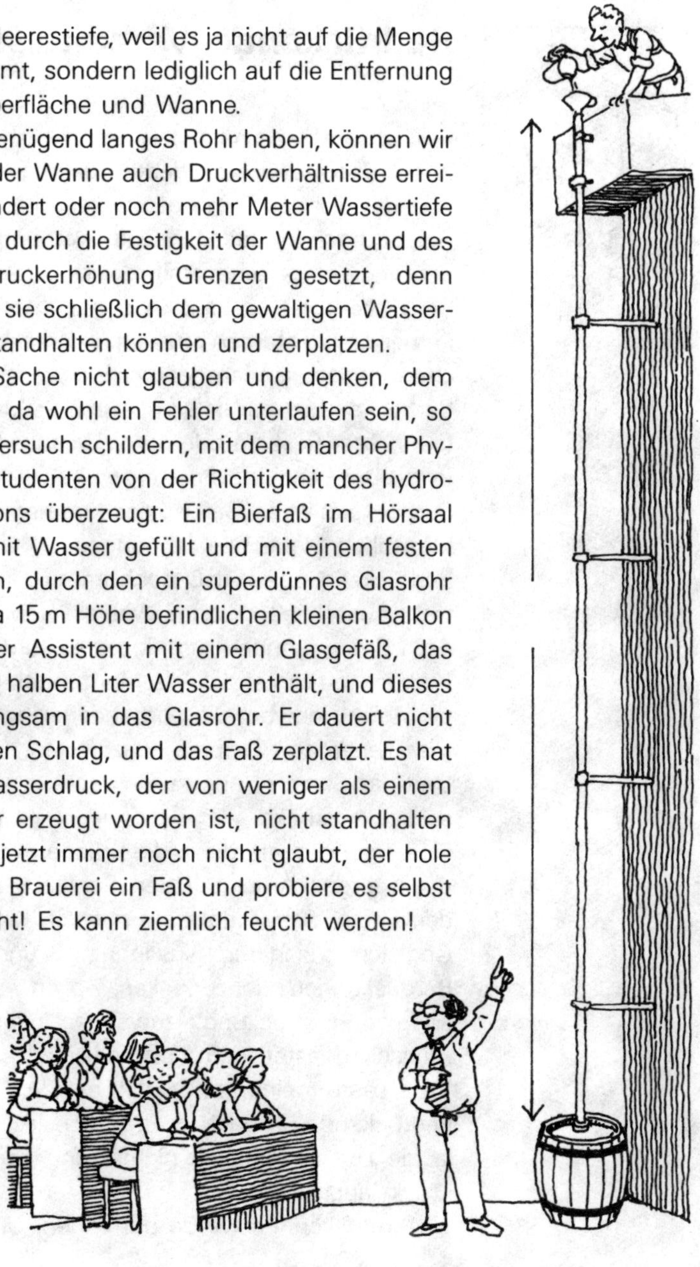

Bedrückende Verhältnisse

Auf unserer Erde herrschen wahrhaft bedrückende Verhältnisse. Dem wird wohl jeder zustimmen, der ein bißchen nachdenklich ist. Denn bedrückend ist es, daß in der einen Region noch immer Menschen verhungern müssen, hingegen andernorts Lebensmittel vernichtet werden.

Bedrückend ist es, daß in den Entwicklungsländern noch immer Kinder sterben müssen an Krankheiten, die in den reichen Industrieländern längst überwunden sind.

Bedrückend ist es, daß noch immer Menschen ihrer Hautfarbe, ihrer Religion oder ihrer Weltanschauung wegen verfolgt oder benachteiligt werden.

Bedrückend ist es, daß es noch immer Kriege gibt, in denen Menschen Menschen umbringen.

Bedrückend ist es, daß noch immer die Gesetze der Natur nicht ausschließlich zum Wohle der Menschheit angewendet werden, sondern um Tod und Verderben zu bringen.

Bedrückend ist es, daß die Menschheit immer mehr Waffen produziert, obwohl die vorhandenen mehrfach ausreichen, alles Leben auf der Erde auszurotten.

Und dazu kommt noch vieles andere, was einen ganz persönlich bedrückt:

Eine Freundschaft, die in die Brüche gegangen ist; Ärger mit den Lehrern; Ärger mit den Schülern; Schwierigkeiten mit den Eltern; Schwierigkeiten mit den Kindern usw.

Obgleich es sich durchaus lohnt, hin und wieder über solche Bedrückungen nachzudenken, wollen wir uns hier einer ganz anderen „Bedrückung" zuwenden, die auf jedem einzelnen Menschen lastet, dem Luftdruck.

Viele Leute meinen zwar, das mit dem Luftdruck könne so bedrückend nun auch wieder nicht sein. Schließlich wiege ja die Luft so gut wie nichts, und was nichts wiegt, das drückt auch nicht.

„Irrtum!" können wir da nur sagen. Um jedoch diesen Irr-

tum aufzuklären, müssen wir Luft wiegen. Das ist einfacher, als es scheint. Wir brauchen dazu lediglich ein Gefäß, dessen Öffnung durch einen Hahn luftdicht verschlossen werden kann, eine Waage und eine Luftpumpe, mit deren Hilfe wir die Luft aus dem Gefäß heraussaugen können.
Wenn wir das Gefäß bei geöffnetem Hahn auf die Waage legen, so wiegen wir nicht nur das Gefäß selbst, sondern auch die Luft darin. Nach dieser Wägung tritt die Luftpumpe in Aktion. Wir pumpen die Luft aus dem Gefäß heraus und schließen dann den Hahn sehr sorgfältig, damit nicht erneut Luft ins Gefäß eindringen kann. Wenn wir das nun praktisch luftleere Gefäß auf die Waage legen, erhalten wir einen etwas kleineren Wert als bei der ersten Wägung. Der Unterschied der beiden Meßwerte gibt uns an, wieviel die Luft wiegt, die ursprünglich in dem Gefäß enthalten war.
Sorgfältige Messungen haben ergeben, daß 1 dm^3 Luft etwa 1,3 g wiegt.
Da 1 m^3 = 1000 dm^3 ist, wiegt 1 m^3 Luft immerhin 1300 g, d. h. 1,3 kg. Um diesen Wert zu bekommen, müssen wir es allerdings so einrichten, daß die Luft normalen Luftdruck (d. h. 1,0133 bar) und eine Temperatur von 0 °C hat.
Physiker sagen, die Dichte der Luft beträgt 1,3 kg/m^3 (lies: 1,3 Kilogramm pro Kubikmeter) unter Normalbedingungen (Normaldruck und 0 °C). Und siehe da! Die Luft ist gar nicht so leicht, wie die meisten Leute glauben.
Wieviel wohl die Luft in einem Klassenzimmer wiegt? Überlegen wir doch einmal!
Gehen wir dabei von einem Klassenzimmer aus, das 12 m lang, 8 m breit und 4 m hoch ist. Sein Rauminhalt (auch Volumen genannt) beträgt dann $12\,m \cdot 8\,m \cdot 4\,m = 384\,m^3$. Ziehen wir für das im Zimmer vorhandene Mobiliar 4 m^3 ab, so bleibt für die Luft im Klassenzimmer ein Volumen von 380 m^3 übrig. Wenn aber 1 m^3 Luft 1,3 kg wiegt, wiegen 380 m^3 Luft $380 \cdot 1{,}3$ kg, und das sind immerhin ganze 494 kg, also fast eine halbe Tonne.
Beachtlich!

Da aber schon die Luft in einem Klassenzimmer fast 500 kg wiegt, wieviel wird dann wohl erst die gesamte Lufthülle der Erde wiegen, die ja immerhin bis in eine Höhe von etwa 3000 km reicht?
Die Berechnung dieser riesigen Luftmasse ist nicht ganz so einfach wie bei einem Klassenzimmer, weil nämlich die Dichte der Luft mit zunehmender Höhe abnimmt.
Man schätzt, daß die Lufthülle der Erde etwa 5 200 000 000 000 000 000 kg wiegt, und das sind fünf Trillionen zweihundert Billiarden, eine unvorstellbar große Zahl. Kein Wunder also, daß wir, am Boden dieses riesigen Luftmeeres lebend, einem gewaltigen Schweredruck ausgesetzt sind. Und dieser Druck bewirkt, daß auf jeden einzelnen Quadratzentimeter unserer Körperoberfläche eine Kraft drückt, die genauso groß ist wie das Gewicht eines Körpers von 1 kg Masse. Wenn wir uns jetzt vorstellen, wieviel Quadratzentimeter die Körperoberfläche eines Menschen hat, kommen wir aus dem Staunen nicht mehr heraus.
Wie kann man diesen gewaltigen Druck überhaupt aushalten? Wieso werden wir von diesen riesigen Kräften nicht platt gedrückt wie Flundern?
Das liegt einfach daran, daß unser Körper auf diesen Luftdruck eingestellt ist, d. h. im Innern unseres Körpers herrscht nahezu der gleiche Druck wie außen. Folglich heben sich die von innen und die von außen wirkenden Druckkräfte gegenseitig auf.
Aber wehe uns, wir kommen einmal in eine Gegend, wo der Luftdruck sehr viel kleiner ist als bei uns auf der Erdoberfläche! Wegen des mangelnden Außendrucks würde uns der Innendruck unseres Körpers das Blut durch die Haut pressen, unser Körper blähte sich auf, und schließlich würden wir platzen wie ein übermäßig aufgeblasener Luftballon.
Solche Gefahren drohen beispielsweise einem Astronauten im Weltraum, der sein Raumschiff verläßt. Selbst wenn er genug Sauerstoff zum Atmen mitnähme, könnte er keinen Augenblick überleben. Allein ein Druckanzug, in dessen

Innerem der gewohnte Luftdruck herrscht, kann ihm in seiner „drucklosen" Umgebung Schutz bieten.

Auch das Saugen hat mit dem Luftdruck zu tun. Man macht nichts anderes, als den in der Mundhöhle herrschenden Luftdruck zu erniedrigen. Wenn man nämlich an irgendeiner Stelle der Körperoberfläche saugt, wird dort der Innendruck größer als der Außendruck, und an dieser Stelle preßt der Innendruck Blut durch die Wände der Blutgefäße. Es bilden sich blutunterlaufene Stellen.

„Säuglinge" heißen die kleinsten Kinder deshalb, weil sie durch Saugen zu ihrer Nahrung gelangen. Sie halten den Mund an die Brustwarze ihrer Mutter, saugen und erniedrigen dadurch den Luftdruck in der Mundhöhle. Infolge des auf diese Weise verringerten Außendrucks drückt nun der in der Brust der Mutter herrschende Innendruck die Muttermilch durch eine kleine Öffnung in den Mund des Säuglings. Ein Neugeborenes, das nicht automatisch saugt, wenn es an die Brust der Mutter gelegt wird, dem also der „Saugreflex" fehlt, ist nicht lebensfähig.

Ist das Kind herangewachsen und trinkt es seine Limonade mit dem Strohhalm, geschieht grundsätzlich dasselbe wie beim Saugen an der Mutterbrust: In der Mundhöhle sinkt der Luftdruck, der äußere Luftdruck bleibt hingegen gleich und drückt deshalb die Flüssigkeit in den Mund. Zum Nachweis der Gleichheit von Innen- und Außendruck können wir folgendes erstaunliche Experiment durchführen: Wir legen einen verschrumpelten Apfel unter eine Glasglocke und saugen anschließend mit einer Pumpe die Luft aus der Glocke ab. Dadurch sinkt der Druck unter der Glasglocke. Der Innendruck des Apfels aber ändert sich nicht und kann nun, vom Außendruck ungehindert, ein wahrhaft märchenhaftes Werk vollbringen. Der mickerige, unansehnliche Apfel beginnt, sich unter dem Einfluß seines Innendrucks zu seiner ursprünglichen Größe auszudehnen und alle seine Runzeln zu verlieren. Rotbackig, rund und faltenlos liegt er unter der Glasglocke, als käme er aus einem Jungbrunnen.

Von diesem Schauspiel dürfen wir uns aber nicht täuschen lassen und vielleicht der Großmutter, die auch so runzelige Haut hat, nach derselben Methode eine „Verjüngungskur" verpassen. Das geht garantiert schief! Wenn man nämlich die Luft wieder unter die Glasglocke strömen läßt, sinkt der Apfel in sich zusammen und ist hernach unansehnlicher als zuvor. Die kurzzeitige Rückkehr seiner ursprünglichen Schönheit mußte er mit noch tieferen Falten bezahlen.
„Kosmetik mit der Luftpumpe" ist wohl doch nicht möglich. Filmstars und andere Leute, die es nicht verstehen, mit Anstand alt zu werden, müssen sich deshalb auch künftig zum Liften immer mal wieder auf den Operationstisch der Schönheitschirurgen legen.

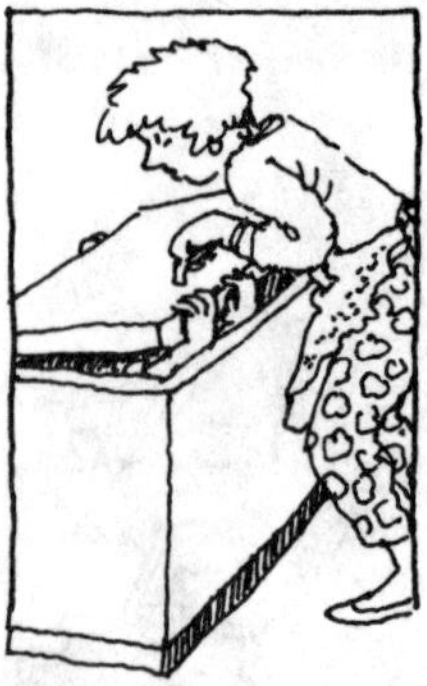

Der Mann in der Kühltruhe

„In unserem Kühlschrank sitzt ein kleiner Mann, der macht immer das Licht an und aus", gibt ein kleiner Bub im Kindergarten zum besten. „Ist ja noch gar nichts", versucht ein anderer, ihn zu übertrumpfen, „in unserer Tiefkühltruhe sitzt ein kleiner Mann, der hält immer von innen den Deckel zu, ätsch!"
Hat der Witz vom kleinen Mann, der im Kühlschrank das Licht an- und ausknipst, nicht längst einen ellenlangen Bart? Jeder weiß, wie das mit dem Licht im Kühlschrank funktioniert: Die Kühlschranktür betätigt beim Öffnen und Schließen einen Schalter, der die Beleuchtung ein- bzw. ausschaltet. Fast jeder ist davon überzeugt, daß das Licht auch ausgeht, wenn man die Kühlschranktür schließt. Nachprüfen kann man's leider nicht, weil man dazu die Kühlschranktür aufmachen müßte, und da ginge ja das Licht wieder an. Weil man's nicht nachprüfen kann, so heißt es in einem anderen Witz, gäbe es bei den Schotten keine Kühlschränke.
Wie verhält es sich aber mit dem „kleinen Mann", der den Deckel der Tiefkühltruhe von innen zuhält?

Dem liegt eine Erscheinung zugrunde, die jeder Besitzer einer Tiefkühltruhe kennt, die aber nur die wenigsten zu deuten wissen.
Will man eine Tiefkühltruhe wenige Sekunden, nachdem man sie geschlossen hat, noch einmal öffnen, weil man etwas vergessen hat, scheint ganz plötzlich der Deckel zu klemmen. Er läßt sich, wenn überhaupt, nur mit großer Kraftanstrengung anheben. Wartet man dagegen eine bis zwei Minuten, dann hat sich diese Erscheinung gewissermaßen verflüchtigt, und der Deckel läßt sich wieder mit der gewohnten Leichtigkeit öffnen.
Was ist da vor sich gegangen? Wer hat den Deckel zugehalten? Und wieso ist nach ein bis zwei Minuten der ganze Zauber wieder vorüber?
Um diese Erscheinung zu erklären, müssen wir ein bißchen weiter ausholen.
Da die Erde von einer Lufthülle umgeben ist, befinden wir uns gewissermaßen auf dem Grunde eines riesigen Luftmeeres. Daß hier ein hoher Druck herrscht, wissen wir aus dem Kapitel „Bedrückende Verhältnisse", obwohl wir diesen Druck überhaupt nicht wahrnehmen. Unser Körper ist darauf eingestellt. Erst wenn wir in diesem Luftmeer nach oben, etwa auf einen Berg, steigen, spüren wir, daß der Luftdruck mit wachsender Höhe abnimmt. Denn es sind unsere Ohren, die uns diese Druckabnahme zuerst signalisieren. Wir empfinden ein Taubheitsgefühl und ein Knacken, das sich allerdings durch Schlucken weitgehend wieder beseitigen läßt.
Auf der Erdoberfläche in Meereshöhe drückt die Luft auf jeden Quadratzentimeter Fläche mit einer Kraft, die dem Gewicht eines Körpers mit 1 kg Masse enspricht. Nehmen wir an, daß der Deckel einer Tiefkühltruhe 80 cm lang und 40 cm breit ist, so beträgt sein Flächeninhalt $80\,\text{cm} \cdot 40\,\text{cm} = 3200\,\text{cm}^2$. Die Kraft, mit der die Luft auf diesen Deckel drückt, ist folglich genauso groß wie das Gewicht eines Körpers von 3200 kg. Und das ist schon recht beachtlich! Befände sich im Innern der Kühltruhe keine Luft, bekämen

wir ihren Deckel mit Sicherheit nicht auf, es sei denn, wir wären in der Lage, 3200 kg auf einmal hochzuheben. Aber wer kann das schon?

Weil sich aber für gewöhnlich nicht nur außerhalb, sondern auch innerhalb einer Tiefkühltruhe Luft befindet, wird es überhaupt erst möglich, den Deckel zu heben. Die Luft im Innern drückt nämlich mit der gleichen Kraft von innen gegen den Deckel wie die äußere Luft von außen. Diese beiden Riesenkräfte heben sich gegenseitig auf. Deshalb brauchen wir, wenn wir die Kühltruhe öffnen wollen, nur noch das Gewicht des Deckels zu überwinden. Und dafür reicht unsere Kraft allemal.

Nachdem wir nun unsere Tiefkühltruhe geöffnet haben, strömt Luft hinein, und zwar warme Luft. Wenn wir jetzt den Deckel wieder schließen, herrscht nur noch für kurze Zeit im Innern der gleiche Luftdruck wie außen, denn sehr bald kühlt sich die in die Kühltruhe geströmte warme Luft ab. Wie alle Stoffe ist sie bestrebt, sich beim Abkühlen zusammenzuziehen. Das kann sie aber nicht, weil luftleere Stellen entstehen würden, und deshalb sinkt ihr Druck. Folglich herrscht nun außerhalb der Tiefkühltruhe ein höherer Luftdruck als innerhalb. Das aber hat zur Folge, daß sich die auf die beiden Flächen des Deckels wirkenden Kräfte nicht mehr gegenseitig aufheben. Die von außen wirkende Kraft ist größer als die von innen wirkende, und die Differenz aus diesen beiden Kräften genügt, um das Öffnen des Truhendeckels erheblich zu erschweren, wenn nicht sogar unmöglich zu machen.

Gott sei Dank ist dieser Zustand nicht von Dauer, würden wir doch sonst bei gefüllter Tiefkühltruhe verhungern. Durch eine kleine Öffnung kann auch bei geschlossenem Deckel ein Druckausgleich zwischen dem Innen und dem Außen stattfinden. Das braucht allerdings seine Zeit. Danach läßt sich die Tiefkühltruhe wieder ohne Schwierigkeiten öffnen.

Auch den Kleinen eine Chance

Wie oft sind sie doch bei Sport und Spiel benachteiligt, die Kleinen und Leichten. Beim Tauziehen, beim Sprung über Bock, Pferd oder Kasten, bei der Partnergymnastik, beim Basketball, überall haben sie gegenüber den Größeren und Schwereren die schlechteren Karten. Ein Spielgerät aber gibt den kleinen Leichten eine reelle Chance gegenber den großen Schweren: die Wippe, die gewöhnliche Kinderwippe, wie wir sie auf jedem ordentlichen Spielplatz antreffen.
Auf der Grundlage eines sehr einfachen physikalischen Gesetzes, Hebelgesetz genannt, können ein Leicht- und ein Schwergewichtiger auf einer Wippe völlig gleichberechtigt miteinander umgehen. Obwohl die meisten Leute das Hebelgesetz überhaupt nicht kennen, gehen sie in der Praxis mit ihm um, als wäre ihnen das Wissen darüber angeboren. Selbstverständlich setzen sich zwei unterschiedlich schwere Kinder, die miteinander wippen wollen, nicht gleich weit von der Drehachse entfernt auf das Gerät. Das leichtere Kind würde ja sonst sofort in die Höhe gehen und erst wieder herunterkommen, wenn das schwerere Kind die Wippe verläßt. Dann aber geht's meist ziemlich rasch bergab, was nicht nur schmerzlich ist, sondern auch gefährlich sein kann.
Wenn nämlich das schwerere Kind das leichtere nicht nur ärgern, sondern mit ihm gleichberechtigt wippen will, rutscht es, ohne sich lange über die Ursache Gedanken zu

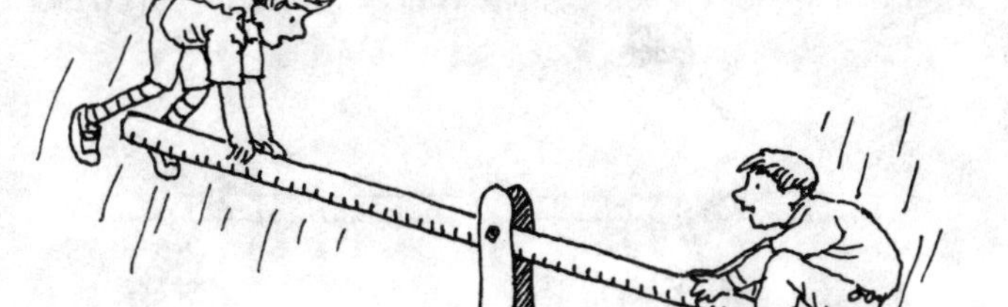

machen, so weit in Richtung Drehachse, bis die Wippe von ganz allein waagerecht steht, und zwar auch dann, wenn beide Kinder die Beine anziehen. Jetzt, so sagt man, befindet sich die Wippe im Gleichgewicht.
Während die Kinder dies durch Probieren herausfinden müssen, können wir mit Hilfe des Hebelgesetzes schon vorher berechnen, unter welcher Bedingung sich die Wippe im Gleichgewicht befindet. Multipliziert man nämlich das Körpergewicht des Kindes auf der einen Seite mit seinem Abstand von der Drehachse, so muß der gleiche Zahlenwert herauskommen wie bei der Multiplikation des Körpergewichts des anderen Kindes mit dessen Abstand von der Drehachse.
Schreibt man für das Körpergewicht des rechts sitzenden Kindes das Symbol G_{rechts} und für seinen Abstand von der Drehachse das Symbol a_{rechts} und für die entsprechenden Größen des links sitzenden Kindes die Symbole G_{links} und a_{links}, so lautet unsere Gleichgewichtsbedingung:

$$G_{rechts} \cdot a_{rechts} = G_{links} \cdot a_{links}.$$

In dieser Gleichung bedeuten G_{links} und G_{rechts} zwei Körpergewichte. Fragen wir aber jemanden nach seinem Körpergewicht, so erhalten wir als Antwort meistens eine Angabe in Kilogramm, und das ist, wie wir im Kapitel „Kosmische Gewichtsreduzierung" bereits festgestellt haben, keine Gewichtsangabe, sondern die Angabe einer Masse. Für die Gleichgewichtsbedingungen an einer Wippe spielt dieser Unterschied jedoch keine Rolle, weil am gleichen Ort gleiche

Massen auch das gleiche Gewicht haben. Deshalb dürfen wir, selbst wenn das physikalisch nicht exakt ist, an die Stelle der Gewichte der beiden Kinder auch deren Massen (Formelzeichen: m) schreiben und damit bekommen wir für die Gleichgewichtsbedingung die Form:

$$m_{rechts} \cdot a_{rechts} = m_{links} \cdot a_{links}.$$

Sitzt beispielsweise links ein 35 kg wiegendes Kind genau 2 m von der Drehachse entfernt und rechts ein 40 kg wiegendes Kind genau 1,75 m von der Drehachse entfernt, so ist die Wippe im Gleichgewicht, weil wir $35 \cdot 2 = 70$ und $40 \cdot 1{,}75 = 70$ erhalten. Wenn dann die beiden Kinder wippen wollen, müssen sie die Wippe aus dem Gleichgewicht bringen, und zwar so, daß diese sich abwechselnd nach rechts und nach links neigt. Das können sie dadurch erreichen, daß sie sich nach hinten bzw. nach vorn beugen oder daß sich der jeweils unten befindliche vom Boden abstößt. Im ersten Fall bewirkt die Körperneigung eine Gewichtsverlagerung, im zweiten Fall ist das Abstoßen gleichbedeutend mit einer kurzzeitigen Gewichtsverminderung.
Physikalisch betrachtet, stellt deshalb das Schaukeln auf einer Wippe nichts anderes dar als die ständige Störung des Gleichgewichtszustandes eines Hebels.
Spaß macht's aber trotzdem!

Baron von Münchhausens höchst nützlicher Zopf

Viele kennen sie, die Geschichte vom Lügenbaron, der sich am eigenen Zopf aus dem Sumpf gezogen haben will, aber niemand möchte sie glauben.
Halt, nicht so voreilig! Denken wir lieber erst einmal darüber nach, ob es physikalisch überhaupt möglich ist, sich am

eigenen Zopf aus dem Sumpf zu ziehen. Wir setzen dabei lediglich voraus, daß der Zopf hinreichend lang ist und daß über den Sumpf ein dicker Ast ragt. Dann nämlich brauchte der Baron seinen Zopf nur über diesen Ast zu werfen und am herunterhängenden freien Ende kräftig zu ziehen, und schon hätte er sich am eigenen Zopf aus dem Sumpf herausgeholt, falls sein Hals eine so starke Zugkraft vertragen hätte. Viele werden sich nun aber fragen, wozu der Zopf überhaupt nötig war. Münchhausen hätte ja gleich den Ast ergreifen und sich daran hochziehen können.
Durchaus denkbar! Doch vielleicht steckte unser Lügenbaron so fest im Sumpf, daß seine Kräfte zum direkten Hochziehen nicht ausreichten. Warum aber wäre es Münchhausen leichter gefallen, sich an seinem über den Ast geworfenen Zopf aus dem Sumpf zu ziehen, anstatt sich direkt am Ast hochzuziehen? Soll am Ende gar die eine Lügengeschichte des Barons von Münchhausen durch eine andere, noch lügnerischere übertroffen werden? Keineswegs! Dieser Verdacht muß entschieden zurückgewiesen werden. Dazu stellen wir uns einmal die folgende Versuchsanordnung vor: An einem Balken ist eine Rolle befestigt, über die ein Seil führt. Die beiden Seilenden hängen frei herab. Unter jedem Seilende steht eine ganz gewöhnliche Badezimmerwaage. Jetzt führen Peter und Günter, zwei Freunde, nacheinander drei Versuche durch.

Erster Versuch: Jeder der beiden stellt sich auf eine Waage und ergreift das darüberhängende Seilende. Auf Kommando beginnen sie gleichzeitig mit aller Kraft an ihrem jeweiligen Seilende zu ziehen und beobachten dabei die Anzeigen ihrer Waagen. Sowohl bei Peters als auch bei Günters Waage geht der Zeiger zurück, und zwar jeweils um den gleichen Betrag. Da Günter augenscheinlich etwas schwerer ist als Peter, wird Günters Waage immer noch etwas anzeigen, wenn Peters Waage schon bei Null angelangt ist. Wenn beide nun noch weiterziehen, geht Peter in die Luft, während Günter auf seiner Waage stehenbleibt. Und auch der Zeiger von Günters Waage bleibt nun stehen. Solange Peter in der Luft schwebt, zeigt Günters Waage an, um wieviel er schwerer ist als Peter.
Ergebnis des ersten Versuchs: Wer am Seil zieht, wird scheinbar leichter.
Zweiter Versuch: Beide stellen sich wieder auf ihre Waagen. Peter bindet sich diesmal an seinem Seilende fest und tut danach nichts mehr. Nur Günter zieht ganz allein an seinem Seilende. Und siehe da! Es passiert haargenau dasselbe wie

beim ersten Versuch: Die Zeiger beider Waagen gehen gleichmäßig zurück. Sobald der Zeiger von Peters Waage die Nullmarke erreicht hat, hebt sich Peter vom Boden ab. Günters Waage zeigt an, um wieviel er schwerer ist als Peter.
Ergebnis des zweiten Versuchs: Wer jemanden hochzieht, wird scheinbar um soviel leichter, wie der von ihm Hochgezogene wiegt.
Dritter Versuch: Peter steigt allein auf die Waage, bindet sich an einem Seilende fest und nimmt das andere in die Hände. Wenn er jetzt am freien Seilende zieht, so wird er um genau den Betrag der von ihm ausgeübten Zugkraft leichter. Das hat uns ja der erste Versuch gezeigt. Da Peter aber nicht nur zieht, sondern gleichzeitig gezogen wird, nämlich von sich selbst, wird er leichter, und zwar um den Betrag seiner Zugkraft. Infolge der ausgleichenden Wirkung der Rolle zieht an beiden Seilenden stets die gleiche Kraft. Folglich verteilt sich sein Gewicht gleichmäßig auf beide Seilenden, sobald er seine Waage nicht mehr berührt und deren Zeiger auf Null zurückgegangen ist. Wenn Peter jetzt ein klitzekleines Mehr an Zugkraft aufwendet, geht er in die Höhe. Er zieht sich also selbst nach oben.

Ergebnis des dritten Versuchs: Wer sich selbst hochziehen will, braucht dazu nur die Hälfte seines Gewichts an Zugkraft aufzuwenden.
Damit haben wir aber nachgewiesen: Baron von Münchhausen brauchte, um sich an seinem über einen Ast gelegten Zopf aus dem Sumpf zu ziehen, nur halb so viel Kraft, wie er aufzuwenden hätte, zöge er sich direkt am Ast hoch. Dabei haben wir allerdings nicht berücksichtigt, daß zusätzlich auch noch die zwischen Zopf und Ast auftretende Reibung überwunden werden muß. Falls wir aber annehmen, daß Münchhausens Haar gut geölt und gepudert war, liegt diese Reibungskraft in erträglichen Grenzen.
Nach diesen ausführlichen Überlegungen wollen wir noch einen vierten Versuch durchführen. Dazu stellen sich Peter und Günter wieder auf ihre Waagen. Im Gegensatz zum zweiten Versuch, bei dem sich Peter festgebunden hatte, bindet sich diesmal Günter an seinem Seilende fest und tut von da an gar nichts mehr. Peter hingegen zieht mit aller Kraft an seinem Seilende. Wieder gehen, wie bei den vorhergegangenen Versuchen, die Zeiger beider Waagen gleichmäßig zurück. Schließlich ist Peters Waage bei Null angelangt, während die von Günter nur noch beider Gewichtsunterschied anzeigt. Wenn Peter jetzt weiter zieht, beginnt er an seinem Seilende hinaufzuklettern. Günter bekommt er um keinen Zentimeter hoch, weil Günter ja schwerer ist. Noch während Peter emporklettert, bleiben sowohl Günter als auch der Zeiger seiner Waage unverrückt dort stehen, wo sie schon standen, als Peter mit seiner Kletterpartie anfing.
Ergebnis des vierten Versuchs: Keiner kann etwas hochziehen, das schwerer ist als er selbst.
Das wußte ganz gewiß jener bedauernswerte Pechvogel nicht, der seiner Versicherung einen tragischen Unfall durch folgenden Brief zur Kenntnis brachte:
„Sehr verehrte Versicherung! Nachdem ich nun im Krankenhaus bin und wieder schreiben kann, muß ich Sie, verehrte

Versicherung, bitten, meinen Unfallschaden wie folgt aufzunehmen: Ich hatte vom Bau meines Häuschens noch Ziegelsteine übrig und diese wegen der Trockenheit auf dem Speicher gelagert. Jetzt wollte ich aber ein Hühnerhaus bauen und dazu die oben gelagerten Steine verwenden. Dazu erdachte ich mir folgende Maschinerie: Der Speicher hatte an der Hauswand eine Tür, aus der ich einen Balken herausragen ließ, den ich gut verankerte. Daran befestigte ich ein Bälkchen mit einer Rolle, über die ich ein Seil laufen ließ. Ans eine Seilende hängte ich eine Holzkiste, mit dem anderen zog ich sie in die Höhe. Als sie vor dem Speicher hing, schlang ich das Seilende um einen Pflock. Ich stieg auf den Speicher und belud die Kiste. Dann ging ich wieder hinunter, um die Kiste mit den Steinen an dem Seil langsam herunterzulassen. Ich band das Seil los, hatte aber nicht daran gedacht, daß die Steine in der Kiste schwerer waren als meine Person. Als ich das bemerkte, hielt ich das Seil ganz fest, damit die Steine nicht herunterstürzten und kaputtgingen, denn die brauchte ich ja für mein Hühnerhaus. So ist es dann geschehen, daß mich die Steine am Seil nach oben zogen, wobei mir die Kiste die linke Schulter aufriß, als wir uns in der Mitte begegneten. Ansonsten bin ich gut an der Kiste vorbeigekommen, stieß aber oben mit dem Kopf erst an das Bälkchen und dann an den Balken. In demselben Augenblick war aber die Kiste mit den Steinen unten angelangt. Durch den heftigen Aufprall brach der Boden heraus, und so konnte es geschehen, daß die Kiste wieder leichter wurde als ich. Die Folge davon war, daß ich als der schwerere Teil wieder nach unten fiel, während die Umrandung der Kiste nach oben sauste, wobei wir uns wieder in der Mitte begegneten. Dabei schrammte mir der Kistenrest die rechte Schulter auf. Als die Kiste oben war, fiel ich unten so unglücklich auf den Boden, daß ich mir das rechte Bein brach. Ich fiel sofort in Ohnmacht. Dadurch ließ ich das Seil los, was wiederum bewirkte,

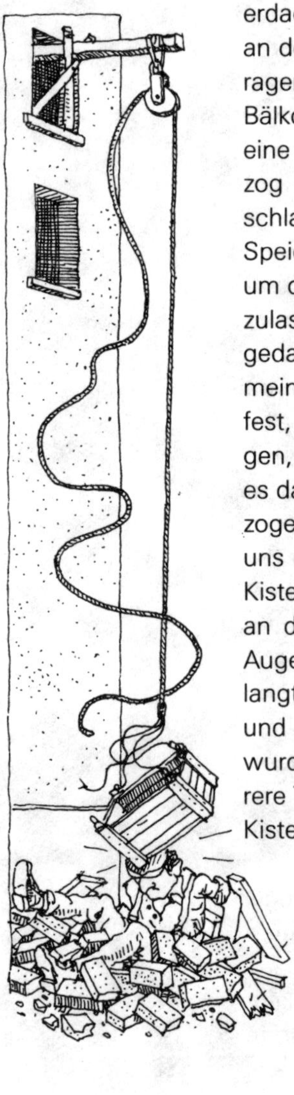

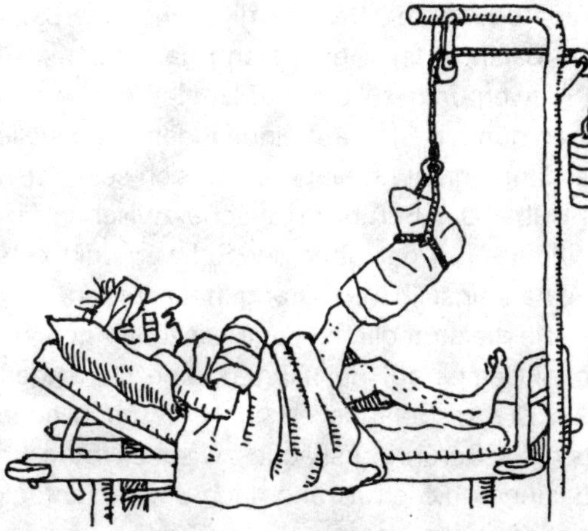

daß die Kiste — allerdings ohne Boden — auf mich herabfiel und mich so unglücklich traf, daß ich demnächst oben und unten ein Gebiß angepaßt bekomme. Daß der Schaden nicht noch größer geworden ist, verdanke ich Ihrem Versicherungsagenten, der mir rechtzeitig eine Unfallversicherung aufschwatzte. Nach Wiederherstellung meiner Gesundheit und meiner Zähne werde ich Ihnen die Rechnung präsentieren. Wenn Sie diese dann beglichen haben, werde ich Sie in unserem Dorf weiterempfehlen.
Hochachtungsvoll!"

Schwierigkeiten mit dem Schwerpunkt

Balancieren ist eine Kunst. Wer außergewöhnlich gut balancieren kann, ist reif für den Zirkus, denn dort kann man sie bewundern, die Künstler mit ihren Balanceakten. Die einen balancieren auf einem Drahtseil oder auf der Spitze eines Mastes. Die anderen balancieren irgendwelche, meist sehr zerbrechlichen Gegenstände auf Hand, Fuß oder Kopf und machen dabei noch die tollsten Verrenkungen.

Physikalisch betrachtet, besteht die Kunst des Balancierens darin, den balancierten Gegenstand genau senkrecht unter seinem Schwerpunkt zu unterstützen. Wenn wir beispielsweise einen dünnen Stab auf eine Fingerkuppe stellen, dann wird er so lange nicht umkippen, wie sich sein Schwerpunkt senkrecht über der Berührungsfläche zwischen Finger und Stab befindet. Nun hat aber der Schwerpunkt eines jeden Körpers einen unstillbaren Drang nach unten. Er ist stets bestrebt, die tiefstmögliche Lage einzunehmen. Auch der Schwerpunkt eines auf der Fingerkuppe stehenden Stabes hat diesen Drang. Solange er sich aber noch genau senkrecht über der Berührungsfläche zwischen Stab und Hand befindet, kann er diesem Drang nach unten nicht folgen, der Finger hindert ihn ja daran.

Sobald der Schwerpunkt aber, sei es durch einen Luftzug, sei es durch eine ungeschickte Bewegung der Hand, so weit nach der Seite verschoben wird, daß er sich nicht mehr senkrecht über der Standfläche des Stabes befindet, kann er seinem Drang nachgeben. Er schmuggelt sich am Finger vorbei, indem er den ganzen Stab zur Seite kippt.

Jetzt ist es an uns, zu retten, was noch zu retten ist. Solange der Stab noch Kontakt mit dem Finger hat, können wir durch

geschickte Bewegungen erreichen, daß die bewußte Berührungsfläche wieder senkrecht unter den Schwerpunkt zu liegen kommt.
Ähnlich verhält es sich, wenn wir uns als Seiltänzer betätigen. Wir fallen nicht herunter, solange sich der Schwerpunkt unseres Körpers senkrecht über dem Seil befindet. Hat sich der Schwerpunkt jedoch so weit nach der Seite verschoben, daß das von ihm aus gefällte Lot nicht mehr auf das Seil trifft, sonderen daran vorbei führt, dann ist Gefahr im Verzuge. Wenn wir jetzt nicht handeln, macht der Schwerpunkt mit uns, was er will. Er will nämlich nach unten gehen. Und weil er untrennbar mit uns verbunden ist, nimmt er uns mit auf diese Reise, und wir kippen vom Seil. Gott sei Dank sind wir aber unserem Schwerpunkt nicht hilflos ausgeliefert. Er befindet sich ja nicht ständig an der gleichen festen Stelle unseres Körpers. Seine Lage hängt vielmehr sehr stark von unserer Körperstellung ab. Strecken wir beispielsweise den rechten Arm seitlich weg, verlagert sich unser Schwerpunkt nach rechts, und heben wir das linke Bein seitlich hoch, verlagert er sich nach links.
Wenn wir also merken, daß sich der Schwerpunkt rechts vom Seil befindet und uns nach rechts drehen will, brauchen wir nur den linken Arm und, wenn das nicht reicht, noch das linke Bein seitlich abzuspreizen. Dadurch holen wir den Schwerpunkt wieder zurück über das Seil, und die Gefahr ist gebannt.
Demnach besteht die ganze Kunst der Seiltänzerei darin, durch geschicktes Bewegen von Körperteilen den Schwerpunkt immer senkrecht über dem Seil zu halten.
Gewiß ist vielen im Zirkus schon aufgefallen, daß Seiltänzer bei ihren Darbietungen häufig eine Balancierstange quer vor sich her tragen. Was mag es wohl damit auf sich haben? Es fällt auf, daß solche Balancierstangen sehr lang sind und sich außen stark nach unten biegen. Dadurch wird der gemeinsame Schwerpunkt von Seiltänzer und Stange ziemlich weit nach unten verlagert. Und je tiefer der Schwerpunkt

liegt, desto weiter kann sich der Seiltänzer zur Seite neigen, ohne vom Seil zu kippen.

Manchmal biegen sich die beiden Enden der Balancierstange so weit nach unten, daß sich der gemeinsame Schwerpunkt von Seiltänzer und Stange sogar unter dem Seil befindet. Dann aber wird der Seiltänzer zum Stehauf-

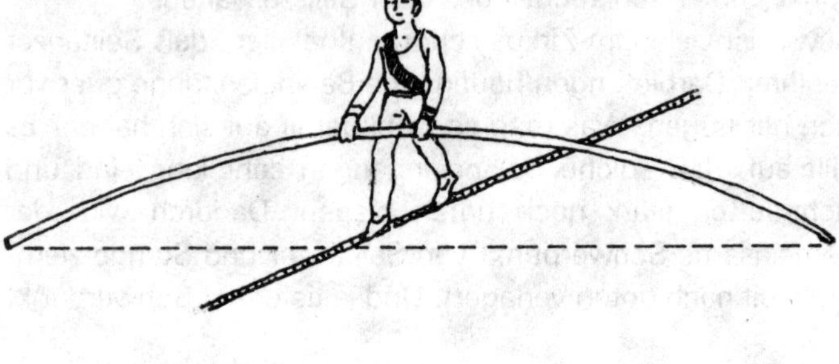

Männchen. Wenn er nämlich jetzt nach der Seite kippt, gelangt sein Schwerpunkt in eine höhere Lage, in der er sich nicht wohl fühlt. So schnell wie möglich geht er wieder zurück in die ursprüngliche, tiefere Lage, und dabei bringt er Seiltänzer samt Stange in die Ausgangsstellung zurück.
Ist es nicht geradezu eine Kunst, unter diesen Umständen vom Seil herunterzufallen?
Neulich fand die Freiluftvorstellung einer berühmten Hochseiltruppe statt. Die Attraktion des Tages war die Motorradfahrt auf einem zwischen zwei Hochhäusern angebrachten Drahtseil. Alle Zuschauer waren genauso gespannt wie das Drahtseil. Die Spannung des Publikums steigerte sich noch, als der Sprecher verkündete, daß unter dem Motorrad eine Schaukel angebracht sei, auf der eine junge Dame während der Fahrt Kunststücke darbiete. Genau besehen, hätte nun eigentlich die Spannung rapide abnehmen müssen. Denn durch die am Motorrad hängende Schaukel samt der darauf sitzenden Schönen wird der Schwerpunkt des aus Motorrad, Motorradfahrer, Schaukel und schaukelnder Dame bestehenden Gebildes weit unter das Drahtseil verlagert. Der dadurch erreichte „Stehauf-Männchen-Effekt" ist eine fast sichere Garantie dafür, daß nun nichts mehr passieren kann. Im Grunde genommen steht das Motorrad samt Anhang nicht auf dem Seil, sondern es hängt daran. Und ein Körper, der am Seil hängt, fällt im allgemeinen nicht herunter. Diese Seilfahrt per Motorradfahrt ist jedenfalls ungefährlicher als eine Fahrt im dichten Straßenverkehr. Selbst die Gefahr, daß die Räder der Maschine vom Seil rutschen, besteht ja nicht, denn die Reifen sind abmontiert. Das Motorrad fährt mit den nach innen gekrümmten Felgen genauso auf dem Drahtseil wie eine Eisenbahn auf ihren Schienen. Die einzige Anforderung, die bei dieser so gefährlich erscheinenden Motorradfahrt an die Hochseilartisten gestellt wird, ist Schwindelfreiheit. Alles andere erledigt die Physik.
Übrigens unterscheidet man drei Arten des Gleichgewichts: Ein Körper befindet sich im stabilen Gleichgewicht, wenn

sich sein Schwerpunkt hebt, sobald der Körper aus seiner Gleichgewichtslage gebracht wird. Im Falle des labilen Gleichgewichts senkt sich der Schwerpunkt, sobald der Körper seine Gleichgewichtslage verläßt. Beim indifferenten Gleichgewicht bleibt der Schwerpunkt in gleicher Höhe, wenn man den Körper aus seiner Lage bringt. Folglich liegt beim balancierten Stab das labile und bei der geschilderten Motorradfahrt das stabile Gleichgewicht vor.

Ein kinderleichtes Balancier-Kunststück

Manche Leute haben Schwierigkeiten, etwas zu balancieren. Ihnen fehlt die ruhige Hand und vor allem das Gespür dafür, wo sich der Schwerpunkt des zu balancierenden Gegenstandes befindet. Die Lage des Schwerpunktes sollte man aber kennen, denn genau senkrecht darunter muß man ja den Körper unterstützen, um ihn zu balancieren, wie wir aus dem Kapitel „Schwierigkeiten mit dem Schwerpunkt" wissen. Wenn wir allerdings einen Stab, wie die Abbildung zeigt, waagerecht auf den Händen balancieren wollen, die wir wie zum Gebet mit den Innenflächen aneinander gelegt haben, brauchen wir uns überhaupt keine Gedanken über die Lage des Schwerpunktes zu machen. Unsere Hände finden ihn von allein. Und das geht so vor sich. Wir strecken zunächst beide Hände so nach vorn, daß ihre Innenflächen in etwa einem halben Meter Abstand einander zugewandt sind. Waagerecht darüber legen wir den zu balancierenden Stab, beispielsweise einen Besenstiel. Wenn wir nun die Hände langsam aufeinanderzu bewegen, passieren merkwürdige Dinge.

Ohne daß wir etwas dafür oder dagegen tun können, rutscht der Stab abwechselnd über beide Hände. Mal rutscht er über die linke Hand, wobei er auf der rechten fest liegenbleibt, dann wieder rutscht er eine Zeitlang über die rechte Hand und bleibt währenddessen auf der linken fest liegen. Auf welcher Hand er gerade rutscht und auf welcher er fest liegenbleibt, können wir überhaupt nicht beeinflussen. Wir machen ja nichts anderes, als beide Hände langsam aufeinander zu bewegen. So geht das hin und her und her und hin, bis beide Handflächen einander berühren. Und siehe da, der Stab bleibt liegen. Er kippt weder nach rechts noch nach links, sondern balanciert auf den aneinandergelegten Händen. Das bedeutet aber nichts anderes, als daß sich die Hände ganz ohne unser Zutun senkrecht unter dem Schwerpunkt des Stabes getroffen haben.

Sollte jetzt jemand glauben, dieses Balancier-Verfahren klappt nur, wenn wir dazu einen regelmäßig geformten Stab nehmen, bei dem der Schwerpunkt genau in der Mitte liegt, so irrt er sich. Das „Kunststück" funktioniert in jedem Fall, nämlich auch dann, wenn wir etwa einen ganzen Besen auf unsere ausgestreckten Hände legen oder einen Schrubber, einen Spaten, einen Rechen oder . . . oder . . . oder . . . Nicht in der Mitte treffen sich dann allerdings unsere Hände, sondern auch wieder genau senkrecht unter dem Schwerpunkt.

Woran das liegt, ist nicht leicht zu erklären. Versuchen wir's trotzdem! Vielleicht gelingt's.
Stellen wir uns zwei Männer vor, die einen schweren Gegenstand an einer Stange tragen. Befindet sich der Gegenstand genau in der Mitte zwischen beiden, so trägt jeder gleich schwer daran, d. h., jeder trägt genau die Hälfte der Last. Vergrößert jedoch der Hintermann heimlich seinen Abstand zur Last, so ist der Vordere der Gelackmeierte. Er muß nämlich jetzt mehr als die Hälfte der Last schleppen, während der Hintere entsprechend weniger als die Hälfte trägt.
Dasselbe passiert auch, wenn die beiden beispielsweise einen schweren Balken schleppen. Wer sich näher am Schwerpunkt des Balkens befindet, hat die größere Last zu tragen.
Kehren wir zu unserem Balancier-Kunststück zurück! Den beiden Männern unseres Beispiels, die den Balken trugen, entsprechen unsere beiden Hände, auf denen der Stab ruht. Wenn nun beispielsweise die rechte Hand weiter vom Schwerpunkt des Stabes entfernt ist als die linke, ist sie auch nicht so stark belastet wie die linke. Und weil die Reibung zwischen Hand und Stab um so größer ist, je schwerer der Stab auf der Hand lastet, muß folglich der Stab zunächst nur

über diejenige Hand rutschen, die weniger stark belastet ist. In unserem Fall ist das die rechte Hand, weil sie die größere Entfernung vom Schwerpunkt hat.
Während der Stab über die rechte Hand gleitet, verringert sich der Abstand zwischen dieser Hand und dem Schwerpunkt des Stabes. Daher bleibt es nicht aus, daß bald der Augenblick kommt, in dem die linke Hand weiter vom Schwerpunkt entfernt ist als die rechte. Dann aber ist die linke Hand nicht so stark belastet wie die rechte, und der Stab beginnt, auf der linken Hand zu rutschen, während er auf der rechten liegenbleibt.
Und so geht das hin und her und her und hin, bis schließlich beide Hände genau unter dem Schwerpunkt zusammentreffen.
Wer mit der bisherigen Erklärung zufrieden ist und keine weiteren Fragen hat, braucht nicht weiterzulesen. Sollte jedoch jemand fragen, wieso der Stab stets nur entweder über die linke oder über die rechte Hand gleitet und niemals gleichzeitig über beide Hände, so müßten doch noch ein paar Zeilen gelesen werden.
Eigentlich müßte der Stab von dem Augenblick an, in dem beide Hände zum ersten Mal gleich weit vom Schwerpunkt entfernt und folglich auch gleich stark belastet sind, auf beiden Händen gleichzeitig gleiten. Eigenartigerweise tut er das nicht! Um diese merkwürdige Erscheinung zu erklären, müs-

sen wir beachten, daß hier Reibungsvorgänge eine wichtige Rolle spielen. Wie verhält es sich damit? Wenn beispielsweise eine Kiste, die zum Tragen zu schwer ist, an eine andere Stelle zu bringen ist, wird sie häufig über den Boden geschoben. Dieser Verschiebung setzt die Kiste jedoch einen Widerstand entgegen, den man Reibung bzw. Reibungskraft nennt. Diese Reibungskraft müssen wir durch eine entsprechend große Schubkraft überwinden und dabei zeigt sich, daß wir für den ersten Ruck verhältnismäßig viel Kraft brauchen. Wenn aber die Kiste erst einmal in Bewegung ist, geht's spürbar leichter, denn dann ist nicht mehr so viel Kraft erforderlich, um die Kiste zu verschieben. Offensichtlich ist die Reibungskraft am Anfang größer als während der Bewegung selbst. Wir müssen deshalb bei unserer Verschiebung zwei verschiedene Arten der Reibungskräfte unterscheiden: die Haftreibung, die wir überwinden müssen, um die Kiste in Bewegung zu setzen, und die Gleitreibung, die wir zu überwinden haben, wenn wir die Kiste in Bewegung halten wollen. Erfahrungsgemäß ist die Haftreibung stets größer als die Gleitreibung.

Diese Erkenntnisse müssen wir bei unserem Balancier-Kunststück beachten. Zunächst befindet sich der Stab auf beiden Händen in Ruhe. Um zu gleiten, muß zunächst die Haftreibung überwunden werden. Wie jede Art von Reibung ist auch die Haftreibung um so größer, je schwerer der Stab auf der Hand lastet. Ist beispielsweise die rechte Hand weiter vom Schwerpunkt entfernt als die linke, so lastet der Stab auf der linken Hand stärker als auf der rechten. Folglich tritt an der rechten Hand die kleinere Haftreibung auf, und der Stab beginnt über die rechte Hand zu gleiten. Auf der linken Hand bleibt er liegen.

Nach einer Weile sind beide Hände gleich weit vom Stabschwerpunkt entfernt und folglich auch gleich stark belastet. Eigentlich dürfte der Stab jetzt keine der beiden Hände mehr bevorzugen und müßte deshalb gleichzeitig auf beiden Händen gleiten. Daran hindert ihn aber die Tatsache, daß die

Haftreibung bei gleicher Belastung stets größer als die Gleitreibung ist. Demnach wird der Stab so lange weiter über die rechte Hand gleiten, bis die dort auftretende Gleitreibung infolge der zunehmenden Belastung schließlich größer wird als die Haftreibung an der linken Hand. Erst dann beginnt der Stab auf der linken Hand zu gleiten, während er auf der rechten liegenbleibt.
So geht das hin und her, bis beide Hände unter den Schwerpunkt gelangt sind.

Wie tief ist der Brunnen?

Zum Abschluß der Besichtigung der Festung Königstein begibt sich der Fremdenführer mit der Besuchergruppe zum Burgbrunnen. Gehorsam beugen sich alle über den Brunnenrand und schauen hinab in die Tiefe. Von Wasser ist nichts zu sehen, nur ein schwarzes Loch. Irgendwo ganz unten, so versichert jedoch der Fremdenführer, sei ganz bestimmt Wasser.
Ein vorwitziger Besucher, der das nicht so ohne weiteres glauben will, läßt verstohlen einen Stein in den Brunnen fallen. Tatsächlich hört man nach einigen Sekunden den Aufprall auf die Wasseroberfläche. Folglich hat der Fremdenführer recht, Wasser ist im Brunnen. Wie zu erwarten war, fragt sofort jemand aus der Besuchergruppe nach der Tiefe des Brunnens. Bei dieser Frage jedoch geht mit den meisten Fremdenführern die Phantasie durch. Sei es, daß sie es selbst nicht so genau wissen, sei es, daß sie mit ihrem Brunnen in das Guinness-Buch der Rekorde kommen wollen, selten jedenfalls ist von weniger als 100 m die Rede. Wer aber ein bißchen Physik kennt und dazu noch eine Uhr hat, mit der sich Zehntelsekunden messen lassen, kann die Aussage des Fremdenführers leicht überprüfen.
Seit sie im Jahre 1590 von Galileo Galilei (1564–1642) entdeckt wurden, kennt man die Gesetze des freien Falls.

Dadurch wissen wir, wieviel Meter ein fallender Körper in einer bestimmten Zeit zurücklegt. Zwischen der in Sekunden gemessenen Fallzeit t und der in Meter gemessenen Fallstrecke h besteht nämlich die Beziehung $h = \frac{1}{2} \cdot g \cdot t^2$, und dabei bedeutet g die mittlere Fallbeschleunigung, d. h. $g = 9{,}81\ m/s^2$. Wenn wir beispielsweise wissen wollen, welchen Weg ein frei fallender Körper in 3 s zurücklegt, so erhalten wir mit Hilfe dieser Formel: $h = \frac{1}{2} \cdot 9{,}81 \cdot 3^2 s \approx 44 s$.
In 3 s legt also ein aus der Ruhelage frei fallender Körper eine Fallstrecke von etwa 44 m zurück.
Folgende Tabelle zeigt uns einige Fallzeiten und die zugehörigen Fallhöhen.

Fallzeit in s	Fallhöhe in m
1	4,9
2	19,6
3	44
4	78,5
5	122,6
10	490,5

Weitere Wertepaare lassen sich mit unserer Formel leicht berechnen.
Um die Tiefe eines solchen Brunnens festzustellen, gehen wir also folgendermaßen vor:
— Wir lassen einen Stein hineinfallen.
— Wir messen, wieviel Sekunden zwischen Loslassen und Aufprall auf die Wasseroberfläche vergehen.
— Wir berechnen die Fallhöhe mit der Beziehung $h = \frac{1}{2} g t^2$.

Die Brunnentiefe erhält man in der Längeneinheit Meter.
Die berechneten Werte sind aber nur dann einigermaßen verläßlich, wenn der Brunnen nicht gar zu tief ist. Etwas ganz Wesentliches haben wir nämlich bisher noch gar nicht berücksichtigt. Um an unser Ohr zu gelangen, muß der Schall, der beim Aufprall des Steins auf die Wasseroberfläche entsteht, den gleichen Weg zurücklegen wie der Stein,

jedoch in umgekehrter Richtung. Und dazu braucht er seine Zeit. Genau genommen messen wir gar nicht die eigentliche Fallzeit des Steins, sondern die Zeit, die vergeht, bis der Stein unten und der Schall wieder oben ist. Wir messen folglich die Summe aus der Fallzeit und der „Schall“zeit, und weil diese Summe größer ist als die eigentliche Fallzeit, erhalten wir für die Tiefe des Brunnens einen zu großen Wert. Das zeigt auch die folgende Tabelle.

Zeit zwischen Loslassen des Steins und Hören des Aufpralls in s	Brunnentiefe in m	
	ohne Berücksichtigung der Laufzeit des Schalls	mit Berücksichtigung der Laufzeit des Schalls
1,0	4,9	4,86
2,0	19,6	18,91
3,0	44	41,42
4,0	78,5	71,79
5,0	122,6	109,43
6,0	176,6	153,88

Um ganz exakt zu sein, müßten wir auch noch den Luftwiderstand berücksichtigen, der den Stein während seines Fallens in die Tiefe etwas abbremst. Davon sollten wir jedoch die Finger lassen. Da nämlich der Luftwiderstand mit wachsender Geschwindigkeit zunimmt, wird die ganze Sache dann nicht einfach. Außerdem spielt er, falls wir nicht gerade einen leichtgewichtigen Bimsstein in den Brunnen fallen lassen, bei den gängigen Brunnentiefen kaum eine Rolle.

Das Auto am Kranhaken

Neulich veranstaltete eine Autoversicherungsgesellschaft auf dem Parkplatz eines Supermarktes eine eindrucksvolle Show, um die Zuschauer auf die Gefahren im Straßenverkehr hinzuweisen.
Kopfüber am Haken eines großen Baukrans hing in 10 m Höhe ein Automobil und pendelte im Sommerwind leicht hin und her. An den Kran gelehnt war ein Schild mit der Aufschrift: „Bei einer Geschwindigkeit von 50 km/h ist der Aufprall auf ein feststehendes Hindernis gleichbedeutend mit einem Fall aus 10 m Höhe!"
Staunend betrachteten die Leute das Spektakel, und manch einer schüttelte den Kopf. Das mochte er nicht glauben. Ein Fallen aus 10 m Höhe ist doch fast immer tödlich. Und das sollte gleichbedeutend sein mit einem Aufprall bei einer Geschwindigkeit von nur 50 km/h? Dann hätte man ja kaum eine Chance, einen solchen Aufprall zu überleben, es sei denn, man ist gut angegurtet.
Und schon sind wir beim springenden Punkt. Die Versicherungsgesellschaft wollte mit ihrer Vorführung den Leuten klarmachen, wie wichtig das Anlegen eines Sicherheitsgurtes auch schon bei relativ geringen Geschwindigkeiten ist. Wer glaubt, auf das Angurten im Stadtverkehr verzichten zu können, weil er da ja nur mit höchstens 50 km/h fahren darf, mußte sich angesichts des am Kran in 10 m Höhe baumeln-

den Autos eines besseren belehren lassen. Nur ein Narr hätte geglaubt, er könne sich bei einem Sturz aus 10 m Höhe mit den Händen am Steuerrad oder am Armaturenbrett so abstützen, daß er nicht durch die Windschutzscheibe geschleudert wird. Aber auch ein solcher Narr hätte sich dann doch noch überzeugen lassen, als zum Abschluß der Veranstaltung das Auto tatsächlich aus 10 m Höhe herabfiel. Die Reste beseitigte am Abend die Müllabfuhr.
Wollte man demonstrieren, welche gewaltigen Kräfte auftreten, wenn man frontal mit einer Geschwindigkeit von 100 km/h auf ein feststehendes Hindernis prallt, so müßte der Kran schon ein paar Nummern größer ausfallen. Ein solcher Frontalaufprall ist nämlich gleichbedeutend mit einem Sturz aus 40 m Höhe! Und wer auf diese Weise gar einen Frontalaufprall mit einer Geschwindigkeit von 160 km/h demonstrieren wollte, brauchte einen Kran, der das Auto 100 m hoch heben könnte.
Weitere Beispiele entnehmen wir der folgenden Tabelle. In ihr sind Fallhöhe und Aufprallgeschwindigkeit einander gegenübergestellt (siehe Anmerkung S. 269).

Fallhöhe in m	Aufprallgeschwindigkeit in km/h
5	36
10	50
15	62
20	71
25	80
30	87
35	94
40	101
45	107
50	113
100	159
500	356

Und wenn Väterchen demnächst mal wieder mit 160 km/h die Autobahn entlangdüst, können wir ihn ja mal ganz sachte darauf hinweisen, daß wir gerade in 100 m Höhe an einem Kran baumeln und nur hoffen können, daß das Seil nicht reißt. Vielleicht hilft's!

Der Gärtner und der Artillerist

Merkwürdige Überschrift! Was hätten ein Gärtner und ein Artillerist schon gemeinsam? Nun, beide wollen etwas ins Ziel bringen: der Kanonier beim Schießen eine Granate, der Gärtner beim Gießen das Wasser.
Im Gegensatz zum Gärtner muß jedoch der Artillerist während seiner Ausbildung lernen, wie man es anstellt, daß ein Geschoß genau dorthin gelangt, wohin man es haben will. Ob es das Ziel erreicht, hängt wesentlich davon ab, unter welchem Winkel es abgeschossen wurde. Jeder Artillerist weiß, daß die Schußweite im flachen Gelände dann am größten ist, wenn das Geschützrohr unter einem Winkel von 45° angestellt wird, wenn also der Winkel zwischen der Waagrechten und dem Geschützrohr genau 45° beträgt.
(Die größte Schußweite hängt natürlich nicht allein vom „Anstellwinkel" ab, sondern auch von der Geschwindigkeit, mit der die Granate aus dem Geschützrohr kommt.)
Sehen wir einmal davon ab, daß die Schießerei eine äußerst gefährliche Angelegenheit ist. Rein physikalisch betrachtet, ist das Gießen mit einem Gartenschlauch genau dasselbe

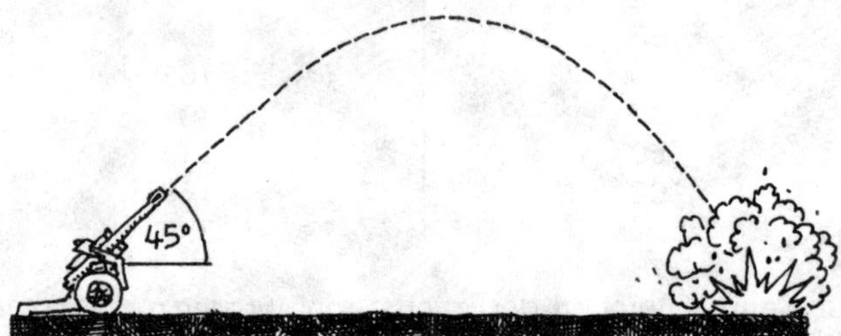

wie das Schießen mit einem Geschütz. Schießen und Spritzen unterliegen denselben physikalischen Gesetzen. Wenn der Gärtner möglichst weit spritzen will, muß er den Wasserstrahl unter einem Winkel von 45° schräg nach oben richten. Stellen, die er damit noch nicht erreicht, kann er nur dadurch bewässern, daß er mit dem Schlauch näher herangeht. (Auch hier ist die „Spritzweite" von der Wasserstrahl-Geschwindigkeit und diese vom Wasserdruck abhängig.)
Artilleristen wissen auch, daß sie ein Ziel, das innerhalb der Reichweite ihres Geschützes liegt, auf zweierlei Weise bekämpfen können: durch einen Flachschuß oder durch einen Steilschuß. Dasselbe Ziel, das sie beispielsweise mit einem Flachschuß unter einem Winkel von 25° erreichen, treffen sie auch mit einem Steilschuß unter einem Winkel von 65°.
In der folgenden Tabelle sind die Winkel von einigen Flachschüssen und den zugehörigen Steilschüssen einander gegenübergestellt.

Flachschuß in °	Steilschuß in °
5	85
10	80
15	75
20	70
25	65
30	60
35	55
40	50

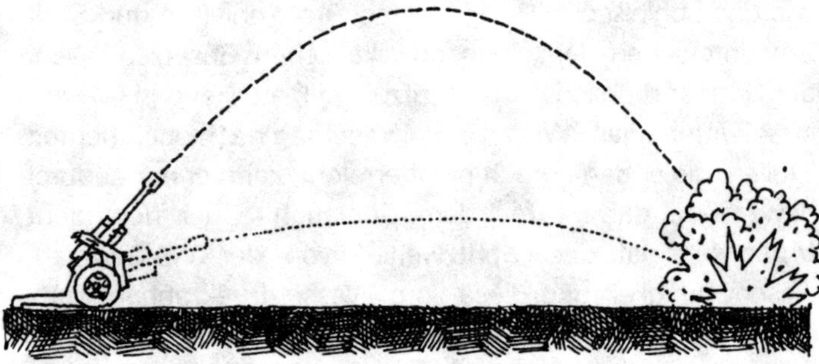

Daraus können wir leicht erkennen, daß zu einem Flachschuß unter einem Winkel von $\alpha°$ ein Steilschuß von $90° - \alpha°$ gehört, der zum selben Ziel führt. Welche Gründe auch immer ein Artillerist haben mag, sich beim Anvisieren seines Zieles für einen Steilschuß oder für einen Flachschuß zu entscheiden, sei dahingestellt. Was jedoch den Gärtner veranlassen könnte, sich beim Spritzen für einen Steil„schuß'' oder für einen Flach„schuß'' zu entscheiden, kann man sich leicht ausdenken. Will er beispielsweise nur die Wurzeln einer Pflanze mit Wasser versorgen, so wird er einen Flach„schuß'' wählen. Will er dagegen — wie ein Regenmacher — die gesamte Pflanze befeuchten, besonders die Blätter, so sollte er sich für einen Steil„schuß'' entscheiden.

In der Tat — ein Gärtner kann etwas von einem Artilleristen lernen. Viel mehr allerdings sollte der Artillerist vom Gärtner lernen! Zum Beispiel, wie man die Naturgesetze zum Wohle der Menschen ausnutzen kann und nicht dazu, Tod und Verderben über sie zu bringen.

Die superschnelle Rutschbahn

Eine Rutschbahn soll gebaut werden, die von einer Stelle S (Start) zu einer tiefer gelegenen Stelle Z (Ziel) führt. So eine richtig rutschige Rutschbahn soll es werden, mit einer spiegelblanken Rutschfläche, dick mit Schmierseife eingerieben, damit die Reibung, die der Hinabrutschende erfährt, so gering wird, daß wir von ihr absehen können.
Einige Möglichkeiten für die Streckenführung der Rutschbahn sind:

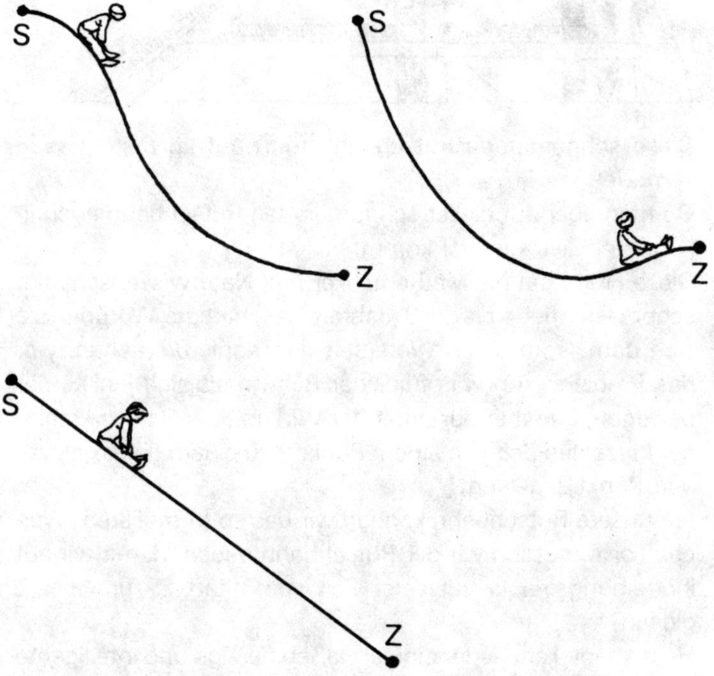

Die kürzeste von allen möglichen Rutschbahnen ist natürlich diejenige, die geradewegs vom Start S zum Ziel Z führt, denn die Gerade ist bekanntlich die kürzeste Verbindung zwischen zwei Punkten.

Diese schnurgerade Rutschbahn führt auf kürzestem Weg zum Ziel.
Ob man aber auf dieser schnurgeraden Rutschbahn auch in kürzester Zeit ans Ziel kommt?
Diese Frage hat die Mathematiker und Naturwissenschaftler schon vor mehr als 300 Jahren beschäftigt. Worüber sie sich damals im edlen Wettstreit den Kopf zerbrachen, war das Problem: Auf was für einer Bahn muß sich ein Körper bewegen, damit er nur unter der Wirkung der Schwerkraft in der kürzesten Zeit von einem Punkt S zu einem tiefer gelegenen Punkt Z gelangt?
Für unsere Rutschbahn können wir das so formulieren: Welche Form müssen wir der Rutschbahn geben, damit wir auf ihr reibungsfrei in kürzester Zeit vom Start S zum Ziel Z gleiten?
Heutzutage kann jeder einigermaßen fleißige und intelligente Physikstudent diese Frage nach dem vierten Studiensemester beantworten.
Seinerzeit jedoch, als dieses Problem erstmals formuliert wurde, bedurfte es zu seiner Lösung eines Genies. Ein solches war der Schweizer Mathematiker Johann Bernoulli

(1667–1748). Im Jahre 1696 wies er nach, daß die gesuchte Bahn nicht, wie man vermuten könnte, eine Gerade ist, sondern eine Kurve, der er den Namen „Brachystochrone" gab, was auf deutsch „Schnellste Zeit" heißt.
Die Brachystochrone sieht etwa folgendermaßen aus:

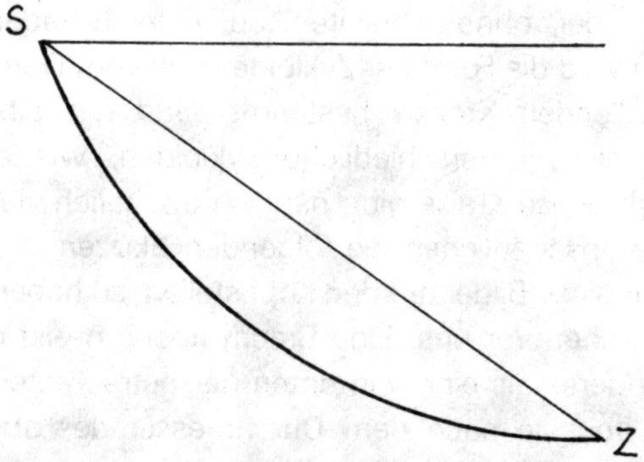

Beim Betrachten dieser Kurve leuchtet uns ein, daß die Gerade gar nicht die „schnellste" Verbindung zwischen S und Z sein kann. Auf ihr, d. h. einer geneigten Ebene, würde ein gleitender Körper viel zu langsam in Schwung kommen. Die Brachystochrone dagegen verläuft am Anfang sehr viel steiler abfallend als die Gerade. Auf diesem steilen Stück kommt aber der gleitende Körper sehr rasch auf eine hohe Geschwindigkeit, mit der er dann den flacheren Teil der Bahn durchrast.
In der Mathematik kennt man die Brachystochrone unter dem Namen „Zykloide". Es gibt auch ein einfaches Verfahren, eine Zykloide zu zeichnen. Man nimmt ein Rad, befestigt auf seinem Umfang senkrecht zur Laufrichtung ein dünnes Stück Kreide und rollt das Rad so vor einer Tafel ab, daß die Kreide die von ihr zurückgelegte Bahn darauf aufzeichnen kann, wie in unserem Bild zu sehen ist.
Jetzt verstehen wir auch den Satz, mit dem Mathematiker die Zykloide beschreiben: Unter einer Zykloide versteht man diejenige Kurve, die von einem Punkt eines Kreises beschrie-

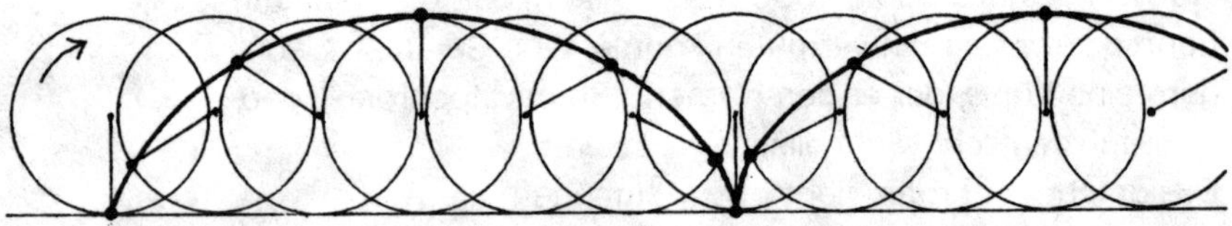

ben wird, der, ohne zu gleiten, auf einer Geraden abrollt. Natürlich wird die Form der Zykloide auch vom Durchmesser des abrollenden Kreises bestimmt. Und deshalb gibt es genauso viele unterschiedliche Zykloiden, wie es unterschiedlich große Kreise gibt, nämlich unendlich viele. Einige davon veranschaulichen die folgenden Skizzen.
Wenn wir diese Bilder auf den Kopf stellen, so haben wir Brachystochronen vor uns. Eine Brachystochrone ist demnach nichts anderes als eine von unten her betrachtete Zykloide. Weil es aber, je nach dem Durchmesser des abrollenden Kreises, unendlich viele Zykloiden gibt, ergeben sich auch unendlich viele Brachystochronen.
Aus diesen unendlich vielen Brachystochronen müssen wir nun die heraussuchen, die auf unseren Rutschbahnbau zutrifft. Und das ist diejenige, deren „Spitze" mit dem Startpunkt S übereinstimmt und die in ihrem weiteren Verlauf durch den Zielpunkt Z geht.

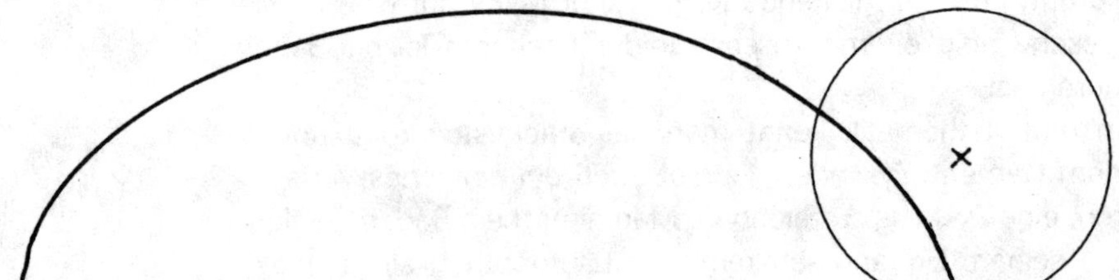

Welche der unendlich vielen Brachystochronen jeweils ausgewählt werden muß, ist also von der gegenseitigen Lage der Punkte S und Z abhängig. Im folgenden Bild sind einige Beispiele angegeben. Daraus erkennen wir: Es kann durchaus sein, daß die schnellste Bahn teilweise unterhalb des Zielpunktes Z verläuft, diesen also von unten her ansteuert.

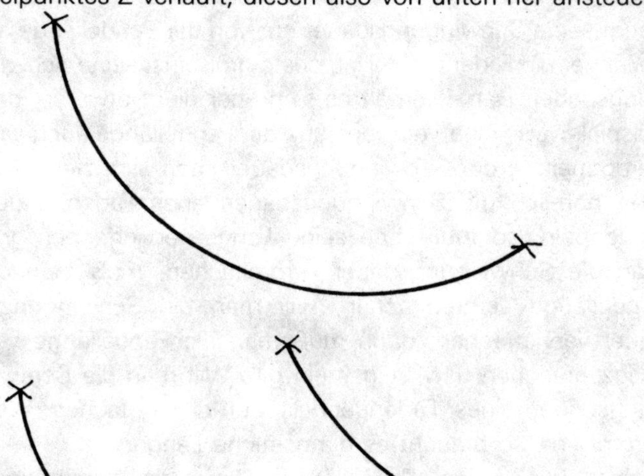

Ein Astronaut auf der Kinderschaukel

Auf einem Kinderspielplatz schaukelt ein Junge seine kleine Schwester. „Schneller, schneller'', jauchzt die Kleine und stachelt damit ihren Bruder an, sie immer kräftiger anzustoßen. Aber wie sehr sich der Bub auch anstrengt, die Schaukel behält ihren Rhythmus bei. Zwar schwingt sie immer höher und höher, aber die Zeit, die sie für eine Schwingung braucht, ändert sich praktisch nicht.

Rein physikalisch betrachtet, stellt eine Kinderschaukel nichts anderes dar als ein Pendel. Das einfachste Pendel ist das Fadenpendel. Es besteht aus einem dünnen Faden, woran ein möglichst kompakter kleiner Körper, z. B. eine kleine Bleikugel, hängt. Die Zeit, die ein solches Pendel für eine Schwingung, d. h. für einen Hin- und Hergang, benötigt, nennt man die Schwingungsdauer des Pendels. Und wenn wir das Pendel nicht allzu weit ausschlagen lassen, hängt seine Schwingungsdauer nur von der Pendellänge ab. Je länger ein Fadenpendel ist, desto größer ist seine Schwingungsdauer. Dabei verhält es sich aber nicht etwa so, daß beispielsweise eine Verdoppelung der Pendellänge auch eine Verdoppelung der Schwingungsdauer nach sich zieht. Will man nämlich die Schwingungsdauer eines Fadenpendels verdoppeln, so muß man seine Länge vervierfachen, will man die Schwingungsdauer verdreifachen, muß man die Pendellänge verneunfachen, will man die Schwingungsdauer vervierfachen, dann muß man die Pendellänge versechzehnfachen usw. Allgemein gilt: Will man die Schwingungsdauer eines Fadenpendels auf den n-fachen Wert vergrößern, so braucht es die n^2-fache Länge.

Stellen wir einige Pendellängen und die zugehörigen Schwingungsdauern einander gegenüber, so erhalten wir die Tabelle:

Pendellänge in m	Schwingungsdauer in s
0,1	0,63
0,5	1,42
1,0	2,01
2,0	2,84
3,0	3,47
5,0	4,49
10,0	6,34

Die Schwingungsdauern sind jeweils auf zwei Stellen nach dem Komma gerundet (siehe Anmerkung S. 269).

Zurück zum Kinderspielplatz! Dem Jungen, der seine kleine Schwester „schneller'' schaukeln soll, könnten wir jetzt den guten Rat geben: Mache die Schaukel kürzer, dann schwingt sie von ganz allein schneller, und deine Schwester freut sich sehr.

Wenn seine Schwester jedoch nicht gar zu klein ist, könnten wir ihm auch den Rat geben: Deine Schwester soll sich auf die Schaukel stellen.

Jetzt wird sicher mancher mit Recht fragen, wie denn dadurch die Schwingungsdauer der Schaukel kleiner werden soll, wenn sie doch nur von der Schaukellänge abhängt.

Nun, die Sache verhält sich so: Wenn sich das Mädchen auf die Schaukel stellt, bringt sie den Schwerpunkt ihres Körpers, der sich etwa in ihrem Bauch befindet, näher an die Aufhängung der Schaukel heran. Das hat aber praktisch die gleiche Wirkung wie eine Verkürzung der Schaukel. Folglich wird durch das Anheben des Schwerpunktes die Schwingungsdauer der Schaukel verkleinert.

Entsprechend ließe sich die Schwingungsdauer der Schaukel vergrößern, wenn das Mädchen den Schwerpunkt ihres Körpers in eine tiefere Lage bringt, ihn also weiter von der Aufhängung der Schaukel wegrückt. Das könnte sie beispielsweise erreichen, indem sie sich weit nach hinten beugt oder sich mit den Kniekehlen an die Schaukel hängt.

Ein interessantes Gerät wäre ein Pendel für einen Astronauten.

Nehmen wir an, er hätte auf seiner Reise zu anderen Himmelskörpern eine Schaukel im Gepäck, etwa um sich nach anstrengender Arbeit zu entspannen oder körperlich fit zu halten.
Diese Schaukel sei 2 m lang. Sie hat auf der Erde, wie aus unserer Tabelle hervorgeht, eine Schwingungsdauer von 2,84 s.
Wie verblüfft wäre der Astronaut jedoch, wenn er seine Schaukel z. B. auf dem Mond benutzte. Obwohl nach wie vor 2 m lang, würde ihre Schwingungsdauer auf einmal fast 7 s betragen.
Und auf dem Planeten Jupiter würde er feststellen, daß die Schaukel nunmehr viel rascher schwingt als auf dem Mond und auf der Erde, nämlich mit einer Schwingungsdauer von etwa 1,8 s, abgesehen davon, daß sich Menschen auf dem Jupiter kaum bewegen könnten.
Des Rätsels Lösung ist die Tatsache, daß die Schwingungsdauer eines Pendels außer von der Pendellänge auch noch von der Anziehungskraft des betreffenden Himmelskörpers abhängt. Je kleiner diese Anziehungskraft ist, desto größer ist die Schwingungsdauer, und je größer diese Anziehungskraft ist, desto kleiner ist die Schwingungsdauer.

Weil aber die Anziehungskraft des Mondes kleiner ist als die der Erde, hat ein und dasselbe Pendel auf dem Mond eine wesentlich größere Schwingungsdauer als auf der Erde.
Und weil die Anziehungskraft des Jupiter größer ist als die der Erde, hat ein und dasselbe Pendel auf dem Jupiter eine kleinere Schwingungsdauer als auf der Erde.
Wenn es uns gelänge, die 2 m lange Schaukel auf der Sonne zu benutzen, würde es uns beim Schaukeln bestimmt schwindelig werden. Die Schwingungsdauer wäre dort nur noch eine halbe Sekunde lang.
Übrigens hat das Gewicht des Pendelkörpers keinerlei Einfluß auf die Schwingungsdauer eines Pendels. Ob ein leichtes Kind oder ein schwerer Mann auf einer Kinderschaukel sitzt, spielt für die Schwingungsdauer der Schaukel überhaupt keine Rolle.
Wer hätte das gedacht?

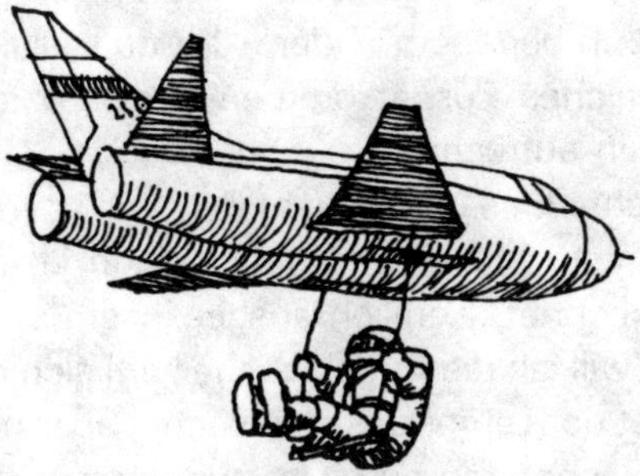

Sommerzeit und Winterzeit bei der Pendeluhr

Schon wieder kommt Ralf zu spät zur Schule. Auf die Frage des Lehrers nach dem Grund seiner Verspätung antwortet er schlicht und einfach und hoffentlich auch der Wahrheit entsprechend: „Unsere Uhr ging nach!"
So etwas kann ja gelegentlich vorkommen, und der Lehrer wäre auch bereit, diesen Entschuldigungsgrund zu akzeptieren, wenn — ja, wenn Ralf nicht schon recht oft aus diesem Grund zu spät gekommen wäre. Und so fragt er ihn mit leichter Ironie in der Stimme: „Eure Uhr scheint ja oft nachzugehen!" „Stimmt!" erwidert Ralf, „aber nur im Sommer! Im Winter geht sie komischerweise meistens vor, und da komme ich dann immer zu früh in die Schule."
„Ach, du armer Mensch", flaxt der Lehrer, „jetzt soll ich dich wohl auch noch bedauern? Oder willst du vielleicht, daß ich dein sommerliches Zuspätkommen gegen das winterliche Zufrühkommen aufrechne?"
„Keine schlechte Idee das", meint Ralf zu diesem Vorschlag, „rein mathematisch wäre die Sache dann ja, übers ganze Schuljahr gerechnet, ziemlich ausgeglichen."
„Für diesmal will ich die Angelegenheit auf sich beruhen lassen", beendet der Lehrer das Gespräch, „aber nur, wenn du noch heute Nachmittag eure Uhr zum Uhrmacher bringst." Sagt's und beginnt seinen Unterricht.
Physikalisch betrachtet, ist es durchaus möglich, daß die merkwürdige Uhr, die im Sommer nach- und im Winter vorgeht, nicht nur in Ralfs Phantasie existiert.
Solche Uhren gibt es tatsächlich. Und zwar handelt es sich dabei um Pendeluhren geringer Qualität.
Bei einer Pendeluhr erfolgt nämlich die Zeitmessung, wie der Name schon sagt, durch die Schwingungen eines Pendels. Wie wir bereits wissen, hängt die Schwingungsdauer eines

Pendels, d. h. die Zeit, die es für einen vollen Hin- und Hergang benötigt, von der Pendellänge ab. Die Pendellänge wiederum hängt von der Temperatur ab, da sich auch ein Pendel beim Erwärmen ausdehnt und beim Abkühlen zusammenzieht. Bei derart hohen Temperaturen, wie sie im Sommer herrschen, ist das Pendel folglich länger als im Winter. Je länger aber ein Pendel ist, desto größer ist auch seine Schwingungsdauer, wie wir im Kapitel „Ein Astronaut auf der Kinderschaukel" erfahren haben. Und eine größere Schwingungsdauer bedeutet, daß das Pendel langsamer schwingt: Die Uhr geht nach.
Entsprechend verhält es sich im Winter.
Die Temperatur nimmt ab — das Pendel wird kürzer. Die Schwingungsdauer wird kleiner — das Pendel schwingt schneller — die Uhr geht vor.
Ob das wirklich so viel ausmacht?
Nehmen wir an, wir hätten eine Uhr, bei der die Schwingungsdauer des Pendels im Winter genau 1 s beträgt. Da ein Tag 86 400 s hat, würde das Pendel unserer Uhr an einem Tag genau 86 400 mal hin- und herschwingen.
Wieviel würde es dann wohl ausmachen, wenn die Schwingungsdauer des Uhrpendels im Sommer nur eine Tausendstelsekunde länger wäre als im Winter?
Das kann doch jedes Kind ausrechnen!
Wenn eine einzige Schwingung um eine Tausendstelsekunde länger wird, dann werden 86 400 Schwingungen um 86 400 mal eine Tausendstelsekunde länger, und das sind genau 86,4 s. Wenn folglich unsere Uhr im Winter genau geht, so geht sie im Sommer fast eineinhalb Minuten pro Tag nach. Geht sie im Sommer genau, so geht sie natürlich im Winter um rund eineinhalb Minuten vor. Und wenn sie so eingestellt ist, daß sie bei mittleren Temperaturen genau geht, dann geht sie im Winter etwa eine Dreiviertelminute vor und im Sommer eine Dreiviertelminute nach.
Wäre nun Ralfs Uhr von dieser Art, so würde auch der Gang zum Uhrmacher nichts nützen. Eine solche Uhr ist nun ein-

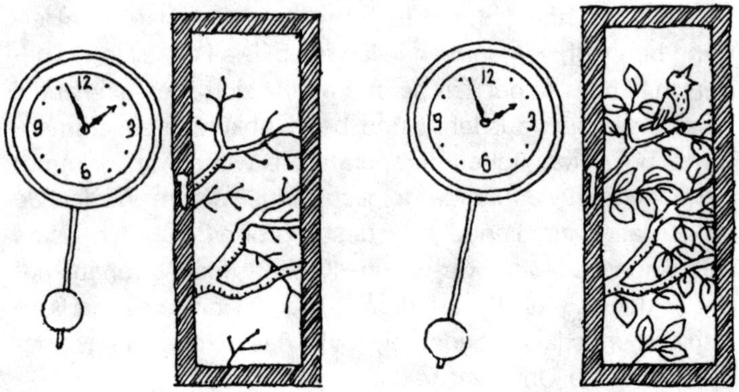

mal vom Schicksal — genauer gesagt, von ihrem Hersteller — dazu verurteilt worden, im Sommer nach- bzw. im Winter vorzugehen. Da hilft der beste Uhrmacher nichts. Entweder man hängt die Uhr in einen Raum, der im Sommer wie im Winter annähernd die gleiche Temperatur hat, oder man kauft sich eine neue, die kein Pendel hat, beispielsweise eine Quarzuhr.

Wer jedoch eine Vorliebe für Pendeluhren hat und Temperaturschwankungen am Aufstellort nicht vermeiden kann, muß beim Kauf ein paar Mark mehr auf den Tisch legen.

Es gibt durchaus Pendeluhren, die sommers wie winters genau gehen. Sie sind mit einem sogenannten Kompensationspendel ausgestattet.

Das einfachste — wenn auch nicht billigste — Kompensationspendel besteht aus Invar, einem Metall, das seine Länge bis zu Temperaturen von 200° Celsius so gut wie nicht verändert. Etwas komplizierter gebaut, dafür aber billiger im Material ist das sogenannte Rostpendel. Es besteht aus mehreren Eisen und Zinkstäben, die verschiedene Ausdehnungszahlen haben und so angeordnet sind, daß sich ihre Längenänderungen beim Erwärmen bzw. Abkühlen gegenseitig weitgehend ausgleichen. Rostpendel sagt man deshalb, weil die Form eines solchen Kompensationspendels entfernt an einen Gitterrost erinnert.

Mit der Pendeluhr auf Reisen

„Wenn einer eine Reise tut, dann kann er was erzählen", lautet ein bekanntes Sprichwort, und manchmal mutet das, was ein Reisender berichtet, so merkwürdig an, daß man meint, er wolle dem Lügenbaron von Münchhausen Konkurrenz machen. So unternahm zum Beispiel ein französischer Physiker im Jahre 1671 eine Reise von Paris, der Hauptstadt Frankreichs, nach Cayenne, der Hauptstadt der französischen Kolonie Guayana. Im Reisegepäck hatte er auch seine Pendeluhr. Sie war sein ganzer Stolz, weil sie auf die Sekunde genau ging, und das war in der damaligen Zeit etwas ganz Außergewöhnliches, denn die Kunst des Uhrenbaus steckte noch in den Kinderschuhen.

In Cayenne angekommen, mußte unser Reisender feststellen, daß seine Superuhr plötzlich nicht mehr genau ging. Sie schien auf einmal träge geworden zu sein. Sie ging nach. Und zwar gewaltig! So um die 2 Minuten pro Tag. Ob daran wohl das feucht-heiße Klima schuld war, das dort, in unmittelbarer Nähe des Äquators, herrschte, fragte er sich. Schließlich bewirkt ja die lähmende Schwüle in tropischen Ländern, daß das Leben dort im allgemeinen viel langsamer abläuft als in unseren gemäßigten Breiten. Da wäre es doch nur zu verständlich, wenn sich auch eine Pendeluhr den dortigen Verhältnissen anpaßte und ihre Arbeit etwas langsamer tat.

So merkwürdig es auf den ersten Blick auch erscheinen mag, die örtlichen Verhältnisse in den Tropen waren tatsächlich daran schuld, daß die Pendeluhr nachging, und zwar in zweifacher Hinsicht: zum einen der hohen Temperaturen wegen, die dort herrschen, zum anderen auf Grund der beträchtlichen Nähe zum Erdäquator.

Daß es in den Tropen im allgemeinen wärmer ist als in Paris, dürfte ja wohl klar sein. Und daß sich die meisten Stoffe beim Erwärmen ausdehnen, sollte eigentlich auch ein jeder wissen.

Die Pendeluhr ist aber auf dem Weg von Paris nach Cayenne wärmer geworden. Deshalb hat sich unter anderem auch ihr Pendel ausgedehnt; es ist länger geworden. Je länger aber ein Pendel ist, desto langsamer schwingt es, d. h. desto größer ist seine Schwingungsdauer. Wenn aber das Pendel einer Uhr langsamer schwingt, geht die Uhr nach. Die Schwingungsdauer eines Pendels hängt jedoch, wie wir im Kapitel „Ein Astronaut auf der Kinderschaukel" festgestellt haben, nicht nur von seiner Länge, sondern auch von der Anziehungskraft der Erde ab. Die Kraft, mit der die Erde einen Körper anzieht, ist aber nicht an allen Orten der Erde gleich groß. Sie ist um so kleiner, je weiter der Körper vom Erdmittelpunkt entfernt ist. Wäre unsere Erde eine Kugel, so wäre jeder Ort auf ihr gleich weit vom Erdmittelpunkt entfernt, und deshalb wäre auch die Anziehungskraft an allen Orten auf ihr gleich groß. Infolge ihrer Rotation ist die Erde jedoch an den Polen abgeplattet. Am Nordpol und am Südpol ist deshalb der Abstand der Erdoberfläche vom Erdmittelpunkt am kleinsten, und demzufolge ist dort auch die Anziehungskraft der Erde am größten. Auf dem Wege von den Polen zum Äquator wird der Abstand der Erdoberfläche vom Erdmittelpunkt allmählich größer; die Anziehungskraft der Erde nimmt folglich von den Polen zum Äquator hin ab, so daß sie am Äquator selbst ihren kleinsten Wert hat. Dabei beziehen wir uns immer auf die Meereshöhe, denn auch auf dem Gipfel eines Berges ist bekanntlich die Erdanziehungskraft schon ein wenig kleiner als unten im Tal.

Da die Erde rotiert, erfahren alle Körper auf ihr auch eine Fliehkraft, die in Äquatornähe ebenfalls ihren größten Wert hat und deshalb die Erdanziehung dort zusätzlich am meisten schwächt.

Je kleiner aber die Erdanziehungskraft ist, desto langsamer schwingt ein Pendel. Also schwingt das Uhrenpendel infolge der geringeren Erdanziehung in Cayenne langsamer als in Paris; die Uhr geht nach. Da haben wir's also! Der Pendeluhr auf Reisen blieb gar nichts anderes übrig, als in Cayenne nachzugehen, denn gleich drei physikalische Erscheinungen zwangen sie dazu: die Zunahme der Pendellänge infolge Erwärmung sowie die Abnahme der Erdanziehungskraft infolge der Abplattung der Erde einerseits und der Fliehkraft infolge der Erddrehung andererseits.

Wer haut wen?

Unter Schülern wird hier und dort einem ziemlich dümmlichen Spielchen gefrönt. Die beiden Partner des Spiels strecken Zeige- und Mittelfinger der rechten Hand aus und krümmen die anderen Finger nach innen. Dann hält der erste dem zweiten die Innenseiten beider Finger zum Schlag hin, und der zweite schlägt nun, ebenfalls mit der Innenseite von Zeige- und Mittelfinger, so fest zu, wie er nur kann. Dann wird gewechselt. Der zweite hält seine Finger hin, und der erste darf zuschlagen. Das geht so lange weiter, bis einer der beiden die schmerzhaften Schläge nicht mehr aushält und aufgibt. Und der hat dann halt das Spielchen verloren.
Wie strengen sich manche an, wenn sie mit Schlagen an der Reihe sind! Kräftig holen sie aus und schlagen dem Mitspieler so fest auf die ausgestreckten Finger, wie sie überhaupt können, denn nur mit möglichst kräftigen Schlägen glauben sie den Partner zu bezwingen. Wie voreingenommen sind sie doch! Im Grunde trifft nämlich die Wucht des eigenen Schlages nicht nur den Partner, sondern in gleichem Maße immer auch den Schlagenden selbst. Oft ahnen sie so etwas, weil ja der Schmerz, den sie beim Zuschlagen empfinden, praktisch genauso groß ist, als hätten sie den Schlag selbst abbekommen. Und wenn einer einen besonders kräftigen Schlag gelandet hat, tun ihm die Finger dabei genauso weh wie seinem Mitspieler, der diesen Schlag empfangen hat. Kurzum, man ahnt, daß bei diesem unbedarften Spielchen sowohl der Absender als auch der Empfänger der Schläge praktisch die gleiche Wirkung verspürt.

Das kann nämlich auch gar nicht anders sein, denn diesem Vorgang liegt eine physikalische Gesetzmäßigkeit zugrunde, die von dem englischen Naturwissenschaftler Isaac Newton (1643–1727) entdeckt wurde. Es ist das Reaktionsprinzip, auch Wechselwirkungsprinzip genannt, und man kann es etwa so formulieren: Übt ein Körper A auf einen Körper B die Kraft F_1 aus, so übt stets auch der Körper B auf den Körper A eine gleichgroße, aber entgegengesetzt gerichtete Kraft F_2 aus.

Weil das womöglich etwas verwirrend klingt, wollen wir versuchen, die Aussage dieses etwas komplizierten Satzes durch ein paar einfache Versuche deutlich zu machen.

Erster Versuch: Jemand steht auf einem Skateboard. Sein Freund steht auch auf einem Skateboard, und beide machen Tauziehen. Der eine zieht mit aller Kraft an einem Ende des Seils, der andere am anderen. Was passiert?

Beide bewegen sich aufeinander zu und stoßen schließlich irgendwo aufeinander. Ist ja klar! Wenn beide gleichzeitig ziehen, muß es ja so kommen. Jeder zieht seinen Freund an sich heran, also müssen beide aufeinander zufahren.

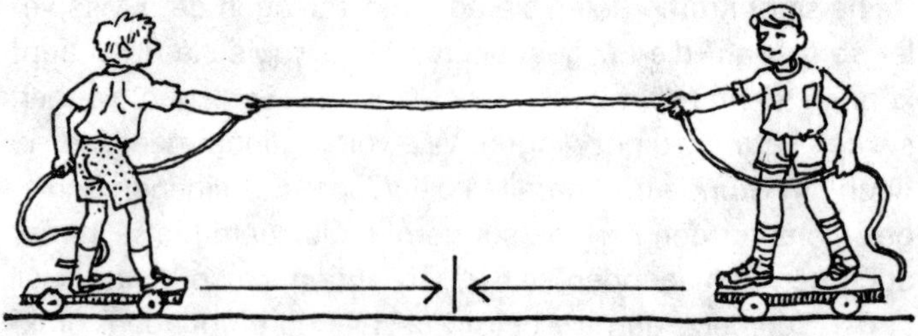

Zweiter Versuch: Alles ist wie beim ersten Versuch, nur nimmt einer jetzt sein Seilende nicht mehr in die Hand, sondern bindet es sich um den Bauch. Dann steckt er die Hände in die Hosentaschen und tut gar nichts mehr. Wie eine Gipsfigur steht er auf seinem Skateboard. Was passiert wohl jetzt, wenn sein Freund an seinem Seilende zieht?

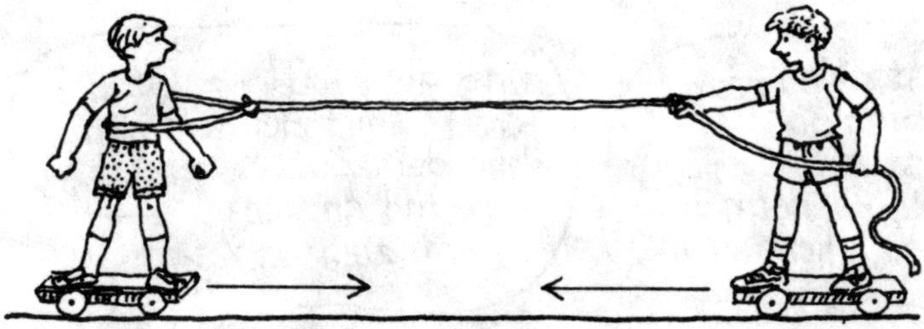

Sollte jemand meinen, daß sich nur der am Seil Ziehende auf den anderen zubewegt, weil ja nur er zieht, und daß der andere in Ruhe stehen bleibt, weil er ja überhaupt nicht zieht, so unterliegt er einem gewaltigen Irrtum. Es passiert nämlich haargenau dasselbe wie beim ersten Versuch. Beide bewegen sich aufeinander zu.
Und das würde auch passieren, wenn tatsächlich eine Gipsfigur auf einem der Skateboards stände.

Versuchen wir jetzt, die Formulierung des Wechselwirkungsgesetzes mit Hilfe unserer Versuche zu verstehen.
Damit kommen wir wieder auf unser dusseliges Finger-Klopf-Spiel zurück. Wenn einer mit seinem Finger („Körper A'') auf die Finger seines Spielpartners („Körper B'') schlägt, d. h. auf sie eine Kraft („F_1'') ausübt, so üben die Finger seines Partners („Körper B'') auf seine Finger („Körper A'') eine gleich große, entgegengesetzt gerichtete Kraft („F_2'') aus. Das bedeutet aber: Dem einen tut's beim Schlagen genauso weh wie dem anderen.

Auch die Boxer wissen übrigens, daß die Kraft ihres Schlages voll und ganz auf ihre Faust zurückwirkt. Mit der Faust auf die Faust des Gegners zu schlagen, bringt also überhaupt nichts und zählt folglich auch nicht als Treffer. Ziel des Boxkampfes ist es vielmehr, eine Stelle am Körper des Gegners zu treffen, die gegenüber den beim Schlag auftretenden Kräften empfindlicher ist als die eigene Faust. Das zählt als Treffer und geht auf's Punktekonto.

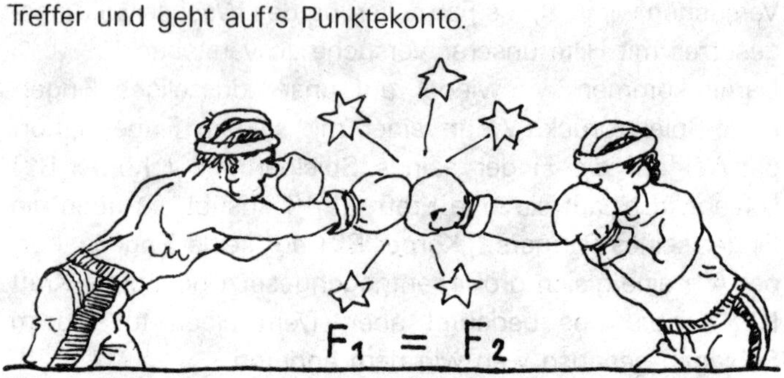

Über die Nützlichkeit eines festen Standpunktes

Zum Abschluß des Schulfestes findet das große Tauziehen zwischen Schülern und Lehrern statt. Lange wogt der Kampf unentschieden hin und her. Einmal gelingt es den Schülern, die Lehrer ein Stück zu sich heran zu ziehen. Dann wieder schaffen es die Lehrer, mit viel „Hauruck'' und sonstigem Getöse ein paar Meter gut zu machen. Am Schluß aber sind die Schüler die Sieger und ziehen unter den anfeuernden Rufen der Zuschauer die Lehrer über die Grenzlinie. „Wir sind eben doch die Stärkeren!'' brüsten sie sich. Der Physiklehrer aber, immer noch schwer atmend ob der ungewohnten körperlichen Anstrengung, verbessert sie: „Wohl nicht so recht aufgepaßt in meinem Unterricht, was? Schließlich gewinnt beim Tauziehen nicht der Stärkere, weil es den dabei gar nicht gibt, sondern der, der den festeren Standpunkt hat.''
In der Tat, wer einen festen Standpunkt hat, der kann beim Tauziehen zumindest nicht besiegt werden. Einen festen Standpunkt hat zum Beispiel eine hundert Jahre alte Eiche, und deshalb wird man sie beim Tauziehen auch nicht besiegen können. Selbst mit den vereinten Kräften einer ganzen Schulklasse gelingt das nicht. Wie es sich für eine echte deutsche Eiche geziemt, wird sie standhaft jedem Versuch trotzen, sie über die „Grenzlinie''zu ziehen. Gewinnen kann die Eiche den Wettkampf allerdings auch nicht. Das liegt aber nur an ihrer mangelnden Beweglichkeit und nicht an mangelnder Kraft.
Infolge des Wechselwirkungsprinzips, das wir aus dem Kapitel „Wer haut wen?'' kennen, übt ein Körper B auf einen Körper A eine gleich große, aber entgegengesetzt gerichtete Kraft aus wie der Körper A auf den Körper B. Wenn folglich eine ganze Schulklasse an einer hundertjährigen Eiche zieht, so ist diese Schulklasse der Körper A und die Eiche der Körper B. Die Schulklasse, d. h. der Körper A, übt auf die Eiche,

d. h. den Körper B, eine Zugkraft aus, und die Eiche übt gemäß dem Wechselwirkungsprinzip eine gleich große, aber entgegengesetzt gerichtete Kraft auf die Klasse aus, und die Schüler spüren diese Kraft deutlich. Wäre sie nämlich nicht vorhanden, passierte genau das, was beim Reißen des Seils passiert, die Schüler würden übereinanderpurzeln. Wo aber nimmt die Eiche diese Gegenkraft her?

Das ist ganz einfach zu erklären.

Ziehen die Schüler am Seil, so biegt sich die Eiche, weil sie ja elastisch ist, in Richtung dieser Zugkraft, wenn auch nur in kaum merklichem Maße. Dadurch entsteht aber eine Kraft, die diese Verbiegung wieder rückgängig machen will, und diese „Rückstellkraft" ist um so größer, je stärker die Verbiegung ist. Zwischen der Rückstellkraft und der Kraft, mit der die Schüler ziehen, herrscht während des ganzen Wettkampfes Gleichgewicht. Ziehen die Schüler zwischendurch etwas kräftiger, so wird die Eiche etwas mehr gebogen, aber nur so weit, bis die Rückstellkraft wieder genauso groß ist wie die Zugkraft der Schulklasse. Erlahmt die Kraft der Schüler, dann geht die Verbiegung so weit zurück, bis Rückstellkraft und Zugkraft wieder gleich groß sind. Das Gleichgewicht der beiden Kräfte stellt sich automatisch ein.

Entsprechend verhält es sich, wenn die Schulklasse nicht gegen die Eiche, sondern gegen eine andere Mannschaft antritt. Solange nicht eine der beiden Mannschaften das Seil aus Erschöpfung losläßt, sind die Kräfte, die die beiden Mannschaften auf das Seil ausüben, gleich groß. Es gibt demnach in diesem Sinne keine stärkere Mannschaft. Und wenn es keine stärkere Mannschaft gibt, kann die stärkere Mannschaft auch nicht siegen. Sieger beim Tauziehen wird vielmehr diejenige Mannschaft, die die größte Standfestigkeit hat und dadurch die Gegenpartei zu sich heranziehen kann. Deshalb kommt es bei einem solchen Wettkampf immer nur darauf an, gutes und rutschfestes Schuhwerk zu tragen. Dann hat man den Sieg praktisch schon in der Tasche.

Wie kommt der Mann vom Eis?

Stellen wir uns eine ziemlich große Eisfläche vor und mitten darauf einen Mann. Das Eis möge so glatt sein, daß der Mann keinen einzigen Schritt tun kann, weil zwischen Fuß und Eis keinerlei Reibung auftritt. Auch wenn er versuchen sollte, sich auf allen vieren zu bewegen, käme er keinen Millimeter voran, weil weder seine Hände noch seine Füße auf dem Eis irgendwelchen Widerstand finden. Ohne Widerstand, das heißt ohne Reibung zwischen Boden und Gliedmaßen, kann sich eben niemand von der Stelle bewegen. Auch Autos können das nicht, wie wir gelegentlich bei Glatteis bemerkt haben dürften. Ihre Antriebsräder drehen sich dann wie wild auf der Stelle.

Wie aber kommt der Mann vom Eis herunter? Das gelingt ihm ganz leicht, er muß sich nur irgendwo abstoßen.

Woran soll er sich denn abstoßen? Es ist doch nichts da, woran er sich abstoßen könnte. Am Eis kann er sich nicht abstoßen, weil es zu glatt ist, und etwas anderes ist weit und breit nicht zu sehen.

Irrtum! Wenn der Mann nicht gerade nackt ist, hat er irgendein Kleidungsstück, an dem er sich abstoßen kann, zum Beispiel eine Jacke oder ein Hemd.

Wie soll er sich aber an seiner Jacke abstoßen können? Ganz einfach! Er muß sie allerdings erst einmal ausziehen. Dann nämlich kann er sich an ihr abstoßen, wenn er sie mit voller Wucht wegwirft. Werfen wir nämlich einen Körper weg, ist das gleichbedeutend damit, daß wir uns an ihm abstoßen.

Diese Erscheinung beruht auf dem Wechselwirkungsprinzip, das wir im Kapitel „Wer haut wen?" kennengelernt haben: Übt ein Körper A auf einen Körper B eine Kraft aus, so übt auch der Körper B auf den Körper A eine gleich große, aber entgegengesetzt gerichtete Kraft aus.

Der Körper A ist der Mann auf dem Eis, der Körper B seine Jacke. Beim Wegwerfen übt der Mann, d. h. der Körper A,

eine Kraft auf seine Jacke, d. h. den Körper B, aus, denn anderenfalls würde sie ja nicht davonfliegen. Nach dem Wechselwirkungsprinzip wirkt aber auch die Jacke, d. h. der Körper B, auf den Mann, d. h. den Körper A, mit einer gleich großen entgegengesetzt gerichteten Kraft. Und diese Kraft setzt den Mann in Bewegung. Weil aber auf dem Eis keinerlei Reibung auftritt, bleibt der Mann so lange in Bewegung, bis er am Rand der Eisfläche angelangt ist. Er hat sich demnach tatsächlich an seiner Jacke abgestoßen. So etwas ist durchaus möglich, wenn auch die meisten Leute meinen, man könne sich nur an einem feststehenden Körper abstoßen, beispielsweise an einer Wand oder an einem Pfosten.
Sollte jetzt jemand glauben, unsere Überlegung sei übertrieben theoretisch, weil es ja eine so glatte Eisfläche überhaupt nicht gibt, so hat er nur bedingt recht. Natürlich tritt auch beim glattesten Glatteis stets noch ein bißchen Reibung auf. Ähnliche Situationen wie unser Mann auf dem Eis erlebt jedoch jeder Astronaut, wenn er beispielsweise im schwerelosen Zustand mitten in seiner Kabine schwebt. Wie soll er vorwärtskommen? Er muß sich an irgendetwas abstoßen und das braucht ja nicht unbedingt ein Kleidungsstück zu sein. Er kann sich auch an einem Werkzeug abstoßen, das er gerade in der Hand hat, oder sogar an seiner Luft, die er

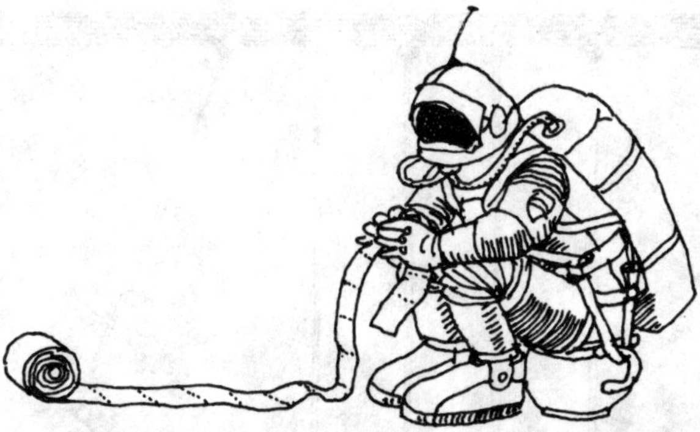

aus dem Mund bläst. Durch den Rückstoß wird er in entgegengesetzter Richtung in Bewegung gesetzt, und er bewegt sich so lange, bis er irgendwo anstößt oder etwas in Richtung seiner Bewegung wegwirft bzw. jetzt in seine Bewegungsrichtung bläst (siehe Anmerkung S. 269).
Nun ist uns auch klar, weshalb sich Astronauten auf ihrem Weltraumklosett festschnallen müssen und weshalb ein niesender Astronaut meist mit zahlreichen blauen Flecken aus dem Weltraum zurückkommt.

Ein physikalischer Kompromiß

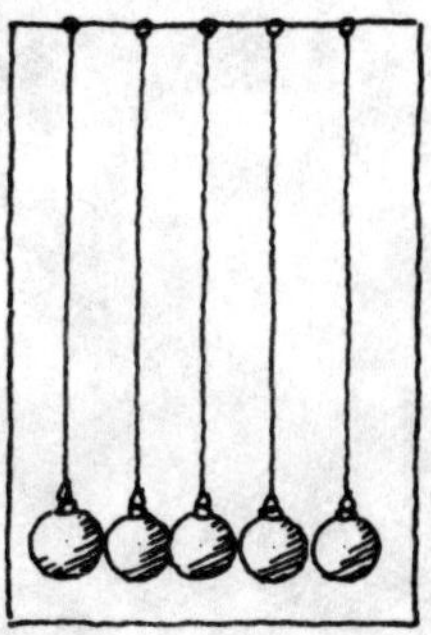

Man sieht sie häufig im Kaufhaus, dort, wo es Nippes und die kleinen Geschenkartikel gibt: die Pendelkette.
Fünf kleine Stahlkugeln mit gleicher Masse hängen an gleich langen Fäden so dicht nebeneinander, daß sie einander gerade berühren.
Wenn man beispielsweise die Kugel, die ganz rechts hängt, auslenkt und anschließend losläßt, so bewirkt ihr Stoß auf die übrigen Kugeln, daß nur die ganz links hängende Kugel abgestoßen wird. Die drei mittleren bleiben in Ruhe. Wenn man genau hinsieht, erkennt man, daß sich die weggestoßene linke Kugel bis zur gleichen Höhe bewegt, aus der wir die rechte Kugel losgelassen haben.

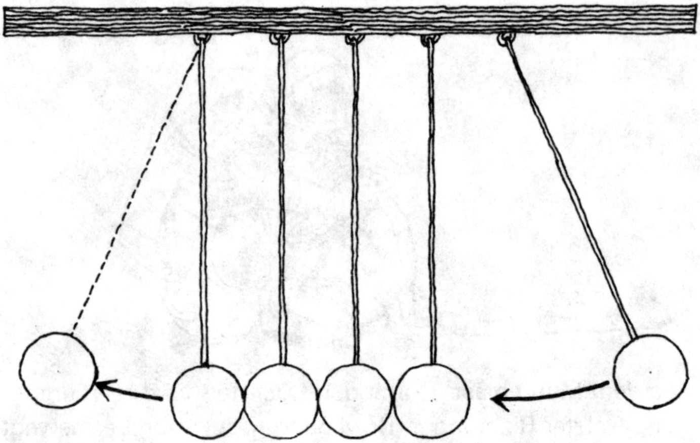

Daraus können wir schließen, daß die linke Kugel mit der gleichen Geschwindigkeit weggestoßen wird, mit der die rechte Kugel auf die Pendelkette geprallt ist.
Dieser Vorgang ist nicht gerade erschütternd. Immerhin ist jedoch bemerkenswert, daß die mittleren Kugeln gänzlich in Ruhe bleiben. Sie machen offensichtlich nichts anderes, als den Stoß, den sie erhalten haben, an die Nachbarkugel weiterzugeben. Und da die letzte Kugel keine Nachbarkugel mehr hat, an die sie den Stoß weitergeben kann, wird sie eben, ob sie will oder nicht, davongestoßen. Irgendwie muß die Stoßenergie der ersten Kugel schließlich „verbraten" werden.
Was geschieht aber, wenn wir auf der rechten Seite gleichzeitig zwei Kugeln stoßen lassen?
Man könnte meinen, daß dann die ganz links hängende Kugel mit einer doppelt so großen Geschwindigkeit davonprallt. Pustekuchen! Nicht eine, sondern zwei Kugeln bewegen sich hinweg. Und zwar mit der gleichen Geschwindigkeit, mit der die beiden rechten Kugeln auf die restlichen getroffen sind.
Zwei physikalische Gesetze, die hier wirksam werden, pochen auf ihr Recht: das Gesetz von der Erhaltung der

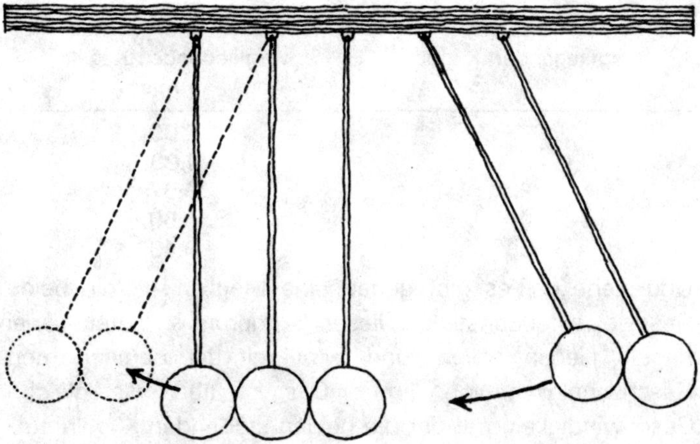

mechanischen Energie und das Gesetz von der Erhaltung des Impulses.
Diese beiden Gesetze sind jedoch kompromißfähig. Sie bieten jeweils mehrere Möglichkeiten an, mit denen wir sie zufriedenstellen können.
Nehmen wir einmal an, die beiden Kugeln rechts haben eine Aufprallgeschwindigkeit von 1 m/s. Das Gesetz von der Erhaltung der Energie bietet dann folgende Möglichkeiten seiner Erfüllung an (siehe Anmerkung S. 270):

Anzahl der wegfliegenden Kugeln	Geschwindigkeit der wegfliegenden Kugeln in m/s
1	1,41
2	1,00
3	0,82
4	0,71
5	0,63

Aber auch das Gesetz von der Erhaltung des Impulses stellt mehrere Möglichkeiten zur Diskussion:

Anzahl der wegfliegenden Kugeln	Geschwindigkeit der wegfliegenden Kugeln in m/s
1	2,00
2	1,00
3	0,67
4	0,50
5	0,40

Und siehe da, es gibt genau eine Möglichkeit, die beide Gesetze zufriedenstellt. Dieser Kompromiß lautet: Zwei Kugeln fliegen davon, und zwar mit der gemeinsamen Geschwindigkeit von 1 m/s. Das ist aber die gleiche Geschwindigkeit, mit der die beiden stoßenden Kugeln aufgeprallt sind.

Und dieser Kompromiß ist tragfähig. Er gilt nicht nur für den Fall, daß zwei Kugeln mit einer gemeinsamen Geschwindigkeit von 1 m/s aufprallen, sondern für jede Anzahl von Kugeln, die kleiner als die Gesamtzahl ist und für jede Aufprallgeschwindigkeit, sofern diese bei vorhandener Pendellänge erreicht werden kann.

Übrigens: Ist diese Behauptung nicht etwas voreilig? Was geschieht denn zum Beispiel, wenn wir bei unserer fünfgliedrigen Pendelkette rechts drei Kugeln auslenken und auf die restlichen zwei Kugeln prallen lassen? Wie sollen denn nun

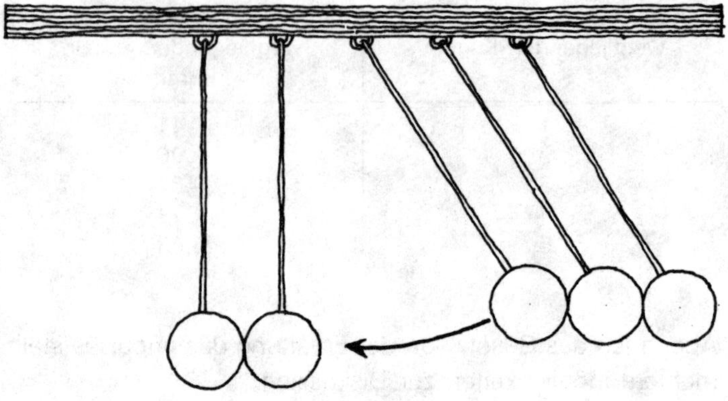

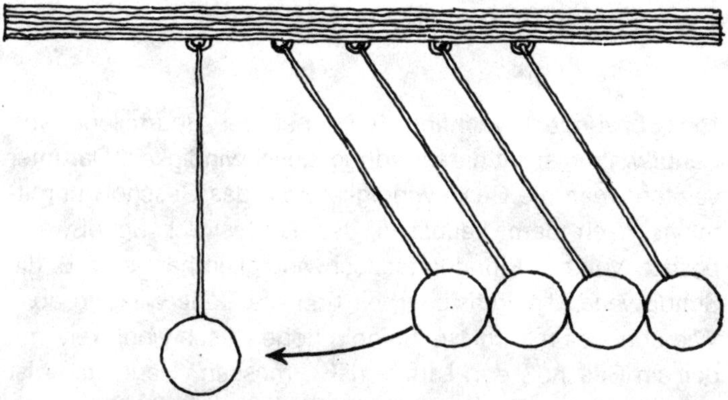

links drei Kugeln davonfliegen, wenn doch nur zwei gestoßen werden? Und wie ist es, wenn wir gar vier Kugeln auf eine einzige noch übrig bleibende Kugel prallen lassen?
Eine höchst interessante Frage? Die Antwort darauf kann man selber finden, wenn man sich aus fünf Tischtennisbällen eine Pendelkette herstellt und mit ihr ein bißchen experimentiert.
Sehr merkwürdig, nicht wahr?

Ein Schuß ins Pendel

Eine besonders wichtige Rolle bei der Beurteilung von Schußwaffen spielt die Mündungsgeschwindigkeit. Darunter versteht man die Geschwindigkeit, die das Geschoß unmittelbar nach dem Verlassen des Laufes der Schußwaffe besitzt. Von der Mündungsgeschwindigkeit hängen z. B. die Schußweite, die Treffsicherheit und die Trefferwirkung ab.
Wie aber soll man diese irrsinnig hohe Geschwindigkeit, mit der ein Geschoß den Lauf verläßt, messen? Heutzutage ist das kein großes Problem, denn dafür gibt es raffiniert ausgeklügelte elektronische Geräte. Früher jedoch, als man von Elektronik noch nicht viel wußte, kannte man eine verblüffend einfache und vor allem billige Vorrichtung zur Messung der Mündungsgeschwindigkeit: Man nahm eine Schnur, band einen Sandsack oder einen Holzklotz daran und hängte das ganze an einen Haken. Mehr als ein paar Pfennige wird diese Vorrichtung wohl kaum gekostet haben. Trotzdem konnte man damit die Mündungsgeschwindigkeit des Geschosses einer Pistole oder eines Gewehrs recht genau ermitteln. Physikalisch haben wir bei dieser Vorrichtung ein gewöhnliches Pendel vor uns. Und wenn wir damit die Mündungsgeschwindigkeit bestimmen wollen, schießen wir einfach das Geschoß aus unmittelbarer Nähe in den Pendelkörper, d. h. in den Sandsack bzw. in den Holzklotz. Durch die Wucht des eindringenden Geschosses wird das Pendel aus seiner Ruhelage ausgelenkt. Wie weit diese Auslenkung erfolgt, hängt von zweierlei ab: von der Masse des Geschosses und von dessen Geschwindigkeit.
Multiplizieren wir diese beiden Größen, d. h. Masse und Geschwindigkeit, miteinander, so erhalten wir eine neue Größe, die in der Physik der Impuls des Geschosses genannt wird.
Die Geschwindigkeit eines ruhenden Körpers ist gleich Null. Folglich ist auch das Produkt aus der Masse dieses Körpers

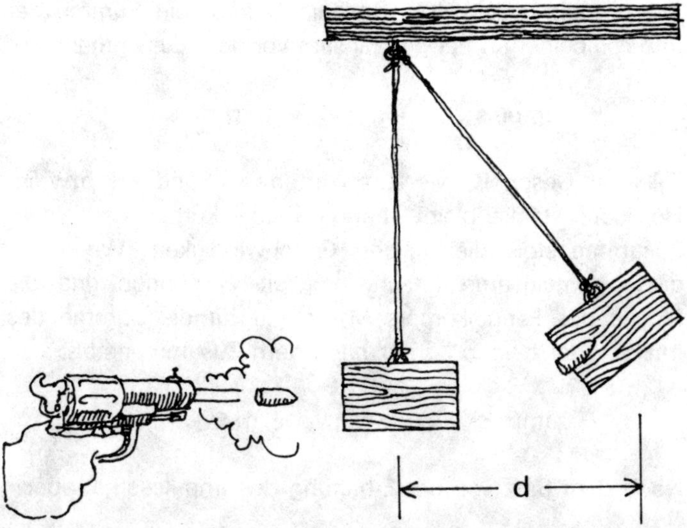

und seiner Geschwindigkeit gleich Null, wie groß auch immer seine Masse sein mag. Das heißt aber, daß der Impuls eines ruhenden Körpers gleich Null ist.

Zur Lösung unseres Problems brauchen wir ein Naturgesetz, das in der Physik der „Satz von der Erhaltung des Impulses" genannt wird. Dieses Gesetz besagt: Wenn zwei oder mehr Körper zusammenstoßen, so kann sich zwar bei jedem einzelnen von ihnen der Impuls ändern, hingegen bleibt die Summe der Impulse aller zusammenstoßenden Körper unverändert. Für unser Problem bedeutet das: Schießen wir auf den Pendelkörper, so hat die Summe aus den Impulsen des Geschosses und des Pendelkörpers vor und nach dem Zusammenstoß den gleichen Wert. Folglich muß der Impuls des Geschosses um den gleichen Betrag abnehmen, um den der Impuls des Pendelkörpers zunimmt.

Schreiben wir für die Masse des Geschosses den Buchstaben m, für seine Geschwindigkeit das Symbol v_1, so ist $m \cdot v_1$ der Impuls des Geschosses vor dem Zusammenstoß. Da der Pendelkörper sich zu dieser Zeit in Ruhe befindet, ist sein Impuls gleich Null. Deshalb beträgt die Summe der Impulse beider Körper gemeinsam vor dem Zusammenstoß:

$$\text{Impuls}_{\text{vorher}} = m \cdot v_1 + 0\,\text{kg m/s}.$$

Falls das Geschoß, wie zu erwarten, im Sandsack bzw. im Holzklotz steckenbleibt, haben beide Körper nach dem Zusammenstoß die gleiche Geschwindigkeit. Wenn wir diese gemeinsame Geschwindigkeit v_2 nennen und die Masse des Pendelkörpers M, so gilt für die Summe des Impulse der beiden Körper nach dem Zusammenstoß:

$$\text{Impuls}_{\text{nachher}} = M \cdot v_2 + m \cdot v_2.$$

Nach dem Satz von der Erhaltung des Impulses gilt aber

$$\text{Impuls}_{\text{vorher}} = \text{Impuls}_{\text{nachher}}$$

das heißt $m \cdot v_1 + 0\,\text{kg m/s} = M \cdot v_2 + mv_2$.
Da wir die Geschwindigkeit des Geschosses vor dem Zusammenstoß bestimmen wollen, lösen wir diese Gleichung nach v_1 auf und erhalten:

$$v_1 = \frac{M + m}{m} \cdot v_2.$$

Um nun die gesuchte Mündungsgeschwindigkeit v_1 zu berechnen, müssen wir also die Masse M des Pendelkörpers, die Masse m des Geschosses und die gemeinsame Geschwindigkeit v_2 nach dem Zusammenstoß kennen. Die Bestimmung der beiden Massen M und m macht mit einer Waage wohl keinerlei Schwierigkeiten. Wie aber finden wir die gemeinsame Geschwindigkeit nach dem Zusammenstoß heraus? Wir können dazu eine recht brauchbare Näherungsformel benutzen. Wenn nämlich d die Auslenkung des Pendels in Meter nach dem Schuß (siehe Abbildung) bedeutet und die Pendellänge 1 m beträgt, so erhalten wir die

Geschoßgeschwindigkeit in m/s mit Hilfe der Beziehung

$$v_2 = 3{,}16 \cdot \frac{M + m}{m} \cdot d.$$

Beträgt die Pendellänge nur 0,5 m, so müssen wir die Näherungsformel

$$v_2 = 4{,}47 \cdot \frac{M + m}{m} \cdot d$$

benutzen.

Die mit Hilfe dieser beiden Näherungsformeln errechneten Werte für die Geschoßgeschwindigkeit sind um so genauer, je kleiner die durch den Schuß hervorgerufene Pendelauslenkung ist. Wollen wir einen zu großen Pendelausschlag verhindern, so brauchen wir nur die Masse des Pendelkörpers zu vergrößern, indem wir mehr Sand in den Sack füllen bzw. einen schweren Holzklotz nehmen.

Jetzt wissen wir alles, was wir wissen müssen, um beispielsweise die Mündungsgeschwindigkeit einer Luftpistole zu messen. Also, an die Arbeit! Und je größer der Wert ist, den wir erhalten, um so vorsichtiger sollten wir künftig mit diesem Schießeisen umgehen.

Die Lehre vom Schießen wird übrigens Ballistik genannt. Und weil unser Pendel etwas mit dem Schießen zu tun hat, fügt man üblicherweise seinem Familienname „Pendel" noch den Vornamen „ballistisch" hinzu und nennt es „ballistisches Pendel".

Gibst du mir — geb ich dir

Viele kennen sicherlich die Geschichte vom heiligen Martin. Als dieser von einem frierenden Bettler um Hilfe angefleht wurde, nahm er sein Schwert, teilte damit seinen Mantel in zwei gleiche Teile, behielt die eine Hälfte für sich und gab die andere dem Bettler. Fürwahr eine gute Tat! Aber auch eine kluge Tat! Hätte er vor lauter Güte dem Bettler den ganzen Mantel gegeben, dann wäre zwar nicht der Bettler, vielleicht aber Sankt Martin selbst erfroren. So konnten beide überleben.

Bei nicht allzu großer Kälte hätten die beiden auch überleben können, ohne den Mantel zu zerschneiden. Sie hätten ihn nur abwechselnd benutzen müssen, beispielsweise eine halbe Stunde Sankt Martin, eine halbe Stunde der Bettler, dann wieder eine halbe Stunde St. Martin, wieder eine halbe Stunde der Bettler, usw.

Und damit sind wir auf einem abenteuerlichen Umweg zur Physik gekommen, denn ein ganz entsprechendes Verhalten zeigen unter bestimmten Umständen zwei Pendel.

Hängen wir zwei gleich lange Pendel nebeneinander! Wenn wir eines davon aus seiner Ruhelage auslenken und dann loslassen, beginnt es zu schwingen. Das andere Pendel hingegen bleibt unverändert in Ruhe.

Nun verbinden wir die beiden Pendel miteinander durch einen Faden, den wir in der Mitte mit einem Metallstück belasten. Physiker nennen eine solche Verbindung elastische

Koppelung der beiden Pendel. Wenn wir jetzt z. B. das linke Pendel auslenken und loslassen, beginnt es, wie es sich für ein ordentliches Pendel gehört, zu schwingen. Dann aber passiert etwas ganz Merkwürdiges: Das linke Pendel behält seine Schwingungsenergie nicht etwa eifersüchtig für sich allein, sondern es gibt etwas davon an das rechte Pendel ab. Dadurch beginnt nun auch dieses zu schwingen. Und in demselben Maße, wie die Schwingungsweite des rechten Pendels zunimmt, nimmt die Schwingungsweite des linken Pendels ab. Schließlich kommt es soweit, daß beide Pendel die gleiche Schwingungsweite haben. In diesem Augenblick besitzt jedes Pendel genau die Hälfte der ursprünglich verfügbaren Schwingungsenergie. Jetzt hat das linke Pendel eigentlich alles gegeben, was wir gerechterweise von ihm erwarten. Es hat mit dem Energie-Habenichts „Halbe, Halbe" gemacht und sollte nun eigentlich im eigenen Interesse von weiteren Energiegeschenken absehen. Was aber beobachten wir?
Das linke Pendel ist in seiner Selbstlosigkeit nicht zu bremsen. Es scheint sich in einen regelrechten „Schenkrausch" gesteigert zu haben und kommt im wahrsten Sinne des Wortes erst dann zur Ruhe, wenn es seine gesamte Schwingungsenergie an das rechte Pendel abgegeben hat. Ermattet hängt es hernach an seinem Haken und ist zu keiner Bewegung mehr fähig.
Nun scheint aber das rechte Pendel, das mittlerweile genauso weit schwingt wie zuvor das linke, ein schlechtes Gewissen zu bekommen. Es fühlt sich verpflichtet, seinem Wohltäter wieder auf die Sprünge zu helfen. Nach dem Motto „Gibst du mir — geb ich dir" beginnt es, Schwingungsenergie an das linke Pendel zurückzugeben, wodurch dieses allmählich wieder ins Schwingen gerät. Seine Schwingungsweite nimmt in demselben Maße zu, wie die Schwingungsweite des rechten Pendels abnimmt. Und wie zuvor das linke Pendel, so hört jetzt auch das rechte Pendel erst dann auf, seine Energie zu verschenken, wenn sein Vor-

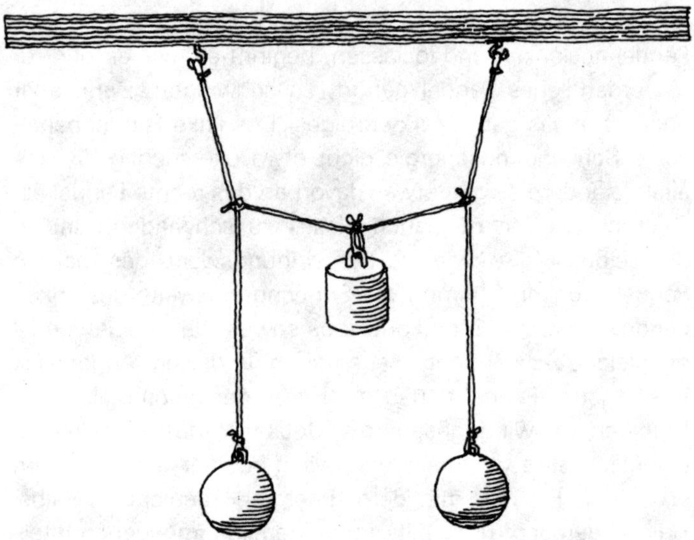

rat vollständig erschöpft ist. Alles ist wieder genauso wie ganz am Anfang: Das linke Pendel schwingt, das rechte befindet sich in Ruhe.
Dabei bleibt es natürlich nicht, denn der geschilderte Vorgang beginnt wieder von vorn. Und so geht das immer weiter und weiter.
Beide Pendel verhalten sich also nicht nach dem Motto ,,Ich die Hälfte, du die Hälfte, und dann Schluß'', ihre Devise lautet vielmehr: ,,Erst geb ich dir alles, und dann gibst du mir alles, und dann geb ich dir, und dann gibst du mir, und dann ich dir, und dann du mir, und dann ich dir, und dann du, und dann, und dann, und, und . . .'' Und wenn sie nicht gestorben sind, dann . . . Ach so, es handelt sich hier ja nicht um ein Märchen, sondern um handfeste Physik. Also muß es heißen: Und wenn keine Reibung auftritt, tauschen sie nacheinander bis in alle Ewigkeit wechselweise ihre Schwingungsenergie aus.
Was täte denn wohl ein Naturforscher, der durch Zufall auf diese Erscheinung stieße? Sicherlich würde er nachprüfen,

was wohl passierte, wenn man den Faden, mit dem die beiden Pendel verbunden sind, stärker belastet. Möglicherweise untersuchte er auch, wie der Vorgang abläuft, wenn beide Pendel unterschiedliche Längen haben.
Was eigentlich hindert uns daran, diese Untersuchungen durchzuführen?

Der jaulende Hund vor dem Fernsehapparat

Manch einer hat gewiß schon gehört, daß viele Hunde das Fernsehen nicht vertragen. Sobald der Apparat eingeschaltet wird, beginnen sie zu jaulen und zu jammern und verkriechen sich in die entlegensten Ecken. Das liegt nicht etwa an der mangelnden Qualität des Fernsehprogramms. Vom Programm selbst bekommt der Hund so gut wie nichts mit. Erstens sieht er nicht besonders gut, und zweitens interessieren ihn sowieso nur solche Sachen, die er riechen kann. Und das Fernsehen kann ja niemand riechen, jedenfalls vorläufig noch nicht. Was aber könnte es dann sein, was den Hund derart belästigt und verstört?
Was täte wohl unsereins, wenn wir während des Fernsehens ununterbrochen einen ganz lauten und hohen Fiepton hörten? Den Fernsehapparat ausschalten oder das Zimmer verlassen! Und wenn wir weder das eine noch das andere tun können, was würden wir dann machen? Natürlich lauthals protestieren gegen diese unzumutbare Belästigung. Und genau das tut der arme Hund. Diese bedauernswerte Kreatur hört nämlich unter Umständen während des ganzen Fernsehabends ununterbrochen einen schrillen, hohen, lauten Ton. Und so etwas hält selbst ein Hund nicht aus.
Wie aber kommt es, daß der Hund einen Ton hört, den sein Herrchen, das mit ihm am selben Fernsehapparat sitzt, offensichtlich nicht wahrnimmt?

Die physikalische Ursache eines Tones ist eine Schwingung. Nur wenn etwas schwingt, kann ein Ton entstehen. Die Gitarrensaite schwingt, die Klaviersaite schwingt, die Stimmgabel schwingt, die Luft in der Orgelpfeife schwingt und die Lautsprechermembran schwingt, und diese Schwingungen werden von der Luft an unser Ohr übertragen. Ohne Schwingung kein Ton. Aber nicht jede Schwingung erzeugt einen hörbaren Ton. Mindestens 16mal in jeder Sekunde muß z. B. eine Saite oder eine Lautsprechermembran hin- und herschwingen, damit wir diese Schwingung als Ton wahrnehmen. Eine solche Schwingung, sagt man, hat eine Frequenz von 16 Hertz. Wenn eine Saite mit einer Frequenz von 16 Hertz schwingt, abgekürzt 16 Hz, hören wir einen ganz tiefen Ton. Wir empfinden einen von einer Schwingung hervorgerufenen Ton als um so höher, je größer die Frequenz dieser Schwingung ist.
Beim Singen können Männer mit ihren Stimmbändern Schwingungen zwischen etwa 80 Hertz und 500 Hertz erzeugen, Frauen solche zwischen etwa 200 Hertz und 1300 Hertz. Die von Musikinstrumenten erzeugten Schwingungen liegen zwischen etwa 16 Hertz und 10 000 Hertz. Töne, die von Schwingungen höherer Frequenzen erzeugt werden, empfinden wir als unangenehm. Und vor allzu unangenehmen Tönen hat uns die Natur bewahrt: Sie hat unser Ohr so eingerichtet, daß wir nur solche Schwingungen als Töne wahrnehmen, deren Frequenz höchstens 20 000 Hertz beträgt. Diese Frequenz nennt man die obere Hör-

grenze. Sie sinkt mit zunehmendem Alter. Im Alter von 35 Jahren liegt sie nur noch bei 15 000 Hertz, und bei einem Sechzigjährigen ist sie sogar auf nur noch etwa 5000 Hertz gesunken. Ältere Menschen werden folglich wesentlich weniger durch hohe Töne belästigt als junge Leute.

Leider hat die Natur den Hund nicht so gnädig behandelt wie den Menschen. Die obere Hörgrenze des Hundes liegt immerhin bei 35 000 Hertz. Das bedeutet aber, daß ein Hund im Gegensatz zum Menschen sogar noch solche Schwingungen als Töne wahrnimmt, deren Frequenz 35 000 Hertz beträgt. Diese Erscheinung wird bei der Hundepfeife ausgenutzt. Sie erzeugt so hohe Töne, daß sie der Mensch schon nicht mehr wahrnimmt, wohl aber der Hund. Und es sieht recht lustig aus, wenn ein Hundebesitzer mit aller Kraft und hochrotem Kopf in eine solche Pfeife bläst, ohne daß man einen Ton hört. Und noch lustiger sieht es aus, wenn der Hund trotzdem, wie auf Kommando, zu seinem Herrn eilt. Aber ein Kommando war es ja schließlich auch! Allerdings hat es nur der Hund gehört, nicht der Mensch. Und mit einer solchen Pfeife kann man auch in der tiefsten Nacht noch seinen Hund herbeipfeifen, ohne daß die schlafenden Nachbarn belästigt werden.

Nun zurück zu dem jaulenden Hund vor dem Fernsehapparat! Es kann vorkommen, daß das eine oder andere Bauteil

eines Fernsehgerätes Schwingungen mit Frequenzen ausführt, die oberhalb 20000 Hertz, aber noch unterhalb 35000 Hertz liegen. Wir Menschen nehmen diese Schwingungen überhaupt nicht wahr, wohl aber der arme Hund, der mit uns vor dem Apparat sitzt.
Vielleicht sinkt aber auch bei den Hunden, genauso wie bei den Menschen, die obere Hörgrenze mit zunehmendem Alter. Dadurch käme für jeden Hund im fortgeschrittenen Alter die glückliche Zeit, in der er, die Schnauze zwischen den Vorderpfoten, friedlich vor dem Fernsehapparat schlafen kann. Manchmal sogar zusammen mit seinem Herrchen!

Wohlklingende Bruchrechnung

Wenn kleinen Kindern ein Klavier oder ein ähnliches Tasteninstrument unter die Finger kommt, beginnen sie, darauf herumzuklimpern. Am Anfang klingt das meist abscheulich. Bei längerer Beschäftigung mit dem bedauernswerten Instrument kommt aber fast mit Sicherheit der Augenblick, in dem das Kind beginnt, Töne zu suchen, die gut zusammenpassen, d. h. Töne deren gleichzeitiges Erklingen von ihm als Wohlklang empfunden wird. Und wenn dann zwei solche Töne gefunden worden sind, für jedes Händchen einer, dann werden Mama, Papa, Oma, Opa, Onkel, Tante und alle, die sich gerade in der Nähe aufhalten, zusammengerufen, um ihr Urteil abzugeben.
Und siehe da, keiner muß sich etwa um des lieben Friedens willen verstellen. Jeder nimmt das, was der kleine Pianist als Wohlklang empfindet, auch als Wohlklang auf. Wenn dann aber das kleine Ungeheuer anschließend, um seine Zuhörer zu ärgern, zwei Töne anschlägt, die partout nicht zusammenpassen, halten sich alle gemeinsam ob dieses schrecklichen Mißklangs die Ohren zu.
Woher kommt diese einhellige Ansicht? Woran liegt es, daß

die meisten Menschen weitgehend übereinstimmen im Urteil darüber, ob der Zusammenklang zweier bestimmter Töne als Wohlklang oder als Mißklang zu beurteilen ist?
So ganz genau weiß man das bis heute noch nicht.
Hingegen kann man exakt erklären, welche physikalischen Vorgänge im menschlichen Gehör die Empfindung eines Wohlklanges bzw. eines Mißklanges hervorrufen.
Aus dem Text über den jaulenden Hund vor dem Fernsehapparat wissen wir bereits, daß die physikalische Ursache einer Tonempfindung ein schwingender Körper ist.
Bei jedem Musikinstrument schwingt irgend etwas hin und her: Beim Klavier schwingen Saiten, bei der Flöte schwingt die im Flötenrohr eingeschlossene Luft, beim Vibraphon schwingen Metallplättchen, und bei der Mundharmonika schwingen kleine Metallzungen.
Maßgebend für die Höhe des Tones, den ein schwingender Körper verursacht, ist die Frequenz der Schwingung.
Wie man herausgefunden hat, ist das menschliche Gehör gewissermaßen ein Frequenzmesser, und zwar ein äußerst empfindlicher. Wenn beispielsweise die Frequenz einer Schwingung von 1000 Hz auf nur 1002 Hz steigt oder auf nur 998 Hz sinkt, wird diese winzige Frequenzänderung als Tonhöhenänderung wahrgenommen und registriert.

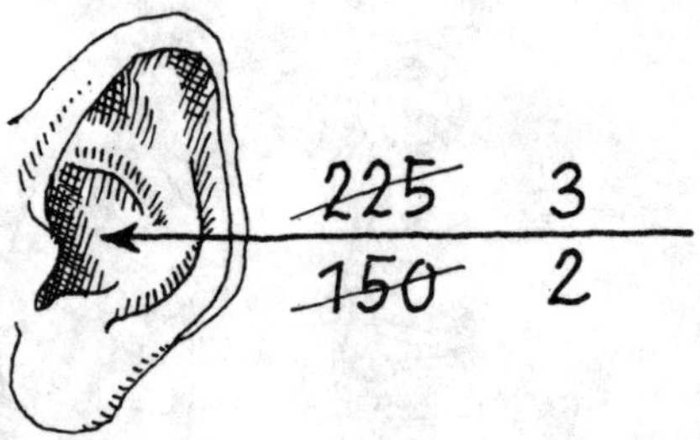

Es kommt aber noch toller: Wenn zwei Töne gleichzeitig erklingen, scheint es so zu sein, als ob unser Gehör zunächst blitzartig einen Bruch bildet, bei dem über dem Bruchstrich die Frequenz des höheren Tones und unter dem Bruchstrich die Frequenz des tieferen Tones steht, anschließend in Windeseile diesen Bruch vollständig kürzt und danach registriert, was für Zahlen nach dem Kürzen Zähler und Nenner sind. Ist keine dieser beiden Zahlen größer als 6, so empfinden die meisten Menschen den Zusammenklang der beiden Töne als wohlklingend. Musiker nennen solche Töne konsonant und ihren Zusammenklang als Konsonanz. Ist dagegen auch nur eine der beiden Zahlen in dem vollständig gekürzten Bruch größer als 6, so wird der Zusammenklang der beiden Töne von den meisten Menschen als mißklingend empfunden. Musiker nennen solche Töne dissonant, ihren Zusammenklang Dissonanz.

Vielleicht ging das bis hierher alles ein bißchen schnell, wenn auch nicht so schnell, wie es sich in Wirklichkeit in unserem Gehör abspielt, denn wir merken ja schon nach ganz kurzer Zeit, ob zwei Töne konsonant oder dissonant sind.

Verfolgen wir jetzt das Ganze einmal schrittweise, in Zeitlupe sozusagen!

Erster Schritt: Zwei Töne werden gleichzeitig auf dem Klavier angeschlagen. Der eine hat beispielsweise eine Frequenz von 150 Hz, der andere eine Frequenz von 225 Hz.

Zweiter Schritt: Aus den Zahlenwerten der beiden Frequen-

zen wird ein Bruch gebildet, In unserem Beispiel ist es der Bruch $^{225}/_{150}$.
Dritter Schritt: Dieser Bruch wird vollständig gekürzt, indem wir Zähler und Nenner durch 75 teilen. Wir erhalten den gekürzten Bruch $^{3}/_{2}$.
Vierter Schritt: Das Ergebnis des dritten Schrittes wird beurteilt: Weder der Zähler noch der Nenner ist größer als 6.
Fünfter Schritt: Die Empfindung „Wohlklang" wird ausgelöst.
Folgende Tabelle zeigt einige weitere Beispiele.

1. Ton in Hz	2. Ton in Hz	Bruch	gekürzter Bruch	Beurteilung	Empfindung
120	260	$^{260}/_{120}$	$^{13}/_{6}$	Zähler größer als 6	dissonant
200	600	$^{600}/_{200}$	$^{3}/_{1}$	Zähler und Nenner kleiner als 7	konsonant
440	500	$^{500}/_{440}$	$^{25}/_{22}$	Zähler und Nenner größer als 6	dissonant
125	150	$^{150}/_{125}$	$^{6}/_{5}$	Zähler und Nenner kleiner als 7	konsonant

Nun fällt es sicher keinem mehr schwer, die Frequenzpaare 400 Hz und 480 Hz, 900 Hz und 2400 Hz bzw. 540 Hz und 1440 Hz nach ihrer Konsonanz oder Dissonanz zu beurteilen.
Den Bruch, insbesondere den gekürzten Bruch, den man hier bilden muß, nennt man auch das Frequenzverhältnis der beiden Töne.
Im Bereich der konsonanten Töne gibt es eine besondere Rangordnung: Zwei konsonante Töne empfinden wir als um so wohlklingender, je kleiner die Zahlen ihres Frequenzverhältnisses sind. Beispielsweise erscheint uns der Zusammenklang zweier Töne mit dem Frequenzverhältnis $^{2}/_{1}$ wohlklingender als der Zusammenklang zweier Töne mit dem Frequenzverhältnis $^{6}/_{5}$.
Entsprechend verhält es sich im Reich der Dissonanzen: Zwei dissonante Töne werden in der Regel als um so mißklingender empfunden, je größer die Zahlen ihres Frequenzverhältnisses sind.

Nach allgemeiner Übereinkunft liegt zwar die Grenze zwischen Wohlklang (Konsonanz) und Mißklang (Dissonanz) zwischen den Zahlen 6 und 7. Das schließt aber nicht aus, daß es trotzdem Menschen gibt, von denen der Zusammenklang zweier Töne selbst dann noch nicht als mißklingend empfunden wird, wenn im Frequenzverhältnis Zahlen auftreten, die etwas größer als 6 sind. Dabei wird es sich wahrscheinlich um solche Leute handeln, die häufig moderne Musik hören.

Falls wir die C-dur-Tonleiter kennen und wissen, wo ihre Töne auf dem Klavier liegen, können wir selbst überprüfen, wo sich unsere ganz persönliche Grenze zwischen Wohlklang und Mißklang befindet. Grundlage dazu könnte folgende Tabelle der Frequenzen für je zwei Töne der C-dur-Tonleiter sein.

1. Ton	2. Ton	Frequenzverhältnis
c	d	$9/8$
c	e	$5/4$
c	f	$4/3$
c	g	$3/2$
c	a	$5/3$
c	h	$15/8$
c	c_1	$2/1$
d	e	$10/9$
e	f	$16/15$
f	g	$9/8$
g	a	$10/9$
a	h	$9/8$
h	c_1	$16/15$

Spätestens nach diesem Selbstversuch begreifen wir, daß die Empfindung zweier Töne als Wohlklang bzw. Mißklang tatsächlich etwas mit Bruchrechnung zu tun hat, und damit haben wir auch eine Erklärung für die etwas ungewöhnliche Überschrift dieses Kapitels gefunden.

Schon die alten Griechen kannten übrigens diesen merkwürdigen Zusammenhang zwischen der Bruchrechnung und unserer Empfindung als Wohlklang bzw. Mißklang und waren glücklich darüber, ihn entdeckt zu haben. Bestärkte er sie doch in ihrer Annahme, alles in der Welt ließe sich durch Zahlen und Zahlenverhältnisse beschreiben und deuten.

Etwas wollen wir jedoch zum Schluß nicht verschweigen: Gelegentlich scheint unser Gehör recht eigenwillig zu rechnen. So sieht es beispielsweise bei dem nicht kürzbaren Bruch $^{81}/_{64}$ großzügig über die „Eins" im Zähler hinweg und tut so, als hieße der Bruch $^{80}/_{64}$, teilt Zähler und Nenner durch 16, erhält den vollständig gekürzten Bruch $^{5}/_{4}$ und signalisiert schließlich die Empfindung „Wohlklang". Ob es sich dabei um einen Rechenfehler handelt oder um eine gewisse Großzügigkeit im Umgang mit Brüchen, sei dahingestellt. Jedenfalls empfinden wir das Zusammenklingen zweier Töne mit dem Frequenzverhältnis $^{81}/_{64}$ nicht, wie zu erwarten wäre, als einen fürchterlichen Mißklang, sondern als durchaus wohltönend.

Ein quäkender Astronaut

Bevor man gegen Ende der fünfziger Jahre dieses Jahrhunderts daran ging, die ersten Astronauten auf ihre Reise in den Weltraum zu schicken, mußte man sich Gedanken darüber machen, wie man ihnen den zum Atmen erforderlichen Sauerstoff mitgeben könnte. Zahlreiche Experimente wurden angestellt, bei denen man eine Raumkapsel mit den unterschiedlichsten Gasgemischen füllte und die Reaktion der Raumfahrer beobachtete. Einmal war die Kapsel mit ganz normaler Luft gefüllt, einmal mit normaler Luft unter geringem Druck, dann wieder mit Stickstoff-Sauerstoff-Gemischen unterschiedlicher Konzentrationen und schließlich auch einmal mit einem Gemisch aus Sauerstoff und Helium.

Dabei trat nun eine gänzlich unerwartete Erscheinung auf. Bei der ersten Sprechprobe in der mit diesem Sauerstoff-Helium-Gemisch angefüllten Raumkapsel brachen die Astronauten in Gelächter aus. Aber auch die Beobachter außerhalb der Kapsel konnten bald nicht mehr an sich halten und lachten lauthals. Es klang aber auch gar zu komisch! Die normalerweise wohltönenden Stimmen der Astronauten hatten sich in scheußlich quäkende Fistelstimmen verwandelt. Es klang gerade so, als würde man ein Tonband zu schnell ablaufen lassen. Donald Duck hätte seine helle Freude daran gehabt.

Was war geschehen?

Um das zu erklären, müssen wir zunächst darüber nachdenken, was beim Sprechen physikalisch vor sich geht.

Da schwingen zunächst einmal die Stimmbänder in unserem Kehlkopf und erzeugen ein Gemisch aus sehr vielen verschiedenen Tönen, wie wir aus dem Text vom jaulenden Hund bereits wissen. Diese Töne sind aber sehr leise. Wir könnten sie kaum hören, wenn sie nicht verstärkt würden. Diese Verstärkung erfolgt durch die zahlreichen Hohlräume in unserem Schädel. Das braucht uns nun aber nicht gleich zu erheitern, denn die Rede ist nicht von den Hohlräumen im Gehirn, die man vielen gern nachsagt. Dort in der Schädelkapsel, wo sich das Gehirn befindet, sind keine Hohlräume vorhanden. Aber der vordere Teil des Schädels ist ziemlich löcherig. Da gibt es unter anderem die Mundhöhle, die Nasenhöhle, die Nasennebenhöhlen, die Stirnhöhle, die Kieferhöhle und die Keilbeinhöhle.

Diese Höhlen sind mit Luft gefüllt und haben die Eigenschaft, bestimmte Töne aus dem von den Stimmbändern erzeugten Tongemisch zu verstärken. Welche Töne das sind, hängt wesentlich von der Größe und der Form dieser Höhlen ab. Kleine Höhlen verstärken höhere Töne, große Höhlen tiefere. Diesen Vorgang bezeichnen Physiker als Resonanz.

Da sich diese Höhlen bei den einzelnen Menschen nach Form und Größe unterscheiden, werden bei verschiedenen

Menschen auch unterschiedliche Töne verstärkt. Bei den einen mehr die tieferen, bei den anderen mehr die höheren. Daher kommt es, daß sich die Stimmen einzelner Menschen voneinander unterscheiden. Und so wie jeder Mensch seine unverwechselbaren Fingerabdrücke hat, nennt er auch eine unverwechselbare Stimme sein eigen. Und das ist schon manchem anonymen Anrufer zum Verhängnis geworden. Oft ist es aber auch ganz nützlich, daß man, wenn man vom Spielen weggerufen wird, die Stimme der Mutter, der man folgen muß, von der Stimme der großen Schwester, der man nicht zu folgen braucht, unterscheiden kann.

Bei Erkältungen, besonders bei Schnupfen, kann es gelegentlich passieren, daß einige dieser Schädelhöhlen durch Anschwellen der Schleimhäute oder durch Absonderung von Sekreten ihre Form und Größe verändern. Daher kommt es, daß unsere Stimme, wenn wir erkältet sind, oft verändert klingt.

Welche Töne durch unsere Schädelhöhlen verstärkt werden, hängt jedoch nicht ausschließlich von deren Form und Größe ab, sondern auch von dem in ihnen enthaltenen Gas. Normalerweise ist das ja Luft. Bei den Astronauten aber war es ein Sauerstoff-Helium-Gemisch, mit dem ihre Raumkapsel angefüllt war. Ein und derselbe Hohlraum verstärkt jedoch, wenn er mit einem Sauerstoff-Helium-Gemisch angefüllt ist, nicht mehr denselben Ton, den er bei einer Luftfüllung verstärken würde, sondern einen viel höheren. Und genau das ist die Ursache für die quäkenden Fistelstimmen der Astronauten.

Kein Wunder, daß man dieses Gemisch als unbrauchbar verworfen hat. Die Astronauten wären ja vor lauter Lachen nicht zum Arbeiten gekommen.

Für Aquanauten allerdings ist es ratsam, sich das Lachen über eine derartige Erscheinung abzugewöhnen. Denn sie halten sich oft längere Zeit in Unterwasserhäusern auf, die in der Form einer Taucherglocke gebaut sind. Wegen des dort unten herrschenden hohen Drucks brauchen sie, um

atmen zu können, eine künstliche Atmosphäre aus 98 % Helium und 2 % Sauerstoff.
Wenn übrigens eine Blaskapelle in einer solchen Atmosphäre spielte, würden alle ihre Musikstücke etwa eine Oktave höher klingen als normalerweise. Gar nicht auszudenken, welch umwerfenden Eindruck unter diesen Umständen die Darbietungen eines Männerchores machen würden.

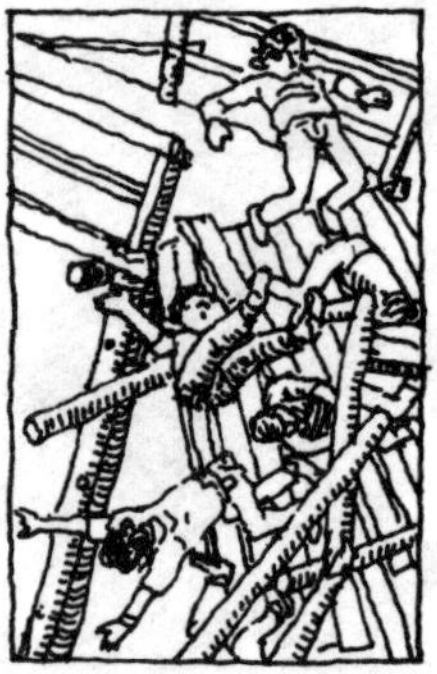

Eine vorhersehbare Katastrophe

Physiker wissen seit langem, daß so etwas Katastrophales passieren kann, wie es beispielsweise im Oktober 1989 geschah. Über dieses Ereignis stand folgende Meldung in der Zeitung:

Der Todes-Jux — Hängebrücke zum Schaukeln gebracht, 30 stürzten in die Tiefe
Von Hansjürgen Stück
Eine Szene wie aus einem Hororfilm: Die Hängebrücke schaukelte bedrohlich. Entsetzte Schreie. Dann ein Knall wie ein Schuß. Die stählernen Trossen rissen, und die Brücke brach senkrecht nach unten weg. 30 Menschen stürzten in die Tiefe: fünf starben (darunter drei Kinder), 18 Verletzte — weil eine Bande Jugendlicher einen tödlichen Jux gemacht hatte.
„Komm, wir lassen am Fluß die Brücke ein bißchen schaukeln." Das war monatelang der leichtsinnige Spaß einer Jugendbande aus dem Thermal-Kurort Heber Springs (US-Bundesstaat Arkansas).
Sie brachten die Hängebrücke über den „Little Red River" zum Schaukeln. Auf Kommando sprangen sie gemeinsam hoch — immer wieder. Bis die 70 m lange Holzbrücke in Schwingung geriet.
So wars auch am Samstagnachmittag. Ein Kirchenchor, eine Pfadpfindergruppe und einige Kurgäste spazierten über die Holzbohlen. 15 Meter unter ihnen schäumte der Fluß.
Plötzlich schaukelte die Brücke hoch und runter und schließlich nach unten weg.
„Es war wie eine Explosion" erzählte Augenzeugin Polly Burkell.

„Alles voller Rauch und Staub." Augenzeuge Daniel Rafferty: „Das ging so schnell, niemand konnte helfen."
Dieser entsetzliche Unfall hat sich aber nicht zufällig ereignet, er war vielmehr das Ergebnis einer physikalischen Erscheinung, der man, als man ihr auf die Spur kam, den Namen Resonanzkatastrophe gab. Offensichtlich hat dieses Unglück etwas mit Schwingungen zu tun. Wie wir aus dem Kapitel „Ein Astronaut auf der Kinderschaukel" und „Wohlklingende Bruchrechnung" erfahren haben, können fast alle Körper Schwingungen ausführen: die Schaukel, die Stimmgabel, das Schutzblech an unserem Fahrrad, der Rückspiegel am Mofa des älteren Bruders, die Gitarrensaite, das Sprungbrett im Schwimmbad, der Fußboden in unserem Zimmer usw. Ein Gegenstand schwingt aber nur dann, wenn man ihn irgendwie zum Schwingen verführt, oder, wie man in der Physik sagt, zum Schwingen erregt. Die Schaukel auf dem Kinderspielplatz kann man durch einen Anstoß zum Schwingen erregen, die Stimmgabel durch Anschlagen mit einem Gummihämmerchen, das Fahrradschutzblech und den Mofarückspiegel durch Fahren auf einer holprigen Straße, die Gitarrensaite durch Anzupfen, das Sprungbrett und den Fußboden durch Hüpfen.
Die Schwingungen, die ein Körper ausführt, wenn wir ihn nach einem einmaligen Anstoß sich selbst überlassen, nennt man Eigenschwingungen. Wenn wir beispielsweise eine Gitarrensaite einmal kurz anzupfen und danach nicht mehr anfassen, führt sie ihre Eigenschwingungen aus. Dasselbe geschieht beim Sprungbrett im Schwimmbad. Wir hüpfen auf ihm herum, und wenn wir dann ins Wasser gesprungen sind, vollführt das Sprungbrett seine Eigenschwingungen weiter. Erfahrungsgemäß kommen alle Eigenschwingungen allmählich zur Ruhe, weil sie z. B. durch die Luft fortwährend ein bißchen abgebremst werden. So wird der von einer schwingenden Gitarrensaite erzeugte Ton immer schwächer und schwächer, um schließlich ganz zu verstummen, das Sprungbrett schwingt allmählich immer weniger weit aus und kommt schließlich ganz zur Ruhe.

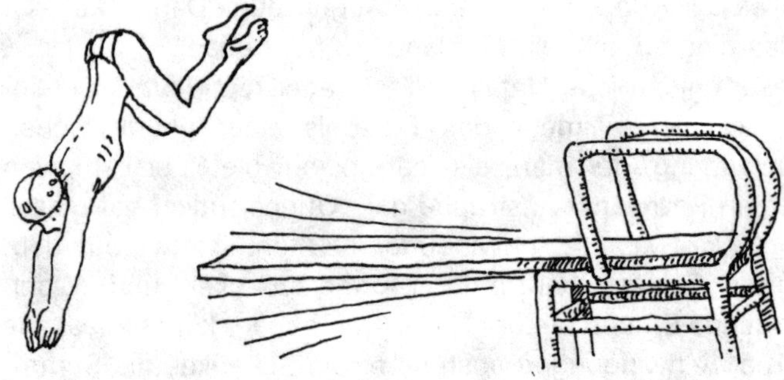

In der Regel ist es durchaus erwünscht, daß die Eigenschwingungen allmählich zur Ruhe kommen. Schließlich wollen wir ja nicht stundenlang denselben Gitarrenton hören, und auch das Sprungbrett sollte in Ruhe sein, wenn der nächste Springer an den Start geht.
Gelegentlich sind wir jedoch an einer längeren Dauer der Eigenschwingungen interessiert, beispielsweise beim Schaukeln.
Was würde wohl unsere kleine Schwester oder unser kleiner Bruder sagen, wenn wir auf dem Spielplatz die Schaukel, auf der sie erwartungsfroh sitzen, nur einmal kurz anstießen und danach sich selbst überließen? Zeter und Mordio würden sie schreien, denn sie wollen ja schließlich eine ganze Weile schaukeln. Um das zu erreichen, müssen wir notgedrungen die Schaukel immer wieder von neuem anstoßen. Und weil die kleinen Fratzen nicht nur länger, sondern auch höher schaukeln wollen, können wir dabei ganz schön ins Schwitzen kommen.
Natürlich wissen wir, wie wir bei diesem Unterfangen unsere Kraft am sinnvollsten einsetzen. Wir brauchen nämlich die Schaukel nur im richtigen Rhythmus anzustoßen. Richtig ist dieser Rhythmus des Anstoßens aber genau dann, wenn er mit dem Rhythmus, d. h. der Eigenfrequenz der Schaukelschwingung völlig übereinstimmt.
Schreiben wir für die Schwingungsdauer einer Schwingungsbewegung den Buchstaben T und für die Frequenz

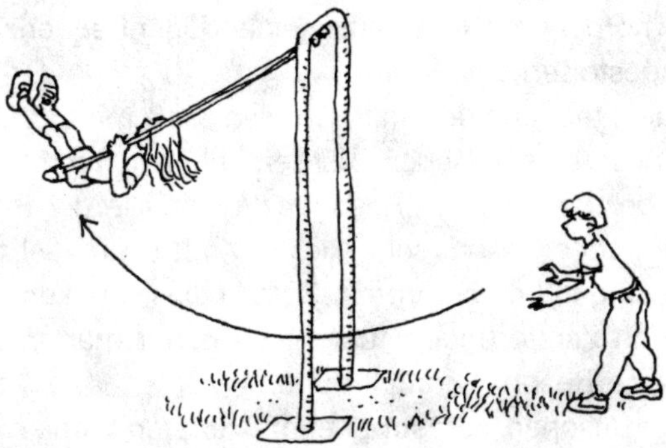

den Buchstaben f, so läßt sich der Zusammenhang zwischen Schwingungsdauer und Frequenz durch die Beziehung

$$T = \frac{1}{f}$$

ausdrücken. Durch einfache mathematische Umformung ergibt sich daraus:

$$f = \frac{1}{T}.$$

Die Frequenz, mit der ein Körper frei schwingt, heißt seine Eigenfrequenz, und die zugehörige Schwingungsdauer nennt man seine Eigenschwingungsdauer.
Zurück zur Kinderschaukel! Wenn wir den kleinen Bruder oder die kleine Schwester möglichst mühelos hoch hinaus schaukeln wollen, so müssen unsere Anstöße mit der Eigenfrequenz der Schaukel erfolgen. Was allerdings nach einiger Zeit passiert, wissen wir sicherlich aus eigener Erfahrung. Die Schaukel schaukelt höher und höher und gerät in Gefahr, sich zu überschlagen. Deshalb tun wir gut daran, trotz des Protestes des kleinen Bruders oder der kleinen Schwester, mit dem Anstoßen hin und wieder einmal auszusetzen. Anderenfalls führte die Schaukelei zur Katastrophe. Sie kann sich nämlich immer dann ereignen, wenn ein schwingungs-

fähiger Körper im Rhythmus seiner Eigenfrequenz erregt, d. h. angestoßen wird.

Wenn die Frequenz der anstoßenden Kraft mit der Eigenfrequenz des angestoßenen Körpers übereinstimmt, spricht man in der Physik von „Resonanz". Im Falle der Resonanz genügen aber schon sehr kleine Kräfte, um sehr starke Schwingungen hervorzurufen. Sollten diese starken Schwingungen zu Zerstörungen führen, so nennt man das in der Physik eine Resonanzkatastrophe.

Und eine Resonanzkatastrophe im wahrsten Sinne des Wortes war es, worüber die Zeitungsmeldung berichtete. Durch ihr rhythmisches Hüpfen erregten diese Wahnsinnsknaben die Hängebrücke zum Schwingen, und weil die Frequenz ihres Hüpfens mit der Eigenfrequenz der Brücke übereinstimmte, war die Katastrophe unvermeidlich. Kolonnen dürfen deshalb niemals im Gleichschritt über eine Brücke marschieren. Wenn's der Zufall will, könnte ja die Frequenz des Marschrhythmus mit der Eigenfrequenz der Brücke übereinstimmen, und dann . . .

Resonanzerscheinungen, deren Auswirkungen glücklicherweise nicht so katastrophal sind, können wir auch im täglichen Leben häufig beobachten. Da haben wir beispielsweise die Vase auf dem Klavier, die immer dann zu klirren beginnt, wenn eine ganz bestimmte Taste angeschlagen wird. Die Vase wird durch die schwingende Klaviersaite über den Rahmen und das Klaviergehäuse oder direkt über die Luft zum Schwingen erregt, und wenn die Frequenz der schwingenden Klaviersaite mit der Eigenfrequenz der Vase übereinstimmt, beginnt die Vase so stark zu schwingen, daß man es hören kann. Hin und wieder platzt die Vase sogar.

Beim Mofa kommt es häufig vor, daß bei einer ganz bestimmten Drehzahl des Motors plötzlich das Schutzblech klappert. Auch das ist eine Resonanzerscheinung. Die Drehung des Motors ist stets mit einer Vibration verbunden. Die Frequenz dieser Vibration ist von der Drehzahl des Motors abhängig, und bei einer bestimmten Drehzahl kann es pas-

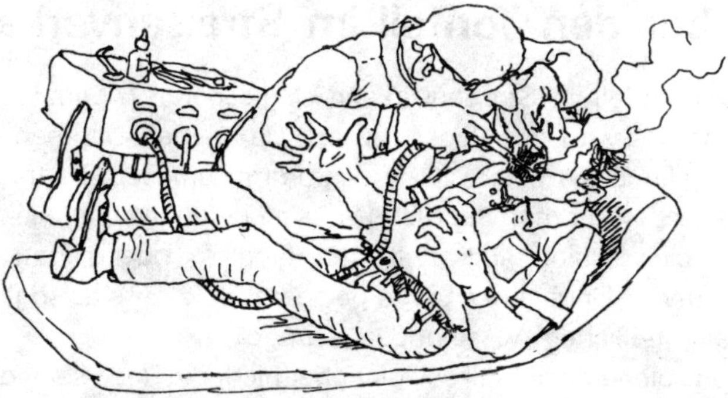

sieren, daß die Frequenz der Vibration mit der Eigenfrequenz des Schutzblechs übereinstimmt. Dann klappert's halt. Dreht man den Motor höher, so hört das Klappern wieder auf. Aber vielleicht beginnt stattdessen dann der Rückspiegel zu klappern. Und wenn man die Motordrehzahl weiter erhöht, beruhigt sich zwar der Rückspiegel, aber die Lampe . . .
Auch das Dröhnen der Autokarosserie bei bestimmten Motordrehzahlen oder beim Fahren über Kleinpflaster ist eine Resonanzerscheinung. Durch Aufbringen von sogenannter „Antidröhnpaste" oder dergleichen kann man die Eigenfrequenz des Karosserieblechs so verändern, daß sich bei den üblichen Motordrehzahlen oder bei den üblichen Geschwindigkeiten keine Resonanz einstellen kann.
Eine ganz üble Art von Resonanzerscheinung tritt gelegentlich beim Zahnarzt auf. Aber darüber wollen wir nicht sprechen, weil vielen schon der Gedanke daran unangenehm sein dürfte.

Über den Tonfall im Straßenverkehr

Der Tonfall im Straßenverkehr ist gelegentlich ganz schön rüde. Da wird der Vogel gezeigt. Da werden Daumen und Zeigefinger zu einem Kreis gekrümmt, um dem Partner zu zeigen, wofür man ihn hält. Da fallen deftige Worte wie zum Beispiel: „Idiot", „Trottel", „Anfänger" oder „Frau am Steuer — Ungeheuer". Und gelegentlich kommt es sogar zu handgreiflichen Auseinandersetzungen.
Von solcherart Tonfall soll hier aber nicht die Rede sein, denn der hat in einem Physik-Schmöker nichts zu suchen. Vielmehr geht es um einen Tonfall im physikalischen Sinne, und zwar um eine Erscheinung, bei der sich die Höhe eines Tones ändert, bei der aus einem hohen Ton ein tiefer Ton wird. So etwas ist wohl jedem schon einmal aufgefallen.
Da stehen wir am Straßenrand, ein hupendes Auto kommt angerast. Und im selben Moment, in dem es an uns vorbeifährt, wird der Ton der Hupe schlagartig tiefer, der Ton fällt. Diesen Tonfall bemerken allerdings nur wir als Beobachter am Straßenrand, ruhende Beobachter also. Für die Insassen des fahrenden Autos, d. h. für die mitbewegten Beobachter, ändert sich die Höhe des Huptons nicht.
Diese Erscheinung wird nach dem österreichischen Mathematiker Christian Doppler (1803–1853), der sie im Jahre 1843 erstmals exakt beschrieb und berechnete, Dopplereffekt genannt.
Besonders deutlich zeigt sich der Dopplereffekt, wenn ein Krankenwagen, ein Feuerwehrauto oder ein Einsatzwagen der Polizei mit Sondersignal daherkommt. Sehr eindrucksvoll stellt sich das Abfallen des Tones dar, wenn wir auf einer Brücke stehen, unter der ein tutender oder pfeifender Eisenbahnzug hindurchfährt. Schließlich können wir den Dopplereffekt auch beim Autorennen deutlich beobachten. Das hohe Motorengeräusch eines näherkommenden Rennwagens wird schlagartig tiefer, wenn er an den am Pistenrand stehenden Zuschauern oder Fernsehkameras vorbeirast.

Um den Dopplereffekt verstehen zu können, müssen wir wissen, wie sich der Schall ausbreitet.
Im Kapitel „Der jaulende Hund . . .'' haben wir bereits festgestellt, daß die Ursache des Schalls eine mechanische Schwingung ist, die beispielsweise von einer Gitarrensaite ausgeführt wird. Schwingungen entstehen auch, wenn wir einen Stein ins Wasser werfen. Dann beginnen nämlich die Wasserteilchen an der Eintauchstelle auf und ab zu schwingen, und diese Schwingungen werden immer weiter auf die Nachbarteilchen übertragen, so daß sie sich wellenförmig auf der Wasseroberfläche ausbreiten. Genauso breiten sich auch die Schwingungen der Gitarrensaite usw. wellenförmig

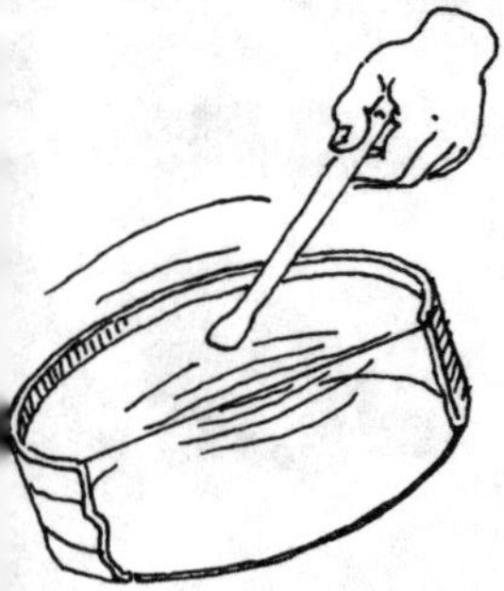

in der Luft aus, und diese Luftbewegungen werden Schallwellen genannt. Wenn Wasserwellen auf einen im Wasser treibenden Körper treffen, so beginnt dieser, im Rhythmus der Wellen auf und ab zu schwingen.

Dasselbe geschieht mit unserem Trommelfell. Wenn es von Schallwellen getroffen wird, beginnt es im Rhythmus der Schallwellen hin und her zu schwingen, d. h. es wird zum Mitschwingen erregt. Wenn beispielsweise pro Sekunde 50 Wellenzüge, jeweils aus einem Wellenberg und einem Wellental bestehend, an unser Trommelfell branden, so schwingt es 50mal in der Sekunde hin und her.

Diese Trommelfellschwingungen werden über die Gehörknöchelkette, die aus Hammer, Amboß und Steigbügel besteht, in das Innenohr geleitet und dort in Nervenimpulse umgewandelt. Der Gehörnerv leitet diese Impulse zum Gehirn, und dort rufen sie eine Schallempfindung hervor. Je mehr Schwingungen pro Sekunde das Trommelfell ausführt, desto höher empfinden wir den dadurch hervorgerufenen Ton.

Hupt beispielsweise ein stehendes Auto, so treffen pro Sekunde eine bestimmte Anzahl Wellenzüge auf unser Trommelfell, und wir empfinden einen ganz bestimmten Ton.

Fährt das Auto jedoch auf uns zu, so treffen in jeder Sekunde mehr Wellenzüge als zuvor auf unser Ohr. Unser Trommelfell

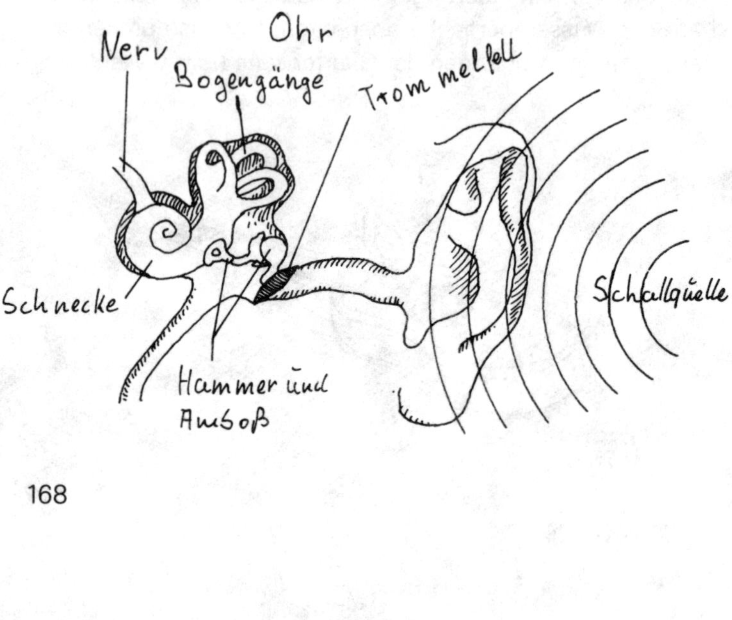

schwingt folglich schneller, und wir empfinden einen höheren Ton.
Umgekehrt verhält es sich, wenn das hupende Auto von uns weg fährt. Dann treffen weniger Wellenzüge pro Sekunde auf unser Ohr, das Trommelfell schwingt entsprechend langsamer, und wir empfinden einen tieferen Ton als zuvor. Das aber ist sie, die Ursache des Dopplereffektes: Wenn sich eine Schallquelle auf uns zu bewegt, treffen pro Sekunde mehr Schallwellen, wenn sich die Schallquelle von uns weg bewegt, weniger Schallwellen auf unser Ohr als bei ruhender Schallquelle.
Dasselbe passiert natürlich auch, wenn die Schallquelle in Ruhe bleibt und sich der Beobachter bewegt. Bewegt er sich auf die Schallquelle zu, so treffen pro Sekunde mehr, bewegt er sich von der Schallquelle weg, so treffen pro Sekunde weniger Schallwellen auf sein Ohr, als wenn er ruhig stehen bleibt (siehe Anmerkung S. 270).
Der Dopplereffekt tritt nicht nur bei Schallwellen auf, sondern bei allen Wellenarten, also auch bei Lichtwellen. Während die Anzahl der pro Sekunde auf unser Ohr treffenden Schallwellen unser Tonhöhenempfinden hervorruft, steuert die Anzahl der pro Sekunde auf unser Auge treffenden elektromagnetischen Lichtwellen unsere Farbempfindung.
Treffen pro Sekunde nur verhältnismäßig wenige Lichtwellen auf unser Auge, dann empfinden wir das Licht als rot. Erhöht sich die Anzahl der pro Sekunde einfallenden Lichtwellen, so wechselt unsere Farbempfindung allmählich von rot über

organe, gelb, grün, blau und indigo zu violett. Danach aber ist Schluß, wie im Kapitel „So gut wie blind" ausführlich erläutert ist. Das bedeutet: Wenn sich eine Lichtquelle auf uns zu bewegt oder wenn wir uns selbst auf eine ruhende Lichtquelle zu bewegen, so verschiebt sich unsere Farbempfindung zum Violetten hin. Bewegt sich hingegen eine Lichtquelle von uns weg oder bewegen wir uns von einer ruhenden Lichtquelle weg, so verschiebt sich unsere Farbempfindung zum Roten hin. Sowohl bei Autos als Schallerzeuger, als auch bei Lichtquellen gibt es hinsichtlich des Dopplereffektes noch eine Besonderheit. Bei einem Auto nämlich können wir den Dopplereffekt besonders gut beobachten, wenn sich aus dem allgemeinen Fahrgeräusch, einem Gemisch aus zahlreichen verschiedenen Tönen unterschiedlicher Höhe, ein einzelner Ton, beispielsweise der Ton der Hupe, deutlich heraushebt. Bei Lichtquellen ragen aus dem allgemeinen Lichtgemisch besondere Licht„töne" heraus, die der Physiker Spektrallinien nennt. An diesen Spektrallinien wird der Dopplereffekt besonders deutlich. Zuvor müssen wir allerdings das Lichtgemisch der betreffenden Lichtquelle in seine einzelnen Farbbestandteile zerlegen, wie wir es im Kapitel „Bunt oder nicht bunt — das ist hier die Frage" kennenlernen werden.

Bei der Untersuchung des Lichts von anderen Sternen und Sternsystemen haben Astronomen herausgefunden, daß die darin enthaltenen Spektrallinien etwas zur roten Farbe hin verschoben sind. Aus dieser „Rotverschiebung" genannten Erscheinung folgert man, daß sich diese Himmelskörper von uns weg bzw. wir uns von ihnen weg bewegen, und aus der Stärke der Rotverschiebung kann man auch die Geschwindigkeit dieser Bewegung berechnen. Interessant dabei ist, daß der Abstand zwischen uns und einem Stern bzw. einem Sternsystem um so mehr zunimmt, je weiter diese von uns entfernt sind.

Bei keinem Stern ist bisher eine Violettverschiebung festgestellt worden, aus der wir schließen könnten, daß sich dieser

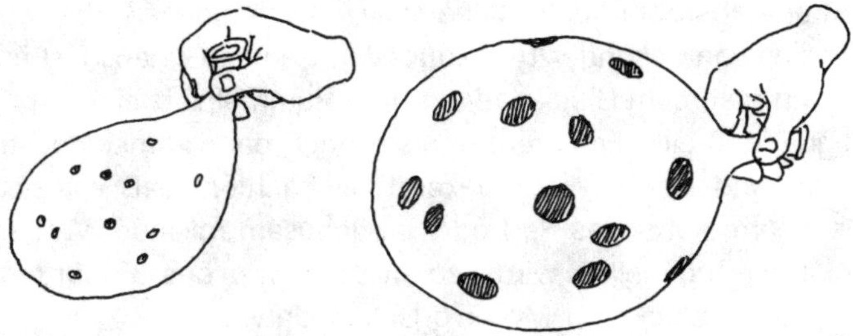

Stern auf uns zu bewegt bzw. wir uns zu ihm hin. Vielmehr ist es so, daß das gesamte Weltall wie nach einer riesigen Explosion auseinanderfliegt. Das können wir mit einem Luftballon recht gut veranschaulichen. Malen wir nämlich auf seine Hülle ein Bild aus vielen Punkten und blasen wir ihn danach auf, so wird unser Bild immer größer und größer, weil beim Aufblasen der Abstand zwischen je zwei Punkten immer mehr zunimmt. Je weiter zwei Punkte voneinander entfernt sind, desto schneller wächst ihr Abstand voneinander.

Der Pirouettenmotor

Wer wundert sich nicht jedesmal aufs neue, wenn er Eiskunstläufer ihre prächtigen Pirouetten aufs Eis legen sieht. Langsam beginnend, werden ihre Umdrehungen — wie ganz von selbst — immer schneller und schneller, und zum Schluß drehen sie sich so schnell, daß es einem schon vom Zuschauen schwindlig wird.

Ja, wenn es umgekehrt wäre, erst schnell, dann langsam, würde sich kein Mensch wundern. Denn so geht es auf dieser unserer Erde nun einmal zu: Wenn ein sich bewegender Körper nicht ständig von irgendeiner Kraft angetrieben wird, verlangsamt sich seine Bewegung allmählich mehr und mehr. Wenn man beispielsweise einen Wagen auf ebener

Straße anstößt und ihn danach sich selbst überläßt, bewegt er sich von Sekunde zu Sekunde langsamer. Genauso ist es, wenn man dem Glücksrad auf dem Rummelplatz einen kräftigen Stoß gibt: Erst dreht sich's schnell, dann immer langsamer. Und wenn wir umgekehrt beobachten, daß ein sich langsam drehendes Rad oder ein langsam rollender Wagen plötzlich schneller wird, so wissen wir aus Erfahrung: Irgendwo steckt ein Motor oder ein Uhrwerk.
Wo aber befindet sich das Uhrwerk, das die Pirouetten des Eiskunstläufers schneller und schneller werden läßt, und wer hat es aufgezogen?
Natürlich kann es niemand aufgezogen haben, weil es ein solches Uhrwerk gar nicht gibt! Eine Pirouette wird von ganz allein schneller, wenn man es nur geschickt anstellt. Die Eiskunstläufer nutzen dabei ein Naturgesetz aus, das man in der Physik das „Gesetz von der Erhaltung des Drehimpulses" nennt. Die Auswirkungen dieses Gesetzes lassen sich an einem einfachen Experiment erkennen: Wir binden einen Knopf an einen Zwirnsfaden, legen den Faden über den waagerecht ausgestreckten Zeigefinger der linken Hand, nehmen das freie Fadenende in die rechte Hand und bringen das so entstandene Pendel zum Schwingen. Wenn wir jetzt mit der rechten Hand am Faden ziehen, verkürzen wir das Pendel. Je kürzer aber ein Pendel ist, um so schneller schwingt es. Ohne jeden äußeren Antrieb, nur durch die Verkürzung

des Pendels, d. h. durch Verringerung des Abstandes zwischen schwingendem Knopf und linkem Zeigefinger, haben wir das Pendel zu schnellerer Bewegung veranlaßt.
In der gleichen Weise aber verfahren die Eiskunstläufer. Wenn wir sie ganz genau beobachten, können wir feststellen, daß sie ihre Pirouetten meist mit seitlich weit ausgebreiteten Armen beginnen. Wenn sie danach ihre ausgestreckten Arme langsam einziehen und immer näher an ihren Körper heranbringen, entspricht das der Verkürzung des „Knopfpendels" in unserem Versuch. Und so, wie das Pendel ganz von selbst schneller wurde, als wir es verkürzten, d. h. den Knopf immer näher an den Drehpunkt brachten, wird die Drehung des Eiskunstläufers ganz von allein schneller, wenn er seine ausgebreiteten Arme an den Körper heranzieht und sie dadurch näher an die Drehachse bringt. Ist ihm schließlich vom schnellen Rotieren etwas schwindelig geworden, braucht er nur seine Arme wieder auszubreiten, und schon wird die Drehgeschwindigkeit langsamer.
Noch viel größer wäre die Geschwindigkeitszunahme, wenn der Eiskunstläufer vor Beginn seiner Pirouette zwei schwere Hanteln in den ausgestreckten Händen hielte. Wenn er dann die Arme an den Körper zöge, würde die Drehgeschwindigkeit so groß werden, daß sie nur ein absoluter Profi aushalten könnte, ohne hinzufallen oder seekrank zu werden.

Daß sich alles genauso verhält, wie es soeben beschrieben wurde, könnten wir auch ohne Schlittschuhe und Eis nachprüfen. Wir brauchten nur in jede unserer weitausgestreckten Hände eine Hantel zu nehmen, uns um unsere eigene Achse zu drehen und während des Drehens die Hände rasch an den Körper heranzuziehen.
Das Ergebnis eines solchen Experiments wäre im wahrsten Sinne des Wortes „umwerfend''. Bisher ist noch jeder, der diesen Versuch wagte, dabei jämmerlich auf die Nase gefallen. Wir könnten das Experiment höchstens auf einem Drehstuhl durchführen. Aber auch dabei ist allergrößte Vorsicht geboten! Wir dürfen die Arme nur ganz, ganz langsam an den Körper heranziehen!

Warum die Katze nicht aufs Kreuz fällt

Früher gab es Leute, die ihrem Hund schon im zartesten Hundealter einfach den Schwanz abschnitten. Meist waren es Rassehunde, wie Boxer, Airedaleterrier und Foxterrier, die eine solche Tortur erleiden mußten. Angeblich sahen die Hunde danach schöner aus. So jedenfalls behaupteten es ihre Besitzer und bezeichneten sich selbst allen Ernstes auch noch als Hunde„liebhaber''. Aber selbst der dümmste Hund würde wohl kaum auf die Idee kommen, solche Tierquäler Liebhaber zu nennen.

Wie es einem Hund zumute ist, wenn sich beim Schwanzwedeln nur noch ein lächerlicher Stummel bewegt, wissen wir nicht. Eines jedoch ist gewiß: Sein artgerechtes Verhalten ändert es kaum.

Anders wäre das allerdings bei einer Katze, der man den Schwanz abschnitte. Zum artgerechten Verhalten einer Katze gehört es bekanntlich, auf Bäume zu klettern. Wer aber auf Bäume klettert, fällt auch hin und wieder einmal herunter. Welcher Junge hätte das nicht schon schmerzhaft erfahren. Beim Herunterfallen erleidet man aber oft nur deshalb größeren Schaden, weil man nicht immer auf die Füße fällt.

Katzen fallen nie aufs Kreuz, jedenfalls in den allermeisten Fällen nicht. Sie beherrschen eine Technik, die es ihnen ermöglicht, sich während des Fallens in der Luft mit Hilfe ihres Schwanzes so zu drehen, daß sie mit den Füßen zuerst auf dem Boden ankommen. Dieser Technik liegt ein Naturgesetz zugrunde, in der Physik der „Satz von der Erhaltung des Drehimpulses'' genannt. Wie dieses Gesetz wirkt, haben wir schon im Text über den „Pirouettenmotor'' erfahren. Wie dort machen wir jetzt einen Versuch mit einem Drehstuhl. Am besten gelingt dieser Versuch, wenn wir dazu einen gut geschmierten leichtgängigen Drehstuhl benutzen. Außer-

dem brauchen wir eine Hantel oder einen ähnlich griffigen schweren Körper.
Wenn sich jetzt jemand auf den noch ruhenden Drehstuhl setzt und die Hantel über dem Kopf in kreisende Bewegung versetzt, so beginnt der Stuhl, sich in entgegengesetzter Richtung zu drehen. Je schneller man die Hantel über dem Kopf kreisen läßt, desto schneller dreht sich der Stuhl. Sobald man aber aufhört, die Hantel zu bewegen, kommt auch der Drehstuhl wieder zur Ruhe.
Natürlich kennen die Katzen dieses Gesetz nicht, dazu fehlt es ihnen an Verstand. Ihre Jahrmillionen währende Entwicklungsgeschichte hat sie aber in die Lage versetzt, dieses Gesetz unbewußt für ihre Überlebensfähigkeit auszunutzen, und dazu brauchen sie ihren Schwanz.
Genauso, wie soeben die Hantel benutzt wurde, um den Drehstuhl in Bewegung zu setzen, benutzt die Katze ihren Schwanz, um ihren Körper zu drehen. Während sie fällt, versetzt sie ihren Schwanz in kreisende Bewegung. Ihr Körper dreht sich dadurch in entgegengesetzter Richtung. Sind die Beine nach unten gerichtet, hört die Katze mit der Schwanzdreherei schlagartig auf. Ihr Körper dreht sich dann auch nicht weiter und bleibt in der erreichten Lage. Die Katze landet sicher auf ihren vier Beinen. Sie kann den Aufprall abfedern und sich, ohne Schaden genommen zu haben, weiteren Klettereien zuwenden. Das Ganze läuft jedoch so schnell ab, daß es auch schon beim Fallen aus geringer Höhe funktioniert.
Verlöre eine Katze ihren Schwanz, so könnte sie dieses lebenswichtige Manöver nicht mehr ausführen.
Der „Satz von der Erhaltung des Drehimpulses", der den Katzen so hilfreich ist, macht den Hubschrauber zu einem großen Problemfall. Hätten die Konstrukteure keine Abhilfe geschaffen, so würde sich der Hubschrauber ununterbrochen um seine Rotorachse drehen, und zwar entgegengesetzt dem Rotordrehsinn. Ein kleiner Propeller am Heck der Maschine, dessen Drehachse senkrecht zur Rotorachse

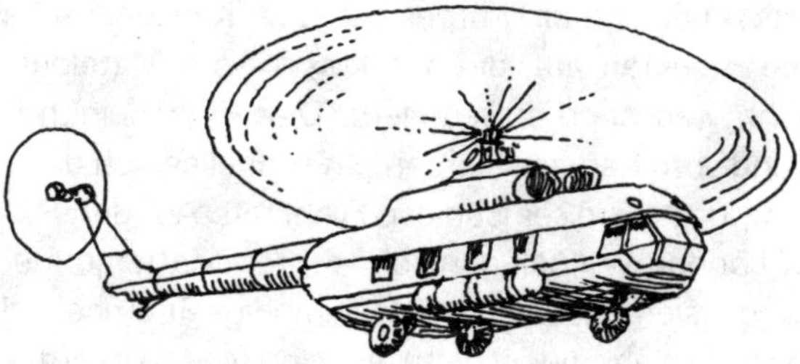

steht, erzeugt durch seine Rotation eine Kraft, die ein Drehen des Hubschraubers um die Rotorachse verhindert. Fällt dieser Propeller während des Fluges aus, dann wird der Hubschrauber zum Karussell, eine katastrophale Situation!

Looping mit der Milchkanne

Früher gab es die Milch noch nicht in Tüten oder Schachteln zu kaufen. Man ging mit einer Henkelkanne in den Milchladen, ließ sich das gewünschte Quantum Milch hineingießen und trug sie nach Hause. Damals konnte man immer wieder Kinder beobachten, insbesondere Jungen, die die gefüllte Milchkanne in einem Kreis mit vertikaler Kreisebene herumschleuderten. Die Könner unter ihnen beherrschten diesen Milchkannenlooping so perfekt, daß dabei auch nicht der kleinste Tropfen verschüttet wurde. Hin und wieder konnte man jedoch auch einen Anfänger in dieser Disziplin nach einem mißglückten Versuch, milchübergossen und tränenden Auges, mit leerer Kanne auf dem Bordstein sitzen sehen. Was haben diese bedauernswerten Unglücksraben eigentlich falsch gemacht? Und wie kommt es, daß bei dem einen die Milch in der offenen Kanne blieb, während sie dem anderen von oben entgegenspritzte?
Das unterschiedliche Ergebnis ist lediglich eine Sache der Drehzahl, mit der man die Milchkanne kreisen läßt.

Wenn sich nämlich ein Körper auf einer Kreisebene bewegt, tritt eine Fliehkraft auf, die den Körper vom Mittelpunkt der Kreisbahn weg nach außen zieht. Diese Erscheinung kennt jedes Kind vom Karussell fahren. Je schneller sich das Karussell dreht, desto größer ist diese Fliehkraft. Auf den Rummelplätzen können wir gelegentlich wahre „Martergeräte'' entdecken, die sich mit solcher Geschwindigkeit drehen, daß es manchem Mitfahrenden nicht nur schwindelig wird. Obendrein holt er sich blaue Flecken, weil er nicht gegen die Fliehkraft ankommt, sondern auf dem Sitz nach außen rutscht und gegen die seitliche Lehne kracht. Es ist immer wieder erstaunlich, daß sich noch genügend Leute finden, die für eine solche Tortur auch noch Geld ausgeben.
Zurück zu unserer Milchkanne und zur Physik! Was müssen wir tun, damit die Milch während des Loopings in der Kanne bleibt, und zwar auch dann noch, wenn die Öffnung der Kanne auf der oberen Hälfte der Kreisbahn nach unten zeigt? Wenn wir diese Frage beantworten wollen, müssen wir die Kräfte im höchsten Punkt der Kreisbahn untersuchen. Dort wirken auf den Kanneninhalt zwei Kräfte: die Erdanziehung und die Fliehkraft. Ist die Fliehkraft größer als die Erdanziehung, so bleibt die Milch in der Kanne. Ist dagegen die Fliehkraft kleiner als die Erdanziehung, so „fällt'' die Milch aus der Kanne heraus. Da aber der Betrag der Fliehkraft von der Drehgeschwindigkeit abhängig ist, muß man die Kanne nur schnell genug im Kreis herumschleudern, damit keine Milch herausläuft. Das kann jeder selbst probieren. Wir brauchen ja nicht gleich Milch zu nehmen. Wasser tut's schließlich auch. Und wer dazu noch eine Badehose oder einen Badeanzug anzieht, riskiert nicht allzuviel.
So ausgerüstet könnten wir eigentlich auch einmal versuchen, diejenige Drehgeschwindigkeit herauszufinden, bei der die Fliehkraft genau so groß ist wie die Erdanziehung. Auch dann bleibt ja die Milch bzw. das Wasser gerade noch in der Kanne. Diese Grenzdrehgeschindigkeit erkennen wir daran, daß wir im obersten Punkt der Bahn durch die Kanne samt

Inhalt keinerlei Kraft auf die Hand mehr spüren, da sich in diesem Punkt Fliehkraft und Erdanziehung gegenseitig aufheben. Und weil dann die Kanne samt Inhalt praktisch schwerelos ist, kommt es uns für einen winzigen Augenblick so vor, als hätten wir gar nichts mehr an der Hand.

Diese Drehgeschwindigkeit, bei der sich Erdanziehung und Fliehkraft gegenseitig gerade aufheben, hängt eigentümlicherweise nicht davon ab, wieviel Milch bzw. Wasser sich in der Kanne befindet, d. h. sie ist von der Masse des betreffenden Körpers unabhängig, dagegen hängt sie vom Radius der Kreisbahn ab. Je kleiner dieser Radius ist, um so größer muß die erforderliche Drehgeschwindigkeit sein. In unserem Fall heißt das aber: Je kürzer der Arm ist, desto schneller müssen wir die Milchkanne im Kreis herumschleudern (siehe Anmerkung S. 270).

Sportflieger kennen den Looping als Kunstflugfigur. Wenn ein Pilot einen sauberen Looping zu fliegen versteht, kann getrost eine gefüllte Milchkanne offen neben ihm auf dem Kabinenboden stehen. Nicht ein einziger Tropfen würde während der gesamten Flugfigur aus dem Gefäß entweichen. Wehe aber, wenn er im höchsten Punkt der Kreisbahn nicht die erforderliche Geschwindigkeit hat. Dann schwappt nicht nur die Milch durch die Kabine, auch sein Flugzeug setzt sich gegen die unzureichende Geschwindigkeit zur Wehr. Es kippt ab und geht in Sturzflug über. Sollte er dann nicht hoch genug sein, so könnte er unter Umständen Mühe haben, die Maschine noch über dem Erdboden abzufangen. Deshalb ist für derartige Flugfiguren eine Mindesthöhe vorgeschrieben. Bei fest installierten Loopingbahnen braucht man sich überhaupt nicht um eine ausreichende Geschwindigkeit zu kümmern. Sie stellt sich von selbst ein, wenn der Startpunkt des reibungsfrei herabgleitenden Körpers um ein Viertel des Kreisdurchmessers über dem höchsten Punkt der Kreisbahn liegt. Auch das kann man ausrechnen. Diese Bedingung gilt sowohl für kleine Loopingbahnen im Kinderzimmer, auf der man Spielzeugautos fahren lassen kann, als auch für große Loopingbahnen auf Rummelplätzen, auf denen sich die Fahrgäste in kreischende Angst versetzen lassen können. Allerdings gilt die angegebene Höhe des Startpunktes nur dann, wenn die Bewegung auf der Loopingbahn ohne jede Reibung vor sich geht. Da in Wirklichkeit bei jeder Bewegung Reibung auftritt, muß der Startpunkt etwas höher liegen.

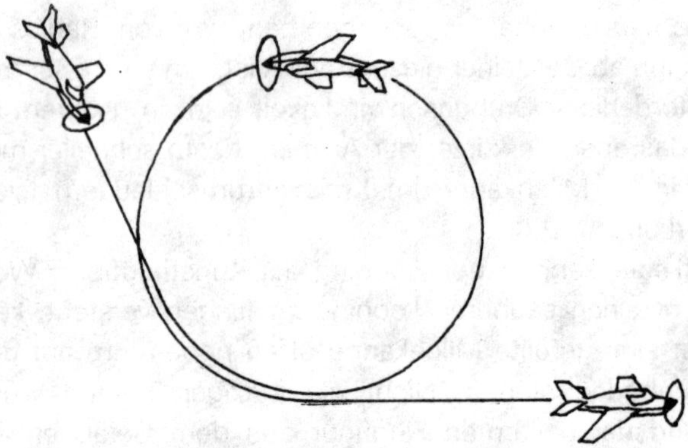

Ein Künstler auf dem Fahrrad

Kunstradfahrer reißen ihre Zuschauer immer wieder zu Beifallsstürmen hin. Was sie so alles fertig bringen, ohne dabei vom Rad zu fallen, ist erstaunlich. Kaum sitzen sie wie ein normaler Radfahrer im Sattel, schon präsentieren sie einen Handstand auf der Lenkstange oder einen Kopfstand auf dem Sattel. Bald fahren sie vorwärts, bald rückwärts, einmal fahren sie nur auf dem Vorderrad, einmal nur auf dem Hinterrad.
Um solche Kunstradfahrer geht es hier jedoch nicht, obgleich die Überschrift das vermuten läßt. Von ganz gewöhnlichen Radfahrern soll vielmehr die Rede sein, von all den vielen, die sich ordnungsgemäß im Straßenverkehr bewegen, auf dem Sattel sitzend, mit beiden Rädern auf der Erde, die Hände am Lenker, Fahrtrichtung nach vorn.
Warum dann aber diese merkwürdige Überschrift? Spätestens dann, wenn wir dieses Kapitel gelesen haben, werden wir jeden, der sich auch nur halbwegs auf einem Fahrrad halten kann, als wahren Künstler betrachten. Denn physikalisch gesehen, ist Radfahren ein äußerst komplizierter Vorgang. Will man nämlich beim Geradeausfahren nicht nach der Seite kippen, so muß man darauf achten, daß sich der gemeinsame Schwerpunkt von Fahrrad und Fahrer stets genau senkrecht über einem äußerst schmalen Rechteck befindet. Dieses Rechteck wird von den Berührungsflächen der beiden Reifen mit der Straße bestimmt. Es ist nur so breit wie die beiden Fahrradreifen, d. h. im Höchstfall etwa 5 cm. Seine Länge ist der Abstand zwischen Vorder- und Hinterrad.
Was aber, wenn sich dieser gemeinsame Schwerpunkt plötzlich seitlich verlagert, etwa durch einen Windstoß oder durch das Ausstrecken eines Armes vor einem Wechsel der Fahrtrichtung? Ganz einfach! Eine winzig kleine Kurve in Richtung der Schwerpunktverlagerung bringt durch die

dabei auftretende Fliehkraft den Schwerpunkt wieder in seine ursprüngliche Lage zurück.
Daß beim Kurvenfahren Fliehkraft auftritt, weiß heutzutage beinahe jedes kleine Kind. Fährt beispielsweise ein Auto eine Rechtskurve, so werden seine Insassen von der dabei auftretenden Fliehkraft nach links gedrückt. In einer Linkskurve drückt die auftretende Fliehkraft die Insassen nach rechts. Denn die Fliehkraft wirkt stets der Kurvenkrümmung entgegen. So ist es auch beim Radfahren. In einer Rechtskurve wirkt auf den Radfahrer eine Fliehkraft nach links, in einer Linkskurve eine Fliehkraft nach rechts. Und das nutzt der Radfahrer beim Kurvenfahren ganz unbewußt aus, um seinen Schwerpunkt immer über dem bewußten kleinen Rechteck zu halten. Kippt das Rad nach rechts, macht er eine kleine Rechtskurve, und schon richtet ihn die entstehende Fliehkraft wieder auf. Kippt er nach links, lenkt er das Rad in eine kleine Linkskurve. Er läßt sozusagen die Fliehkraft für sich arbeiten. Die Arbeitsanweisungen erteilt er durch winzig kleine, kaum merkliche Kurven.

Betrachten wir eine Fahrradspur im frischgefallenen Schnee, dann sehen wir deutlich diese vielen kleinen Richtungswechsel, die das Rad am Kippen hindern sollen. Besonders gut sind sie zu erkennen, wenn der Radfahrer recht langsam gefahren ist. Die Spur des Vorderrades sieht dann etwa aus wie eine unregelmäßige Wellenlinie.
Wen das noch nicht überzeugt haben sollte, der frage einen Radfahrer, der mit seinem Rad schon einmal in eine Straßenbahnschiene oder eine tief ausgefahrene Wagenspur auf einem unbefestigten Weg geraten ist. Aus einer solchen Situation gibt es nämlich praktisch kein Entrinnen. Man kippt todsicher zur Seite und kann nur hoffen, daß man glimpflich davonkommt. Der Sturz ist nicht abzuwenden, weil in der Vertiefung der Straßenbahnschiene bzw. der Wagenspur das Vorderrad so eingezwängt ist, daß keine Richtungsänderung mehr vorgenommen werden kann. Und ohne kleine Richtungsänderungen läßt sich nun einmal ein Fahrrad nicht aufrecht halten.
Viele werden jetzt sicherlich fragen, wie Kurvenfahren überhaupt möglich sein kann, wenn die Fliehkraft in einer Rechtskurve das Rad samt Fahrer nach links und bei einer Linkskurve nach rechts kippen läßt. Wie kann denn das verhindert werden?
Sehr einfach! Wollen wir beispielsweise eine Rechtskurve fahren, so bringen wir das Fahrrad in eine nach rechts geneigte Schräglage, d. h. wir legen uns, wie es so treffend heißt, in die Kurve. In dieser Lage ist die Schwerkraft bestrebt, das Rad noch weiter nach rechts zu kippen, die Fliehkraft aber will es wieder aufrichten. Es kommt folglich nur darauf an, die Schräglage so zu wählen, daß sich die kippende Wirkung der Schwerkraft und die aufrichtende Wirkung der Fliehkraft gegenseitig aufheben. Je schräger die Lage, desto stärker ist die kippende Wirkung der Schwerkraft. Je schneller die Kurve durchfahren wird bzw. je enger sie ist, desto stärker ist die aufrichtende Wirkung der Fliehkraft. Wenn wir also schnell durch eine enge Kurve fahren,

müssen wir unser Fahrrad in eine wesentlich schrägere Lage bringen als beim langsamen Durchfahren einer weiten Kurve. Unser Fahrrad in die zum Durchfahren einer Kurve erforderliche Schräglage zu bringen, ist ganz einfach. Bevor wir beispielsweise in eine Rechtskurve gehen, beschreiben wir nämlich eine kleine Linkskurve. Die dabei auftretende, nach rechts wirkende Fliehkraft bringt uns samt Fahrrad in die für eine Rechtskurve erforderliche rechte Schräglage. Für eine Linkskurve machen wir es gerade umgekehrt. Vor der eigentlichen Linkskurve lenken wir ein bißchen nach rechts, und die dabei auftretende Fliehkraft bringt das Fahrrad in eine Schräglage links. Jede Rechtskurve wird demnach durch eine Linkskurve und jede Linkskurve durch eine Rechtskurve eingeleitet. Natürlich läßt sich auch dieser Vorgang an den Spuren von Fahrrädern in frischgefallenem Schnee leicht erkennen, wie auch unsere Abbildung veranschaulicht.

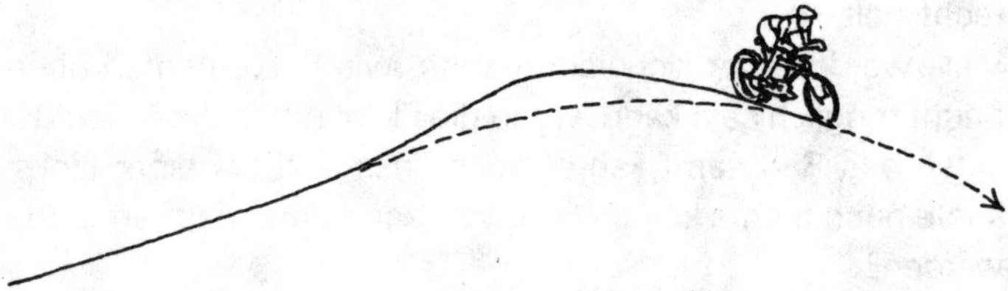

Die seltsame Überschrift dieses Kapitels dürfte jetzt wohl hinreichend begründet sein. Muß nicht jeder Radfahrer ein Künstler sein, wenn er all diese komplizierten Bewegungsabläufe wie im Schlaf beherrscht, dabei auch noch auf das Verkehrsgeschehen achtet und sich vielleicht sogar mit seinem Freund unterhält?

Wenn wir das nächstemal auf unser Fahrrad steigen, sollten wir alles, was wir soeben gelesen haben, tunlichst vergessen, denn sonst fallen wir möglicherweise auf der anderen Seite wieder herunter. Wer das für übertrieben hält, sollte die Fortbewegung zu Fuß einmal nach einer alten preußischen Heeresdienstvorschrift vollziehen, die bis in alle Einzelheiten

beschrieb, wie ein Soldat zu gehen hat. Also etwa so: „Man hebe den linken Fuß leicht an, bewege ihn nach vorn, lasse seinen Körper nach vorn fallen, bis der linke Fuß den Boden berührt, hebe nun den rechten Fuß leicht an, bewege ihn am linken Fuß vorbei nach vorn, lasse seinen Körper wiederum nach vorn fallen, bis der rechte Fuß den Boden berührt, hebe nun den linken Fuß leicht an, bewege ihn am rechten Fuß vorbei nach vorn, lasse seinen Körper . . "

Ein riesengroßes Karussell

Was sie sich nicht alles ausdenken, die Konstrukteure der Karussells auf den Rummelplätzen. Nichts lassen sie unversucht, um die Kundschaft zum Kreischen, ja gelegentlich sogar in weniger angenehme Situationen zu bringen. Wie irre schleudern manche Apparate die Leute im Kreis herum: Vorwärts, rückwärts, langsam, schnell, bergauf, bergab. Wahre Teufelsdinger sind diejenigen Karusells, bei denen zwei Drehbewegungen gleichzeitig ablaufen. Man sitzt in einer Gondel, und nicht genug, daß diese mit Irrsinnsgeschwindigkeit im Kreis herumgeschleudert wird, nein, sie rotiert zusätzlich noch um ihre eigene Achse. Wer eine solche doppelte Drehbewegung übersteht, ohne daß es ihm übel wird, hat schon einen Astronautentest hinter sich. In

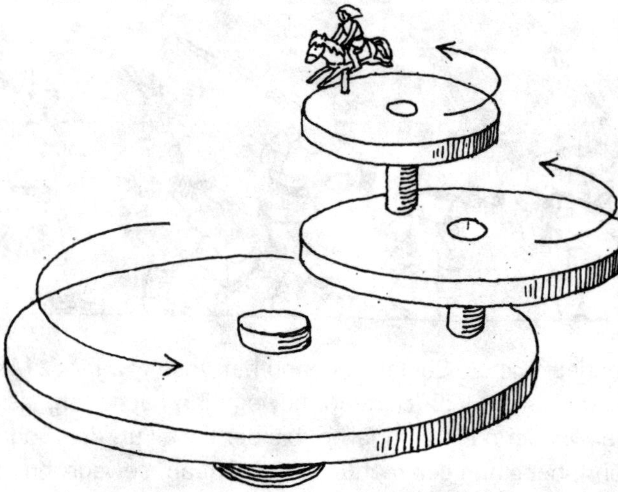

der Tat müssen Astronauten-Anwärter bei Eignungstests beweisen, daß sie eine derart rüde Behandlung gut überstehen. Was aber würden wir sagen, wenn ein Konstrukteur ein Karussell baute, bei dem nicht nur zwei, sondern drei Drehbewegungen gleichzeitig ablaufen? Das könnte er ganz einfach dadurch erreichen, daß er drei verschiedene Karussells miteinander kombiniert: ein kleines, ein mittleres und ein großes. Das kleine steht auf dem mittleren, und das mittlere zusammen mit dem kleinen auf dem großen.
Jetzt stellen wir uns vor, wir sitzen auf dem kleinen Karussell, und alle drei beginnen immer schneller zu rotieren. Keine fünf Minuten hielten wir das aus. Speiübel würde es uns werden. Kein Mensch könnte so etwas längere Zeit durchstehen. Und nun kommt das Überraschende: Wir alle befinden uns auf einem solchen Karussell, das drei Drehbewegungen gleichzeitig ausführt. Nicht erst seit heute, sondern seit unserer Geburt, und wir kommen unser Leben lang nicht von diesem Karussell herunter.
Zugegeben, dieses Karussell ist ein bißchen sehr groß geraten, aber in seiner Bauart entspricht es genau der beschriebenen Konstruktion.

Das „kleine" Karussell ist unsere Erde. Sie dreht sich um ihre eigene Achse. Die „Umfangs"geschwindigkeit beträgt in Deutschland etwa 300 m/s. Am Äquator ist sie mit 465 m/s noch ein ganzes Stück größer.
Das mittlere Karussell ist unser Sonnensystem. Mit einer Geschwindigkeit von 29 800 m/s bewegt sich die Erde um die Sonne.
Das große Karussell schließlich ist unsere Milchstraße. Mit einer Geschwindigkeit von 250 000 m/s dreht sich die Sonne einschließlich der Erde und aller anderen Planeten um das Zentrum der Milchstraße.
Und ob die Milchstraße nicht vielleicht als Ganzes noch um irgendeinen anderen Punkt des Weltalls rotiert, können wir nach unseren bisherigen Kenntnissen noch nicht mit letzter Sicherheit sagen, aber auch nicht ausschließen.

Die Ellipsen des Herrn Johannes Kepler

Noch der große Astronom Nikolaus Kopernikus (1473–1543), der im Jahre 1543 die Erde aus dem „Mittelpunkt der Welt" rückte, indem er nachwies, daß sich nicht die Sonne um die Erde, sondern die Erde um die Sonne bewegt, glaubte zeit seines Lebens, daß die Bewegung der Erde auf einer Kreisbahn um die Sonne erfolgt, und zwar mit gleichbleibender Geschwindigkeit.
Zu dieser Zeit galt nämlich die Kreisbahn als die vollkommenste aller Bahnen, und die Bewegung mit gleichbleibender Geschwindigkeit als die vollkommenste aller Bewegungen. Da man überdies glaubte, daß Gott die vollkommenste aller Welten geschaffen habe, kam für die Bewegung der Erde um die Sonne eben nur eine Kreisbahn in Betracht, die von der

Erde mit gleichbleibender Geschwindigkeit durchlaufen wird. Und dasselbe nahm man auch für die Bewegung der übrigen Planeten unseres Sonnensystems an.
Viele Leute glauben das heute noch, obwohl bereits im Jahre 1605 der deutsche Astronom Johannes Kepler (1571–1630) durch sehr genaue Himmelsbeobachtung nachgewiesen hat, daß die Bahn, auf der sich die Erde um die Sonne bewegt, kein Kreis ist, sondern eine Ellipse. Seitdem hätte man eigentlich nicht mehr sagen dürfen, die Erde „kreist" um die Sonne, sondern die Erde „ellipst" um die Sonne. Auch die Bahnen der übrigen Planeten um die Sonne sind keine Kreise, sondern Ellipsen (siehe Anmerkung S. 271).
Ellipsen sind jedoch Verwandte der Kreise, wie wir ohne weiteres vermuten können. Wir können nämlich einen Kreis auch ohne Zirkel, sofern wir einen Zwirnsfaden haben, zeichnen. Diesen Zwirnsfaden knoten wir zu einer Schlaufe zusammen, stecken eine Stecknadel an die Stelle des Kreismittelpunktes ins Papier, legen die Schlaufe über die Stecknadel, straffen sie mit einem Bleistift und fahren bei ständig gestraffter Schlaufe mit dem Bleistift übers Papier. Was dadurch entsteht, ist ein makelloser Kreis.
Nehmen wir statt einer einzigen Stecknadel deren zwei, stecken diese an zwei verschiedene Stellen so ins Zeichen-

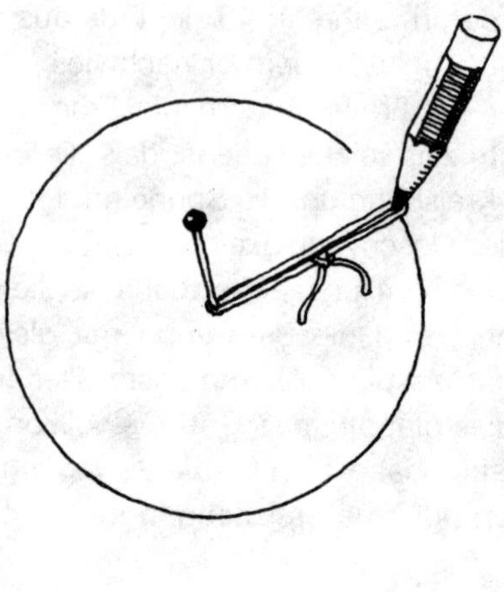

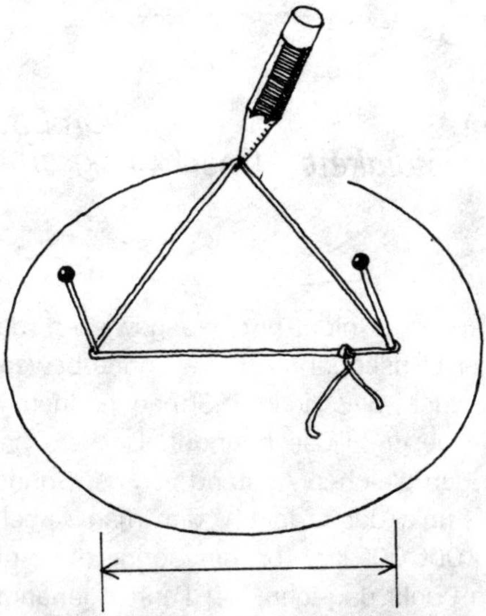

papier, daß die Schleife sehr locker über beide paßt, und machen alles andere wie vorher beim Kreis, so erhalten wir eine makellose Ellipse.

Die beiden Punkte, in denen die Stecknadeln stecken, heißen Brennpunkte der Ellipse. Rücken wir die Brennpunkte immer enger zusammen, so wird unsere Ellipse immer runder und geht allmählich in einen Kreis über.

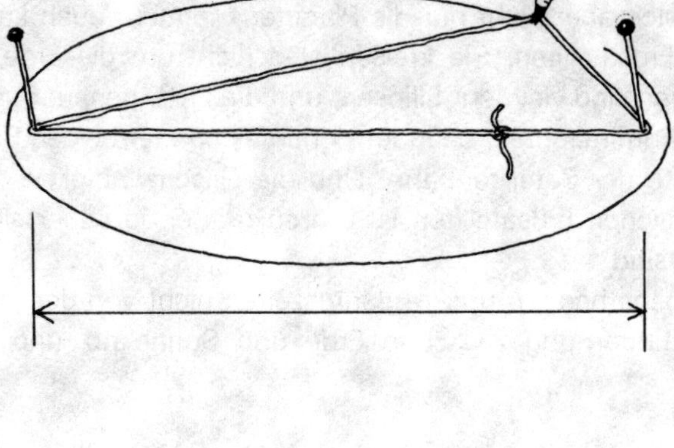

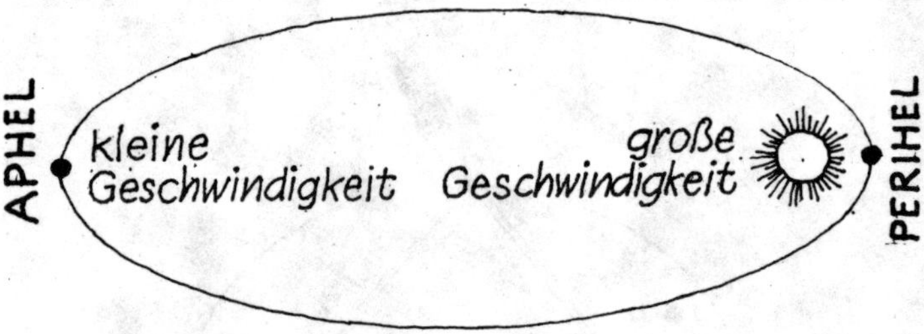

Johannes Kepler hat nicht nur nachgewiesen, daß sich die Erde auf einer Ellipsenbahn um die Sonne bewegt, sondern er entdeckte auch, daß sich die Sonne in einem der beiden Brennpunkte dieser Ellipse befindet. Deshalb hat die Erde nicht immer den gleichen Abstand von der Sonne. Am sonnenfernsten Punkt der Erdbahn, den man Aphel nennt, ist die Erde 152 000 000 km von der Sonne entfernt, am sonnennächsten Punkt dagegen, der Perihel genannt wird, nur 147 000 000 km. Außerdem fand Kepler heraus, daß sich die Erde auf ihrer elliptischen Bahn nicht mit gleichbleibender Geschwindigkeit bewegt, sondern um so schneller, je kleiner ihre Entfernung von der Sonne ist. Im Perihel hat die Erde folglich die größte, im Aphel die kleinste Geschwindigkeit.
Was aber für unsere Erde recht ist, das ist für die übrigen Planeten unseres Sonnensystems billig. Ihre Bahnen sind ebenfalls Ellipsen, in deren einem Brennpunkt sich die Sonne befindet, und sie bewegen sich um so schneller auf ihrer Bahn, je näher sie der Sonne sind (siehe Anmerkung S. 271).
Nach den von Johannes Kepler entdeckten Gesetzen bewegen sich aber nicht nur die Planeten, sondern auch künstliche Erdsatelliten. Sie kreisen also nicht um die Erde, ihre Bahnen sind vielmehr Ellipsen, und die Erde, genauer gesagt der Erdmittelpunkt, befindet sich in einem der beiden Brennpunkte der Satellitenbahn. Und die Geschwindigkeit dieser künstlichen Erdsatelliten ist um so größer, je näher sie der Erde sind.
Übrigens hängen unsere Jahreszeiten nicht von der jeweiligen Entfernung zwischen Erde und Sonne ab, und zwar

herrscht bei uns Winter, wenn die Erde der Sonne am nächsten steht, und wir haben Sommer, wenn sie ihre größte Entfernung von der Sonne hat.

Der Wirbel in der Badewanne

Ein weitgereister Mann erzählte, daß er auf mancher Reise morgens beim Aufwachen in irgendeinem Hotelzimmer nicht mehr genau wußte in welcher Stadt er sich gerade befand. Eines aber habe er stets innerhalb kürzester Zeit feststellen können: ob sich nämlich sein jeweiliger Aufenthaltsort auf der Nordhalbkugel oder auf der Südhalbkugel der Erde befand. Dazu habe er Wasser in die Badewanne laufen lassen, dann den Stöpsel herausgezogen und beobachtet, welche Drehrichtung der Wasserwirbel hat, der sich nach kurzer Zeit über der Ausflußöffnung herauszubilden pflegt. Erfolgte die Drehung des Wirbels rechts herum, d. h. im Uhrzeigersinn, so sei das ein untrüglicher Hinweis auf einen Ort der Nordhalbkugel der Erde. Drehte sich dieser Wasserwirbel dagegen links herum, also entgegen dem Uhrzeigersinn, dann lasse das auf einen Ort der Südhalbkugel schließen. Diese recht abenteuerlich anmutende Behauptung unseres Weltenbummlers ist mit einer Kraft zu erklären, die man Corioliskraft nennt. Um uns mit dem Wirken der Corioliskraft vertraut zu machen, stellen wir uns einen riesigen Plattenspieler vor, der so groß ist, daß wir uns auf seinen Plattenteller stellen und sogar darauf umherlaufen können. Befinden wir uns genau im Mittelpunkt des sich gleichförmig drehenden Plattentellers, dann drehen wir uns lediglich um unsere eigene Achse. Stehen wir dagegen außerhalb des Mittelpunktes, dann fahren wir Karussell und bewegen uns auf einer kreisförmigen Bahn, und zwar um so schneller, je weiter vom Mittelpunkt entfernt wir uns befinden. Wenn wir ganz außen am Plattentellerrand stehen, hören wir vielleicht sogar schon den Fahrtwind um die Ohren pfeifen. Was aber

geschieht mit uns, wenn wir nicht still an einem Ort stehenbleiben, sondern auf dem rotierenden Plattenteller spazierengehen?
Nehmen wir an, wir wollen geraden Weges vom Plattenmittelpunkt zum Plattenrand marschieren. Schritt für Schritt gelangen wir dabei von Stellen mit geringerer zu Stellen mit höherer Geschwindigkeit. Und so, wie ein Autofahrer beim Gasgeben eine Kraft nach hinten, d. h. gegen die Fahrtrichtung, spürt, erfahren wir bei unserer Wanderung zum Plattenrand eine Kraft entgegengesetzt zur Drehrichtung.
Alle Punkte eines im Uhrzeigersinn rotierenden Plattentellers bewegen sich, wenn man sie vom Mittelpunkt aus betrach-

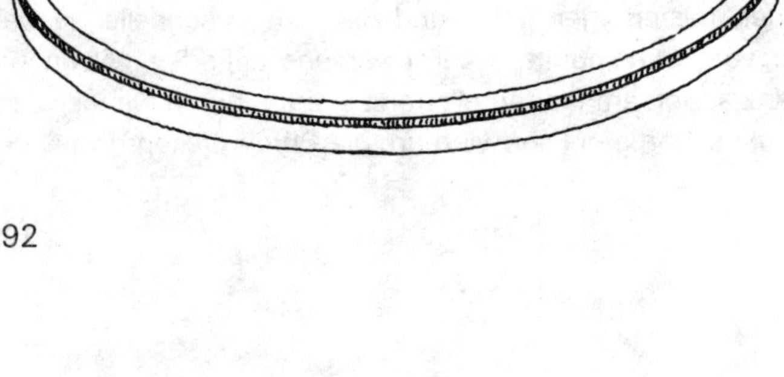

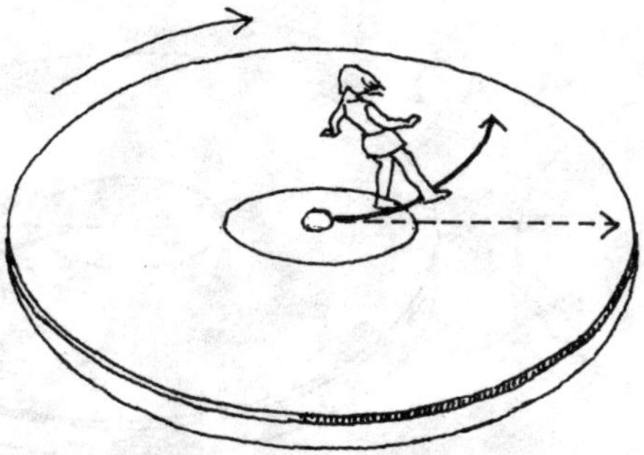

tet, von links nach rechts. Folglich erfahren wir auf unserem Wege vom Mittelpunkt zum Rand des Plattentellers eine nach links gerichtete Kraft, und statt geraden Weges zu marschieren, werden wir unter dem Einfluß dieser völlig unvermutet auftretenden Kraft wie betrunken in eine Linkskurve gezogen. Nachdem wir den Plattentellerrand — allen Widrigkeiten zum Trotz — einigermaßen wohlbehalten erreicht haben, rüsten wir uns nun zum Rückweg. Was für Überraschungen erwarten uns wohl jetzt? Schritt für Schritt gelangen wir von Stellen mit höherer zu Stellen mit geringerer Geschwindigkeit. Und so, wie ein Autofahrer beim Abbremsen eine Kraft nach vorn, d. h. in Fahrtrichtung, spürt, erfahren wir auf unserem Rückweg zum Plattenmittelpunkt eine Kraft in Drehrichtung.

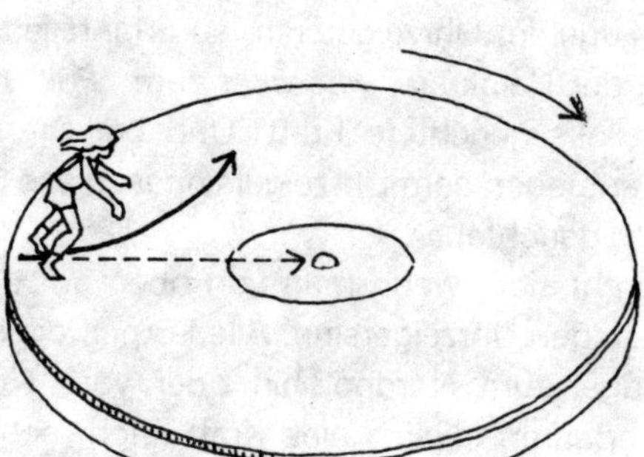

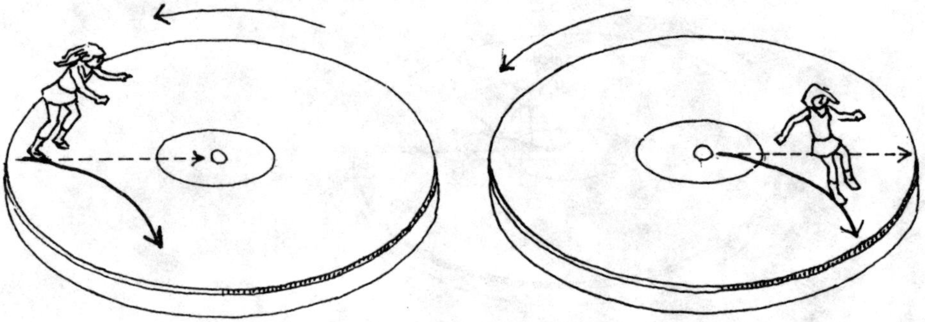

Alle Punkte eines im Uhrzeigersinn rotierenden Plattentellers bewegen sich aber, wenn man sie vom Plattenrand aus betrachtet, von rechts nach links. Folglich erfahren wir auf unserem Rückweg zum Plattenmittelpunkt, genauso wie zuvor auf unserem Weg vom Plattenmittelpunkt zum Plattenrand, eine nach links gerichtete Kraft. Anstatt geradeaus zu laufen, zieht es uns wieder in eine Linkskurve. Würde sich der Plattenteller entgegen dem Uhrzeigersinn drehen, so erführen wir sowohl auf dem Wege vom Mittelpunkt zum Plattenrand als auch auf dem entgegengesetzt gerichteten Wege vom Plattenrand zum Mittelpunkt eine nach rechts gerichtete Kraft und gerieten dadurch in eine Rechtskurve.

Die hier beschriebenen Erscheinungen treten selbstverständlich auch dann auf, wenn wir den ebenen Plattenteller durch eine nach oben gewölbte Halbkugel ersetzen. Dreht sich diese Halbkugel im Uhrzeigersinn, so erfährt jeder, der sich vom „Pol'' der Halbkugel weg oder zum „Pol'' hin bewegt, eine nach links gerichtete Kraft. Und bei Drehung dieser Halbkugel entgegen dem Uhrzeigersinn ist diese Corioliskraft nach rechts gerichtet.

Die Erde dreht sich, wenn man von oben auf den Nordpol blickt, gegen den Uhrzeigersinn. Alle Körper, die sich auf der Nordhalbkugel zum Nordpol hin oder vom Nordpol weg bewegen, erfahren folglich eine Kraft nach rechts, die eine Rechtsablenkung bewirkt.

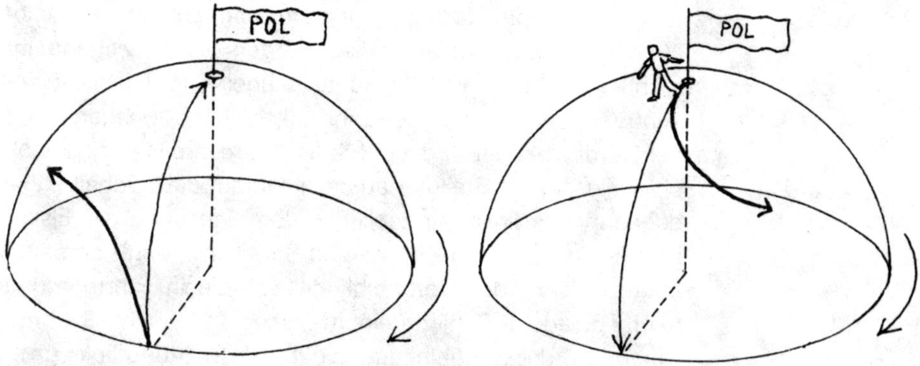

Blickt man auf den Südpol, so dreht sich die Erde im Uhrzeigersinn. Deshalb erfahren alle Körper, die sich auf der Südhalbkugel der Erde zum Südpol hin oder vom Südpol weg bewegen, eine Kraft nach links, die eine Linksablenkung bewirkt.
Den Namen „Corioliskraft'' hat diese ablenkende Kraft nach dem französischen Ingenieur und Physiker G. G. Coriolis (1792–1843), der als erster auf den Einfluß dieser von der geraden Bahn ablenkenden Kraft bei der Erddrehung aufmerksam machte. Auf der Erdoberfläche ist die Corioliskraft jedoch so gering, daß man sie im allgemeinen nicht verspürt. Aber nach dem Motto „Steter Tropfen höhlt den Stein'' bewirkt sie unter anderem, daß Flüsse, die in Nord-Süd-Rich-

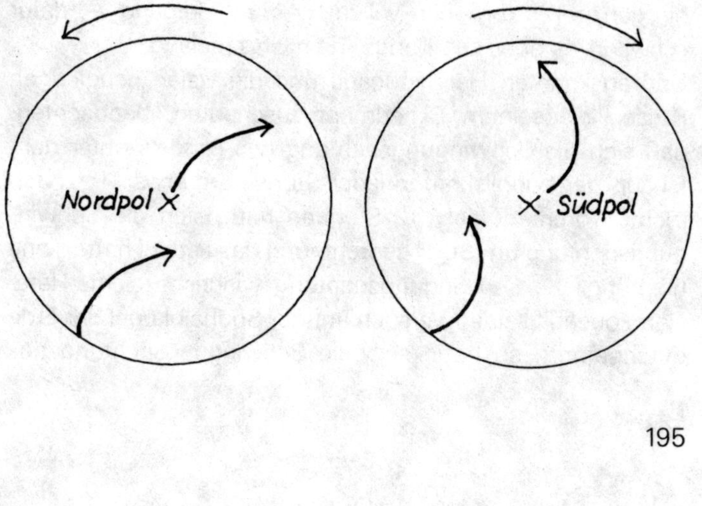

tung oder in Süd-Nord-Richtung strömen, auf der Nordhalbkugel — der Rechtsablenkung wegen — vorwiegend ihr rechtes Ufer und auf der Südhalbkugel — der Linksablenkung wegen — vorwiegend ihr linkes Ufer „abnagen". Auf der Nordhalbkugel ist daher häufig das rechte Ufer eines solchen Flusses als Steilufer ausgebildet, auf der Südhalbkugel dagegen das linke. Angeblich sollen sich auch die Eisenbahnschienen von Nord-Süd-Strecken ungleichmäßig abnutzen: Auf der Nordhalbkugel soll die in Fahrtrichtung rechts gelegene Schiene einem rascheren Verschleiß unterliegen, auf der Südhalbkugel die in Fahrtrichtung links gelegene Schiene. Beobachten läßt sich die Corioliskraft aber auch bei uns daheim. Wenn wir ein möglichst langes Pendel zum Schwingen bringen und es lange genug beobachten, so stellen wir fest, daß sich die Schwingungs„richtung" infolge der Corioliskraft „rechts herum" dreht. Diese Drehung erfolgt jedoch sehr, sehr langsam. Falls wir nicht die Geduld aufbringen, das Pendel stundenlang zu beobachten, oder falls das Pendel schon zur Ruhe gekommen ist, bevor wir etwas von der Drehung bemerkt haben, müssen wir uns auf das Zeugnis eines gewissen Herrn Foucault verlassen. Im Jahre 1851 hat dieser französische Physiker eine 29 kg wiegende Kugel mit einem 70 m langen Seil an der höchsten Stelle des Pariser Pantheons aufgehängt. Dieses gewaltige Pendel schwang zwar sehr langsam — es brauchte immerhin ganze 17 s für einen vollen Hin- und Hergang —, dafür schwang es aber sehr lange, nämlich tagelang.

Und so konnten Herr Foucault und die vielen neugierigen Pariser, die seinem Experiment zuschauten, beobachten, daß sich die Schwingungsrichtung des Pendels unter dem Einfluß der Corioliskraft in jeder Stunde um etwa 11° „nach rechts" drehte. Nach 32 Stunden hatte sich die Schwingungsrichtung um 360° gedreht, und das Pendel hatte seine ursprüngliche Schwingungsrichtung wieder erreicht. Hätte Herr Foucault seinen Versuch auf der Südhalbkugel der Erde durchgeführt, so hätte sich die Schwingungsrichtung des

Pendels nicht „rechts herum'', sondern „links herum'' gedreht.

Auf die Corioliskraft ist es auch zurückzuführen, daß sich die atmosphärischen Luftmassen nicht auf geradem Wege von

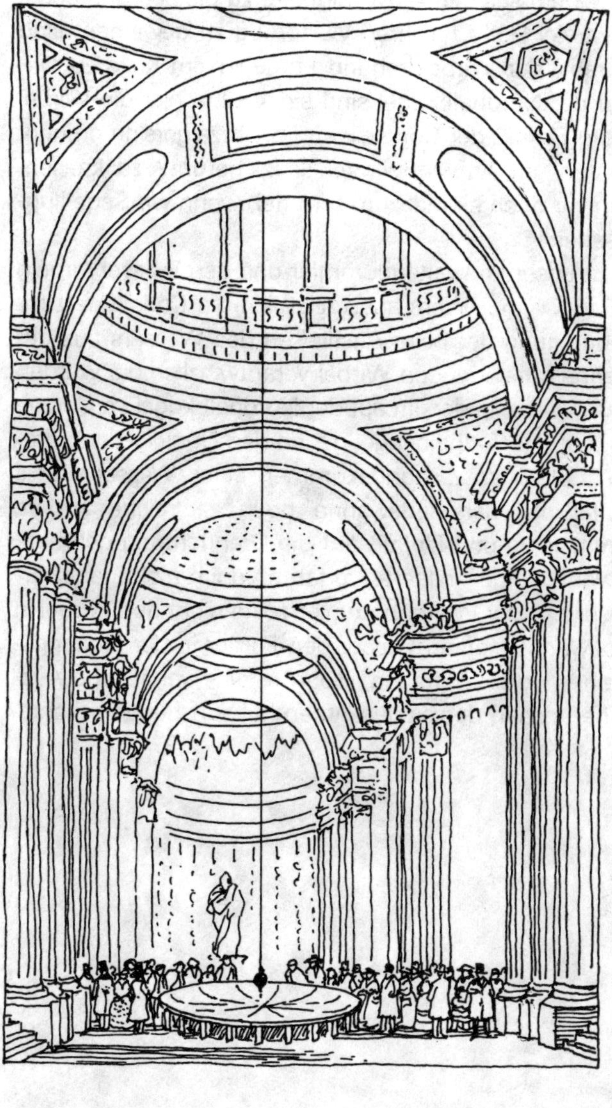

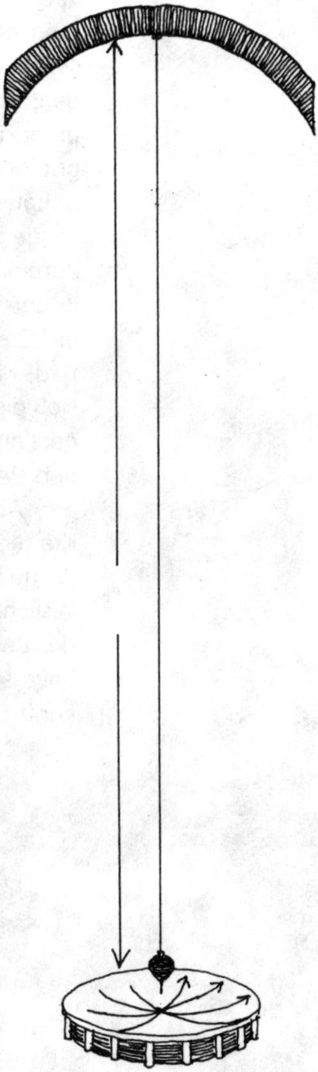

einem Hochdruckgebiet zu einem Tiefdruckgebiet bewegen, sondern in gewaltigen Wirbeln.
Solche Wirbel beobachten auch die Segelflieger in den von ihnen so sehr geschätzten Aufwindgebieten. Um möglichst lange in einem solchen Aufwindgebiet zu bleiben und dabei möglichst viel Höhe für ihren Weiterflug zu gewinnen, sind sie bestrebt, der Wirbeldrehung entgegen im Kreis zu fliegen. Auf der Nordhalbkugel sind sie, weil ja hier die Wirbel unter dem Einfluß der Corioliskraft im Uhrzeigersinn drehen, gut beraten, im Aufwindwirbel „links herum" zu kreisen. Schauen wir doch einmal zum Himmel, wenn wir Segelflugzeuge sehen!
Zurück zu unserem Weltenbummler und den Wasserwirbeln in der Badewanne! Wäre ausschließlich die Corioliskraft für die Drehrichtung der beim Ausfließen des Wassers aus der Badewanne entstehenden Wirbel verantwortlich, so würden sich diese Wirbel in der Tat auf der Nordhalbkugel im Uhrzeigersinn, auf der Südhalbkugel gegen den Uhrzeigersinn drehen. Weil aber am Zustandekommen eines Wasserwirbels am Abflußrohr der Badewanne noch zahlreiche andere Kräfte mitwirken und Einfluß auf die Drehrichtung nehmen, dürfte wohl das geschilderte Verfahren doch nicht ganz verläßlich sein. Unser Weltenbummler sollte nicht den Wirbel in der Badewanne, sondern lieber den Portier in der Eingangshalle seines Hotels befragen, wenn er eine verläßliche Auskunft über seinen derzeitigen Aufenthaltsort haben möchte.

Wasserski auf der Autobahn

Wo immer man hinschaut, überall gibt es Reibung. Nicht nur im Umgang der Menschen miteinander, sondern auch in der unbelebten Natur.

Wollen wir beispielsweise ein Möbelstück oder, wie wir im Kapitel „Ein kinderleichtes Balancierkunststück" erläutert haben, eine Kiste von ihrem Platz verschieben, so müssen wir Haft- und Gleitreibung überwinden. Diese wird durch die kleinen Unebenheiten der einander berührenden Flächen verursacht, die sich, wie wenn sie verzahnt wären, ineinander verhaken. Lassen wir die Haftreibung einmal ganz außer acht, so sind, um die Gleitreibung zu überwinden, mitunter erhebliche Kraftanstrengungen erforderlich.

Reibung tritt jedoch nicht nur dann auf, wenn ein Körper auf seiner Unterlage gleitet, sondern auch beim Abrollen auf seiner Unterlage, wie zum Beispiel bei einem Rad oder einer Walze. Da diese Rollreibung allerdings unter sonst gleichen Verhältnissen wesentlich kleiner ist als die Gleitreibung, legt man zur Fortbewegung eines schweren Körpers Rollen unter oder setzt den zu transportierenden Körper auf einen Wagen.

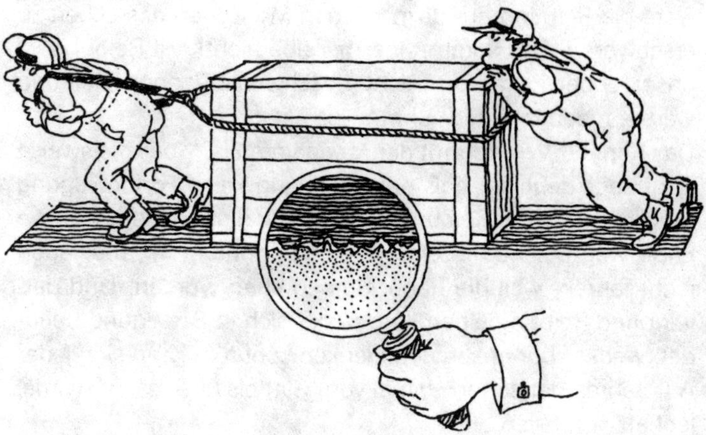

Besonders gering ist die Reibung, wenn man einen Körper durchs Wasser zieht, und zwar schön langsam, damit hinter ihm keine bremsenden Wasserwirbel entstehen. Dabei bildet sich rund um den Körper eine dünne Wasserhaut, die fest mit ihm verbunden bleibt und sich mit ihm fortbewegt. Folglich tritt nicht, wie zunächst zu vermuten ist, eine Reibung zwischen Körper und Wasser auf, sondern eine Reibung innerhalb des Wassers, d. h. Wasser gegen Wasser, genauer ausgedrückt, Wasserschicht gegen Wasserschicht. Weil aber diese „innere Reibung'' des Wassers sehr klein ist, läßt sich nach wie vor der Transport schwerer Gegenstände am leichtesten auf dem Wasserwege, nämlich per Schiff bewerkstelligen.

Bei oberflächlicher Betrachtung sieht das alles so aus, als wäre die Reibung nur dazu da, den Menschen das Leben zu erschweren. Das stimmt aber beileibe nicht! Mit Reibung ist unser Leben zwar oft recht beschwerlich, ohne Reibung wäre es jedoch schier unmöglich.

Das Kapitel „Wie kommt der Mann vom Eis?'' beispielsweise zeigt sehr deutlich, daß ohne Reibung keine Fortbewegung möglich ist. Ohne Reibung könnten wir nicht gehen, weil die Füße wegrutschten. Ohne Reibung könnten wir aber auch nicht fahren, weil die Räder durchdrehen würden. Und daß wir ohne Reibung einen Körper, der sich in Bewegung befindet, weder abbremsen noch lenken könnten, kann sich jeder Autofahrer, der schon einmal vom Glatteis überrascht wurde, lebhaft vorstellen.

(Von der Möglichkeit einer kontrollierten Bewegung auch bei fehlender Reibung mit Hilfe des Reaktionsprinzips wollen wir hier einmal absehen, weil wohl kein Autofahrer für Notfälle eine „Bremsrakete" bei sich führt.)
Was machen wir denn, wenn bei Glatteis die Reibung für ein gefahrloses Vorwärtskommen zu klein wird? Na, wir erhöhen sie einfach. Und wie erhöhen wir sie? Indem wir Splitt oder Sand auf das Eis streuen.
Aber nicht nur bei Glatteis wird es glatt auf der Straße. Auch bei Nässe können wir als Autofahrer gelegentlich unser blaues Wunder erleben. Statt der Reibung zwischen Rad und Straßenoberfläche kann es unter ungünstigen Umständen zur Reibung von Wasserschicht gegen Wasserschicht kommen. Und diese innere Reibung des Wassers ist ja, wie wir gerade festgestellt haben, sehr, sehr klein, viel kleiner noch als beim glattesten Glatteis.
Aquaplaning wird diese Erscheinung genannt. Wenn Aquaplaning eintritt, fährt das Auto Wasserski. Zwischen Reifen und Straße bildet sich ein dünner Wasserfilm, und der Reifen hat keinen Kontakt mehr mit der Straße. Bremsen und Lenken sind so gut wie unmöglich. Da können wir nur hoffen,

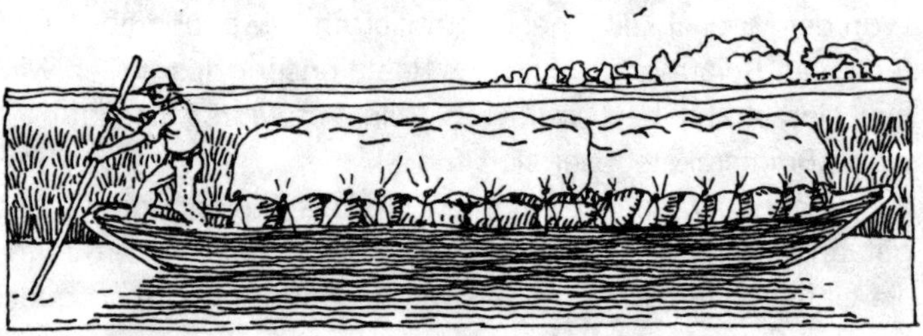

daß die Straße vor uns frei von Hindernissen und von Kurven ist.
Aquaplaning ist übrigens von der Fahrgeschwindigkeit und der Profiltiefe der Reifen abhängig. Je schneller wir fahren und je geringer die Profiltiefe der Reifen ist, desto größer ist die Gefahr, daß bei nasser Fahrbahn ein Aquaplaning auftritt.
Sagen wir's also dem Vater: Runter mit dem Gas, und runter mit den abgefahrenen Reifen!

So gut wie blind

Ein bekannter Physiker hat einmal gesagt, wir Menschen seien so gut wie blind. Und der Mann hat so unrecht nicht. In Puncto Sehen hat uns nämlich die Natur nicht gerade verwöhnt, denn außer dem bißchen, was wir sehen können, gäbe es noch viel, viel mehr zu sehen in der Welt. Aber leider sind unsere Augen dafür nicht vorgesehen.
Natürlich brauchen wir unsere Augen zum Sehen, d. h. zum wahrnehmen von Licht.
Was ist aber eigentlich Licht?
Physikalisch betrachtet ist Licht nichts anderes als eine sogenannte elektro-magnetische Wellen„strahlung''. Jedoch nehmen wir nicht jede elektromagnetische Welle als Licht wahr. Unser Auge ist nur für elektromagnetische Wellen vorgesehen, deren Wellenlänge, d. h. der Abstand von einem Wellenberg zum anderen, etwa zwischen 0,00038 mm und

0,00078 mm liegt. In diesem Wellenlängenbereich können wir die verschiedensten Farben wahrnehmen. Wellenlängen um 0,00078 mm empfinden wir als rotes Licht. Mit abnehmender Wellenlänge geht diese Farbempfindung nach und nach über in Orange, Gelb, Grün, Blau und Indigo, um schließlich bei einer Wellenlänge um 0,00038 mm den Farbeindruck Violett zu erreichen.

Wird die Wellenlänge noch kleiner, so sehen wir nichts mehr, denn für elektromagnetische Wellen mit Wellenlängen unterhalb 0,00038 mm sind wir absolut blind. Solche Wellen gibt es aber durchaus, sie reichen hinunter bis zu Wellenlängen von nur etwa 0,000 000 000 000 1 mm. Man teilt diese Wellen in bestimmte Bereiche ein.

Dem sichtbaren Licht folgt unmittelbar unterhalb 0,000 38 mm Wellenlänge die ultraviolette Strahlung, die wir nicht sehen, aber in ihrer Wirkung verspüren. Mit Maßen genossen, bräunt sie nämlich unsere Haut. Im Übermaß bewirkt sie einen Sonnenbrand mit allen seinen schädlichen Folgen.

Noch kleinere Wellenlängen als die ultraviolette Strahlung hat die Röntgenstrahlung. Auch ihr gegenüber sind wir blind. Wie gut jedoch wäre es, wenn wir sie sehen könnten. Dann nämlich könnten wir ihr aus dem Wege gehen, weil sie für unseren Organismus ziemlich schädlich ist.

Auf die Röntgenstrahlung folgt mit noch kleineren Wellenlängen die sogenannte Gammastrahlung und danach die Kosmische Strahlung, auch Höhenstrahlung genannt. Beide sind in ihrer Wirkung auf uns noch viel gefährlicher als die Röntgenstrahlung.

Nicht nur diese kurzwelligen Strahlen, sondern auch solche mit Wellenlängen über 0,00078 mm, sind für uns unsichtbar. Und solche Wellen gibt es bis hinauf zu Wellenlängen von etlichen tausend Metern. Auch diese teilt man nach Wellenlängenbereichen ein. Unmittelbar oberhalb von 0,00078 mm Wellenlänge folgt auf das rote Licht die sogenannte infrarote Strahlung. Daß wir ihr gegenüber blind sind, ist in der Tat ein großer Nachteil für uns, denn alle warmen Körper, wie zum Beispiel Menschen, Tiere, Pflanzen, geheizte Häuser und fahrende Autos, senden infrarote Strahlung aus. Diese ist um so intensiver, je höher die Temperatur des betreffenden Körpers ist. Wären wir in der glücklichen Lage, infrarote Strahlung sehen zu können, so würden diese Körper für unsere Augen genau solche Lichtquellen sein, wie es Glühbirnen oder Neonröhren sind. Wir könnten sie auch in stockdunkler Nacht deutlich sehen und brauchten dazu kein Infrarot-Sichtgerät, das nichts anderes macht, als infrarote Strahlung in sichtbares Licht umzuwandeln. Und wenn ein Mensch plötzlich anfinge, heller zu strahlen, so wüßten wir, daß er Fieber hat. Überdies wären Öfen und Heizungskörper nicht nur Wärmequellen, sondern auch Lichtquellen, und das wäre nicht nur schön und praktisch, sondern würde uns auch noch dazu verhelfen, elektrische Energie einzusparen, denn wir brauchten nicht noch zusätzliche Lampen.

Auf die infrarote Strahlung folgen mit Wellenlängen von etwa 0,1 mm bis 10 mm die Mikrowellen, die uns im Mikrowellenherd gute Dienste bei der Bereitung von Mahlzeiten verrichten.

Elektromagnetische Wellen im Wellenlängenbereich von 1 cm bis etwa 1 m werden in Radaranlagen und beim Richtfunk verwendet.

Danach folgt ein Bereich mit Wellenlängen bis zu 10 000 m. In ihm tummeln sich Fernsehen und Rundfunk mit ihren VHF-, UHF-, UKW-, Kurzwellen-, Mittelwellen- und Langwellensendern. Schließlich haben wir noch einen Bereich, der elektromagnetische Wellen mit Wellenlängen bis zu etwa 30 000 m umfaßt. Diese Wellen werden zur Überseetelegraphie und für den Funkverkehr mit getauchten Unterseebooten verwendet.

Überblicken wir abschließend noch einmal den gesamten Wellenlängenbereich der elektromagnetischen Wellen, so wird uns klar, wie winzig klein der Teil davon ist, den wir als Licht wahrnehmen können, und wir verstehen sicher auch, daß wir tatsächlich so gut wie blind sind. Nur Wellenlängen von 0,00038 mm bis 0,00078 mm sind unseren Augen zugänglich.

Dafür, daß wir die Radar-, Fernseh- und Rundfunkwellen nicht sehen können, sollten wir übrigens der Natur dankbar sein. Da diese Wellen nämlich überall hineindringen, auch in geschlossene Räume, wären wir Tag und Nacht an fast allen Orten ständig von Licht überflutet. Wann, bitte schön, sollten wir dann aber schlafen?

Bunt oder nicht bunt — das ist hier die Frage

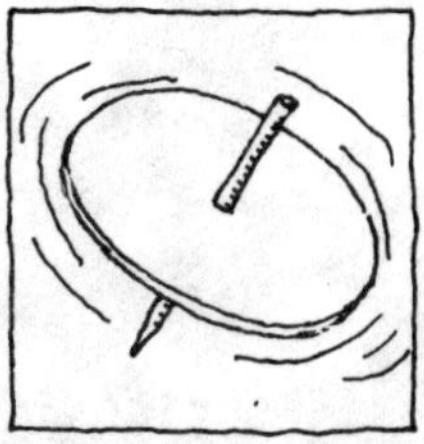

Die abgebildete Kreisscheibe müßte eigentlich farbig sein. Da wir keine zusätzlichen Kosten verursachen wollen, bemühen wir unsere Phantasie. Stellen wir uns doch einmal vor, wie die Scheibe aussieht, wenn die einzelnen Kreissektoren die angegebenen Farben haben! Oder noch besser, wir fertigen uns aus Pappe eine solche Kreisscheibe an, deren Sektoren wir, wie angegeben, farbig bemalen. Ist die Scheibe fertig, nehmen wir einen Zahnstocher und stechen ihn durch den Kreismittelpunkt. Wir erhalten auf diese Weise einen Kreisel. Selbstverständlich lassen wir ihn rotieren! Nanu, was passiert denn da auf einmal? Dem Kreisel scheint die Dreherei schlecht zu bekommen. Er beginnt zu erblassen und wird grau, ja sogar weiß im Gesicht. Sobald jedoch die Dreherei aufhört, geht's ihm wieder besser, und er erhält seine gesunde „Gesichtsfarbe" zurück. Fürwahr ein seltsamer Kreisel, dem es beim Kreiseln schlecht wird! Das ist ja fast genauso, als wenn ein Kapitän jedesmal seekrank wird, wenn er an Bord seines Schiffes geht.

Wie aber kommt es zu diesem seltsamen Verhalten unseres Farbenkreisels?

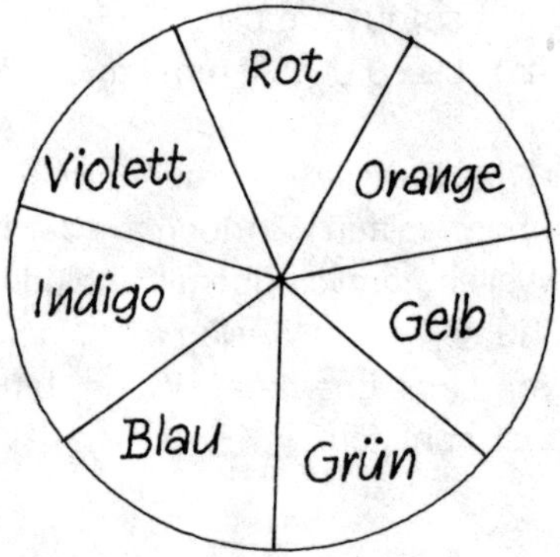

Um das zu erklären, müssen wir zunächst wissen, daß weißes Licht, wie es beispielsweise von der Sonne oder von einer Glühlampe her kommt, ein Gemisch aus etwa 160 unterscheidbaren Farben ist. Darin gibt es sieben Hauptfarben: Rot, Orange, Gelb, Grün, Blau, Indigo und Violett.

Wer das nicht glaubt, ist in guter Gesellschaft, denn der große Dichter Johann Wolfgang von Goethe (1749–1832), der auch ein bekannter und anerkannter Naturforscher war, hat das bis an sein Lebensende nicht glauben wollen. Sicherlich wäre es zu seiner Zeit auch uns nicht gelungen, ihn zu überzeugen.

Wenn aber das Sonnenlicht, wie behauptet, ein Gemisch aus vielen verschiedenen Farben ist, muß es auch möglich sein, dieses Gemisch irgendwie zu entmischen. Und das kann man in der Tat. Eine gute Hilfe dafür bietet ein Glasprisma. Es ist nicht nur in der Lage, das Sonnenlicht zu entmischen, es legt uns sogar noch die einzelnen Bestandteile der Mischung fein säuberlich nebeneinander. Dieser Vorgang ist hier bildlich dargestellt. Dabei sind aber nur die sieben Grundfarben, nicht die zahlreichen dazwischenliegenden Farbtöne angegeben. Ein derartiges Farbenband aus nebeneinanderliegenden und ineinander übergehenden Farben nennt man in der Physik ein Spektrum.

Johann Wolfgang von Goethe kannte diesen Versuch, ließ sich aber von ihm nicht überzeugen. Vielmehr war er der

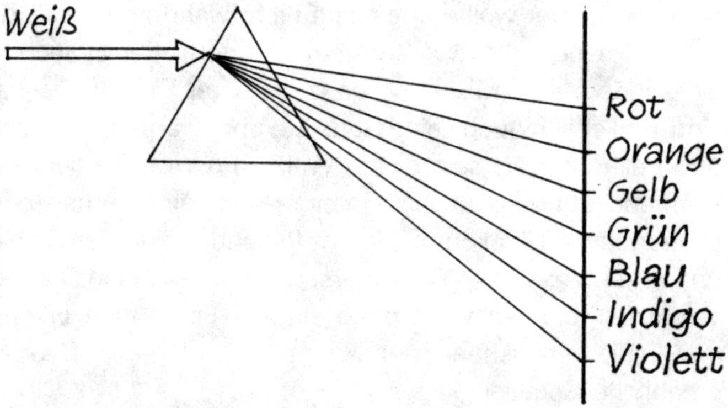

Meinung, daß das Prisma kein Entmischer sei, sondern ein Übeltäter, der das schöne, reine, weiße Licht während des Durchgangs bunt anmalt oder, wie er sagte, verunreinigt. Dieser schlimme Verdacht gegen das Prisma läßt sich aber leicht widerlegen. Wir brauchen dazu nur die einzelnen Mischungsbestandteile wieder zusammenzuschütten. Und sollte das Prisma nicht gemogelt haben, müssen wir als Mischung „Weiß" erhalten. Zum „Mischen" der Farben des Spektrums verwenden wir eine Sammellinse, sie sammelt die einzelnen Farben des Spektrums und bündelt sie zu einem einzigen Lichtstrahl. Siehe da, der Lichtstrahl ist weiß. Das Prisma ist rehabilitiert, Herr von Goethe hat es zu Unrecht übler Machenschaften verdächtigt, und damit sind wir wieder bei unserem Farbenkreisel angelangt. Er trägt auf seinen sieben Sektoren die sieben Hauptbestandteile des weißen Lichts, d. h. die Farben Rot, Orange, Gelb, Grün, Blau, Indigo und Violett. Und was bei dem soeben geschilderten Versuch die Sammellinse bewirkt hat, nämlich die Mischung der einzelnen Farben des Spektrums, bringt auch unser Kreisel fertig. Wenn er sich sehr schnell dreht, kommen die sieben Farben praktisch gleichzeitig in unserem Auge an und mischen sich dort zum Eindruck „Weiß". Herr von Goethe hat sich auch dadurch nicht überzeugen lassen. Er war wohl doch mehr Dichter als Naturwissenschaftler.

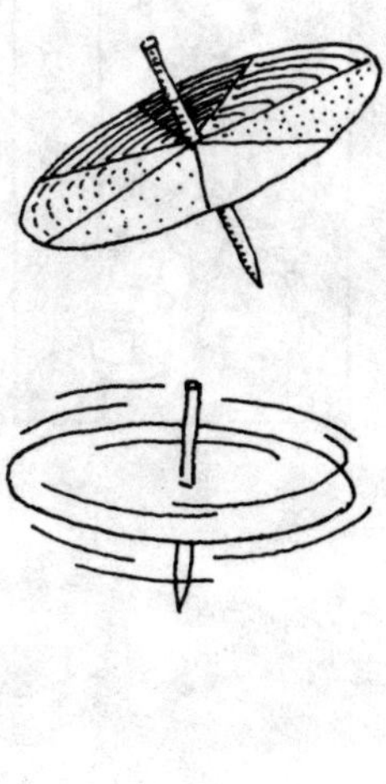

Und als Dichter wollte er einfach nicht wahrhaben, daß das schöne, reine, edle „Weiß'' nicht von göttlicher Einfachheit ist, sondern eine Mischung ganz ordinärer Farben. Deshalb sind schließlich auch seine Gedichte und Dramen berühmter und bekannter als sein dicker Wälzer über die Farbenlehre. Während übrigens unser bunter Kreisel seine Farben beim Drehen verliert, bekommt der im folgenden Bild dargestellte unbunte Kreisel seine Farben erst, wenn man ihn in Drehung versetzt. Probieren wir's doch einmal! Es ist eine Erscheinung, die weitgehend unbekannt ist und deren Deutung erhebliche Schwierigkeiten bereitet.

Die farblose Farbe

„Farbe hat keine Farbe, denn Farbe ist absolut farblos.'' Blödsinn werden jetzt viele denken, das klingt ja, als hätte jemand nicht alle Tassen im Schrank. Farbe und farblos, das widerspricht sich doch. Trotzdem stimmt dieser eigenartige Satz, man muß allerdings dazu sagen, daß mit Farbe der Farbstoff und nicht etwa eine Farbe wie z. B. Rot oder Gelb oder Grün gemeint ist. Was nämlich so widersinnig anmutet, ist durchaus üblicher Sprachgebrauch. Wer verlangt denn schon, wenn er seinen Gartenzaun streichen will, in einem Farbengeschäft, das eigentlich „Farbmittelgeschäft'' heißen

müßte, ein grünes Farbmittel? Doch in diesem Sinn hat Farbe keine Farbe, denn ein Farbmittel ist absolut farblos.
Physiker wissen es: Nichts ist farbig außer dem Licht. Am farbigsten ist das weiße Licht, denn es enthält alle Farben, die es überhaupt gibt. Denken wir doch einmal an einen Regenbogen. Mehr Farben, als ein Regenbogen enthält, gibt es nicht. Und alle diese Regenbogenfarben sind im weißen Sonnenlicht enthalten. Das weiße Licht ist demnach nichts anderes als ein Gemisch aus allen möglichen Farben. Bei der Entstehung eines Regenbogens geschieht nichts anderes, als daß die einzelnen Farben des Farbgemisches „weißes Licht" voneinander getrennt werden.
Wenn wir nicht auf den nächsten Regenbogen warten wollen, um seine Farben zu beobachten, brauchen wir nur ein Glasprisma zu nehmen, wie es im Kapitel „Bunt oder nicht bunt — das ist hier die Frage" beschrieben ist, um weißes Licht zu entmischen, d. h. in seine farblichen Bestandteile zu zerlegen. Das dabei entstehende Farbband, in der Physik das Sonnenspektrum genannt, enthält alle Farben, die es überhaupt gibt. Etwa 160 davon vermag unser Auge zu unterscheiden. Die sieben Hauptfarben sind, wie wir bereits wissen, Rot, Orange, Gelb, Grün, Blau, Indigo und Violett.
Und wenn wir unseren Gartenzaun beispielsweise mit „grüner Farbe" streichen, so ist nicht etwa das Farbmittel grün. Nein, das Farbmittel ist farblos, es hat lediglich die Eigenschaft, das im weißen Tageslicht enthaltene grüne Licht zu reflektieren und alle anderen darin enthaltenen Farben zu verschlucken. Bei Nacht nämlich, wenn alle Katzen grau sind, wie der Volksmund sagt, ist auch unser Zaun nicht mehr grün. Fällt überhaupt kein Licht auf ihn, kann er eben auch kein Licht reflektieren. Jetzt ist er ganz und gar farblos.
Manche Glasscheiben sind nur für rotes Licht durchlässig und für alle anderen Farben absolut undurchdringlich. Man nennt sie Rotfilter, weil sie gewissermaßen aus dem weißen Licht das rote Licht herausfiltern. Es gibt auch Grünfilter, Blaufilter, Gelbfilter usw. Manche Leute glauben, es handelt

sich bei diesen Filtern um „farbiges Glas". Das ist aber falsch, denn nicht das Glas ist farbig, sondern das Licht, das vom Glas hindurchgelassen wird. Betrachten wir beispielsweise unseren grün angestrichenen Gartenzaun durch ein Rotfilter, so erscheint er uns schwarz. Und das ist ja auch verständlich. Vom Gartenzaun wird lediglich grünes Licht reflektiert, und dieses grüne Licht kommt nicht durch das Rotfilter hindurch, kann demnach auch nicht in unser Auge gelangen. Wenn aber kein Licht vom Gartenzaun in unser Auge gelangt, so sehen wir ihn nicht. Und das, was wir nicht sehen, ist für uns schwarz wie die Nacht.

Blicken wir durch ein Rotfilter, erscheint uns die Welt nur in Rot und Schwarz. In Rot sehen wir alles, was rotes Licht aussendet oder rotes Licht reflektiert, und schwarz erscheint uns alles, was entweder überhaupt kein Licht oder zumindest kein rotes Licht aussendet bzw. reflektiert. Entsprechend verhält es sich, wenn wir uns ein Grünfilter vor die Augen halten. Wir sehen nur das, was grünes Licht aussendet oder reflektiert. Alles andere sehen wir nicht, es ist für uns schwarz.

Was aber geschieht, wenn wir ein Rotfilter und ein Grünfilter gleichzeitig vor unsere Augen halten, das eine vor das andere? Zappenduster wird's da! Nichts sehen wir mehr. Kein einziger Lichtstrahl dringt durch beide Filter hindurch in unser Auge. Dabei spielt die Reihenfolge der Filter überhaupt keine Rolle. Befindet sich das Rotfilter vor dem Grünfilter, sehen wir deshalb nichts, weil das Grünfilter das vom Rotfilter durchgelassene rote Licht nicht passieren läßt; befindet sich das Grünfilter vor dem Rotfilter, so sperrt das Rotfilter das vom Grünfilter durchgelassene grüne Licht, und wieder ist's dunkel. Gemeinsam wirken beide Filter wie ein undurchsichtiger Körper. Selbst wenn wir sie vor den lichtstärksten Scheinwerfer hielten, kein einziger Lichtstrahl gelangte durch dieses Filterpaar hindurch.

Der kürzeste Weg

Wollen wir vom Startpunkt S auf dem kürzesten Wege zum Zielpunkt Z gelangen, so dürfte das kein Problem für uns sein, weil doch wohl jeder weiß, daß die gerade Linie die kürzeste Verbindung zwischen zwei Punkten ist. Also auf geht's! Und zwar „geradenwegs" von S nach Z.

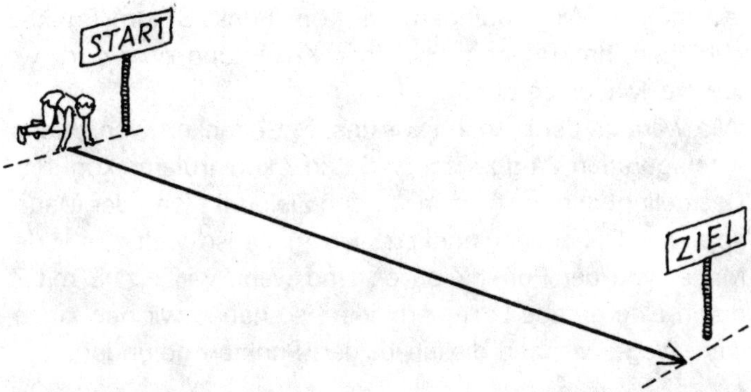

Nicht ganz so einfach wird es aber, wenn wir auf dem Wege vom Startpunkt S zum Zielpunkt Z einmal die Mauer M berühren müssen. Welcher von den vielen jetzt möglichen Wegen ist wohl der kürzeste?

Dieses Problem könnten wir zumindest näherungsweise dadurch lösen, daß wir die Längen der möglichen Wege einzeln abmessen. Da es aber, genau genommen, unendlich viele mögliche Wege gibt, brauchten wir zum Abmessen auch unendlich viel Zeit. Und daran wird's wohl scheitern. Warum aber ist das Problem jetzt auf einmal so schwer zu lösen? Das liegt ganz einfach daran, daß es diesmal nicht möglich ist, vom Start zum Ziel auf einer geraden Linie zu laufen. Der Weg, auf dem wir vom Punkt S zum Punkt Z gelangen, hat in jedem Fall einen Knick, und zwar dort, wo wir die Mauer berühren.

Wie wäre es denn, wenn wir uns, in Gedanken wenigstens, einen geraden Weg zwischen S und Z konstruieren könnten? Das gelingt aber nur, wenn wir den Zielpunkt Z an der Mauer spiegeln. Der Spiegelpunkt Z' liegt genauso weit hinter der Mauer wie der Punkt Z davor. Und wenn wir jetzt S mit Z' durch eine gerade Linie verbinden, so haben wir den kürzesten Weg zwischen diesen beiden Punkten gefunden.

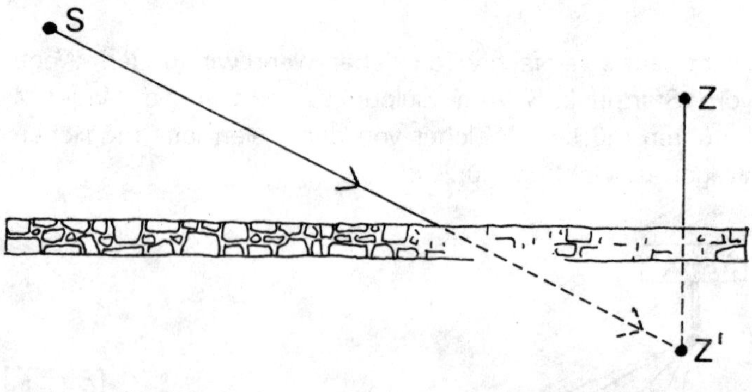

Leider verläuft jedoch ein Teil des Wegs hinter der Mauer, und dorthin kommen wir ja gar nicht. Das brauchen wir aber auch nicht. Wenn wir nämlich das hinter der Mauer verlaufende Wegstück an der Mauer spiegeln, verläuft es vor der Mauer und ist uns zugänglich. Da sich aber die Länge einer Strecke beim Spiegeln nicht ändert, ist es von S nach Z genauso weit wie von S nach Z'. Auf diese Weise haben wir

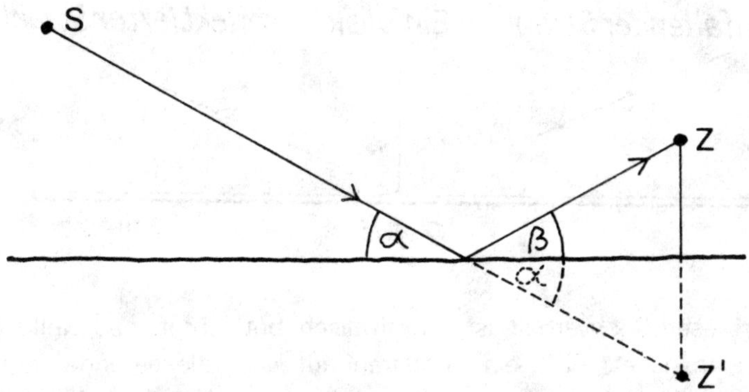

tatsächlich den kürzesten Weg von S nach Z gefunden. Aus seiner Konstruktion ergibt sich, daß die Winkelgröße α, unter der wir auf die Mauer zugehen, genauso groß sein muß wie die Winkelgröße β, unter der wir von der Mauer wieder weggehen.

Das Licht kennt natürlich diesen kürzesten Weg. Für alle Strahlen, die, von einer Lichtquelle L ausgehend, auf einen Spiegel treffen, gilt nämlich: Der Winkel, unter dem ein Lichtstrahl auf einen Spiegel trifft, ist genauso groß wie der Winkel, unter dem er vom Spiegel reflektiert wird. Folglich gelangt von allen Strahlen, die, von einer Lichtquelle L ausgehend, auf einen Spiegel fallen, nur derjenige zu einem vorgegebenen Punkt Z, für den die Entfernung zwischen L und Z am kürzesten ist.

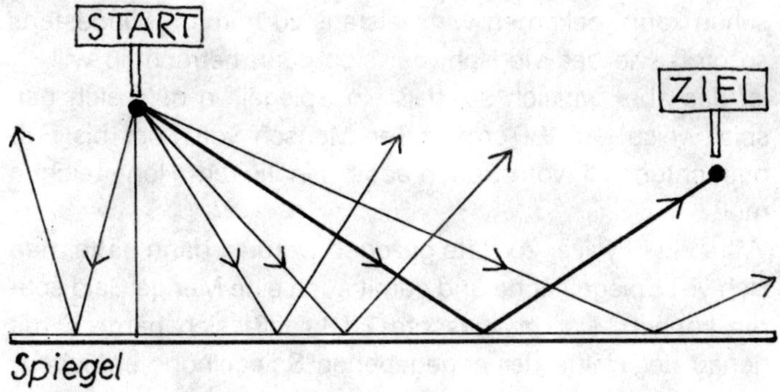

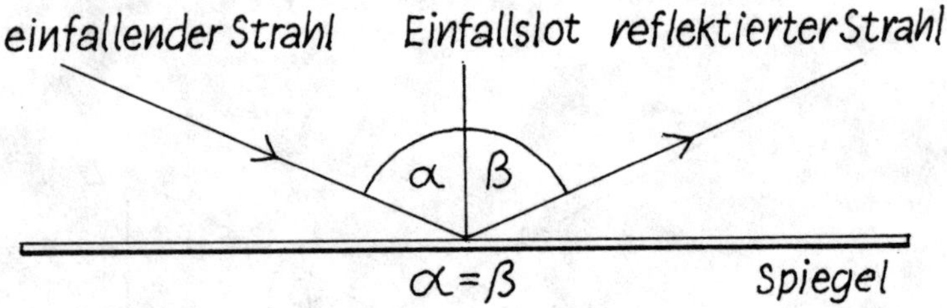

Dieser Sachverhalt ist, physikalisch betrachtet, das Reflexionsgesetz: Trifft ein Lichtstrahl auf eine reflektierende Fläche, so bilden der einfallende Strahl und der reflektierte Strahl mit dem Lot im Auftreffpunkt gleich große Winkel.

Die viel zu großen Spiegel

In Schneiderateliers, in Modegeschäften und in den Bekleidungsabteilungen der Kaufhäuser finden wir sie zuhauf, die mannshohen Spiegel. Nicht selten reichen sie sogar vom Boden bis zur Decke. Fragten wir, warum denn diese Spiegel so groß sind, bekämen wir zur Antwort: „Damit sich die Kunden in ihrer vollen Größe darin sehen und betrachten können!"
Und fragten wir weiter, welche Maße wohl ein Spiegel haben müsse, damit sich ein Mensch in seiner vollen Größe darin sehen kann, bekämen wir meistens zu hören: „Mindestens so groß wie der Mensch, der sich darin betrachten will."
Ist das aber wirklich so, daß ein Spiegel, in dem sich beispielsweise ein 180 cm großer Mensch von Kopf bis Fuß betrachten will, vom Boden aus bis in 180 cm Höhe reichen muß?
Wäre ein Physiker zu Rate gezogen worden, dann hätte man sich viel Spiegelfläche und damit auch eine Menge Geld sparen können. Der erwünschte Effekt läßt sich nämlich mit genau der Hälfte der angegebenen Spiegelhöhe erreichen.

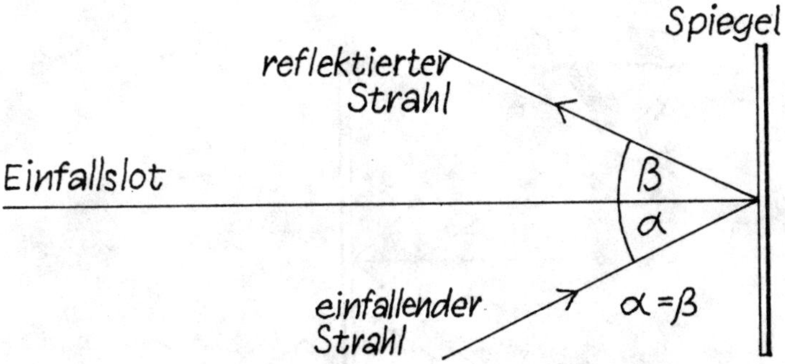

Um diese kühne Behauptung zu begründen, müssen wir zunächst wissen, was es physikalisch mit einem Spiegel auf sich hat. Und was geschieht, wenn ein Lichtstrahl auf einen ebenen Spiegel trifft? Auch das weiß jedes Kind: Der Lichtstrahl wird vom Spiegel reflektiert. Natürlich liegt dieser Reflexion eine Gesetzmäßigkeit zugrunde, was wir aus dem Kapitel „Der kürzeste Weg" bereits wissen und was auch aus unserer Zeichnung ersichtlich ist: Der Winkel zwischen dem einfallenden Lichtstrahl und dem Einfallslot ist genauso groß wie der Winkel zwischen dem Einfallslot und dem reflektierten Lichtstrahl. Mit Hilfe dieses Gesetzes, des Reflexionsgesetzes, können wir anhand einer einfachen Zeichnung ermitteln, wie es zu einem Spiegelbild kommt und wo sich dieses Bild scheinbar befindet. Nehmen wir als Gegenstand, der gespiegelt werden soll, z. B. eine fast punktförmige Lichtquelle, etwa ein leuchtendes Taschenlämpchen. Von den unendlich vielen Lichtstrahlen, die dieses Lämpchen in alle Richtungen aussendet, betrachten wir nur zwei, und zwar zwei dicht benachbarte, die beide auf den Spiegel treffen. Diese beiden Strahlen gehorchen, wie es die „Pflicht" eines jeden Lichtstrahls ist, dem Reflexionsgesetz. Nach ihrer Reflexion am Spiegel treffen sie auf unser Auge. Das Sehorgan des Menschen geht jedoch grundsätzlich immer davon aus, daß sich das Licht geradlinig ausbreitet. Abweichungen von dieser Norm werden vom Auge nicht akzeptiert. Und so vermutet unser Auge das leuchtende Lämpchen dort, wo

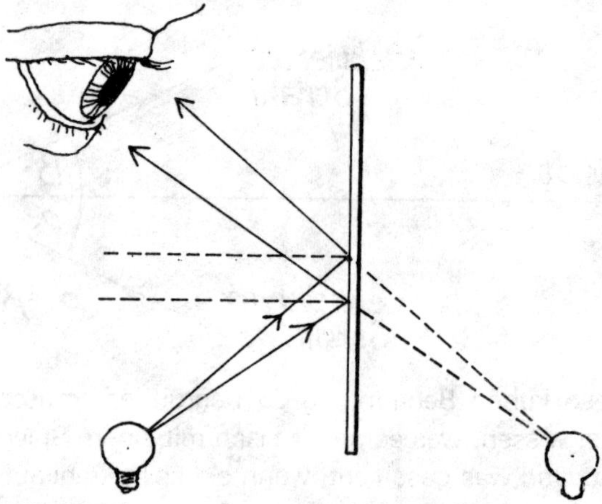

sich die gedachten Verlängerungen der ankommenden Lichtstrahlen schneiden. Dieser Schnittpunkt liegt aber genauso weit hinter dem Spiegel, wie sich das Lämpchen vor dem Spiegel befindet.
Wie das Reflexionsgesetz beschreibt, macht sich also unser Auge von einem vor dem Spiegel befindlichen Gegenstand ein Bild, das sich scheinbar genauso weit hinter dem Spiegel befindet wie der Gegenstand davor.
Auf dieser Grundlage können wir jetzt anhand einer einfachen Zeichnung ermitteln, wie groß ein Spiegel sein muß und in welcher Höhe er an der Wand zu befestigen ist, damit sich eine davorstehende Person in voller Größe betrachten kann.
Außer der Größe der betreffenden Person brauchen wir noch ihre Augenhöhe, d. h. die Entfernung vom Fußboden bis zu den Augen. Nehmen wir als Beispiel einen 180 cm großen Mann, dessen Augenhöhe 170 cm beträgt. Damit dieser Mann seine Fußspitze im Spiegel sieht, muß einer der von dort ausgehenden Lichtstrahlen in sein Auge gelangen. Nach dem Reflexionsgesetz ist das aber der Strahl, der zuvor in halber Höhe zwischen Fußboden und Auge auf den Spiegel getroffen ist. Folglich braucht der Spiegel erst in einer

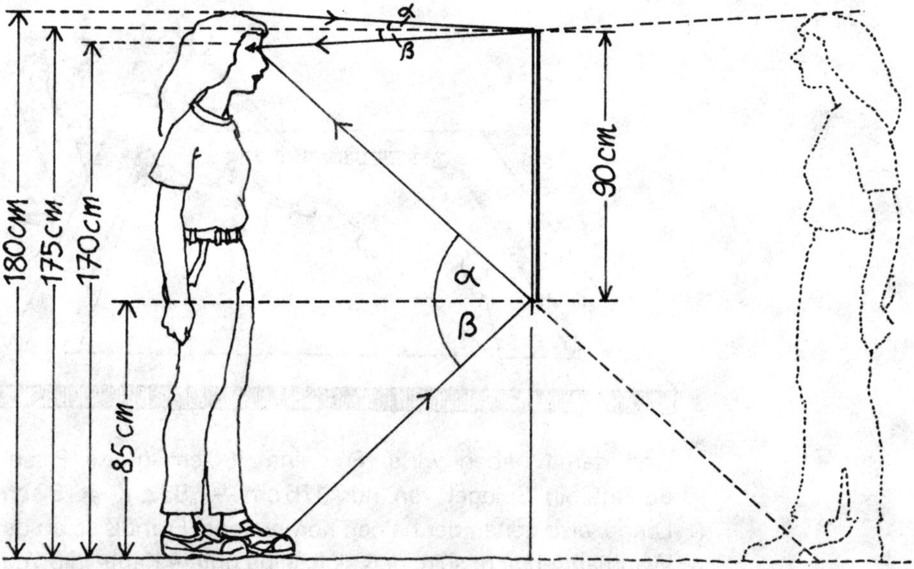

Höhe von 170 cm : 2 = 85 cm über dem Boden zu beginnen. Alles, was darunter ist, wird für den angestrebten Zweck nicht benötigt. Und von oben her ist das ebenso. Will der Mann auch sein Haupthaar sehen, so muß ein von dort ausgehender Lichtstrahl auf sein Auge treffen. Und das ist infolge des Reflexionsgesetzes der Strahl, der in 175 cm Höhe auf den Spiegel trifft. Folglich könnte der Spiegel in dieser Höhe enden. Alles, was darüber ist, wird nicht gebraucht.

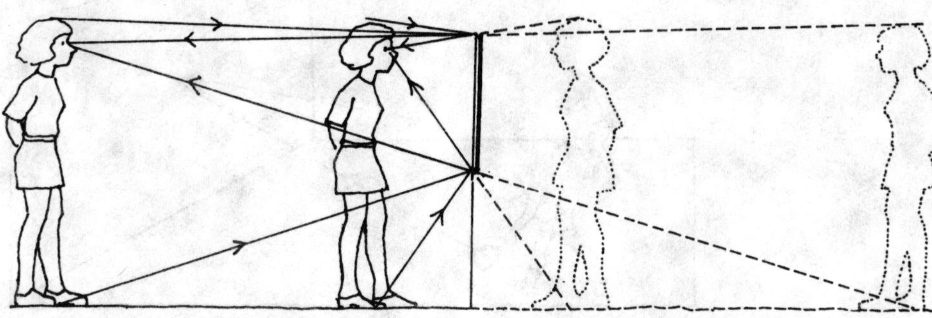

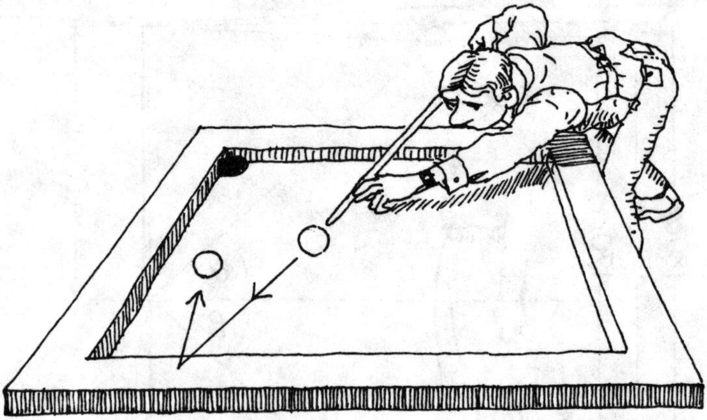

Und damit haben wir's: Für eine 180 cm große Person genügt ein Spiegel von nur 175 cm – 85 cm = 90 cm Länge, also genau der halben Körperlänge. Er muß so an der Wand angebracht sein, daß sich seine untere Kante in 85 cm Höhe über dem Boden befindet, d. h. in halber Augenhöhe. Unser Ergebnis gilt nicht etwa nur für einen 180 cm großen Mann, sondern auch für eine 170 cm große Frau oder ein 95 cm kleines Kind oder einen 210 cm großen Riesen oder einen 50 cm kleinen Zwerg.
Für jede Person, die sich von Kopf bis Fuß in einem Spiegel betrachten will, muß der Spiegel halb so groß sein wie die

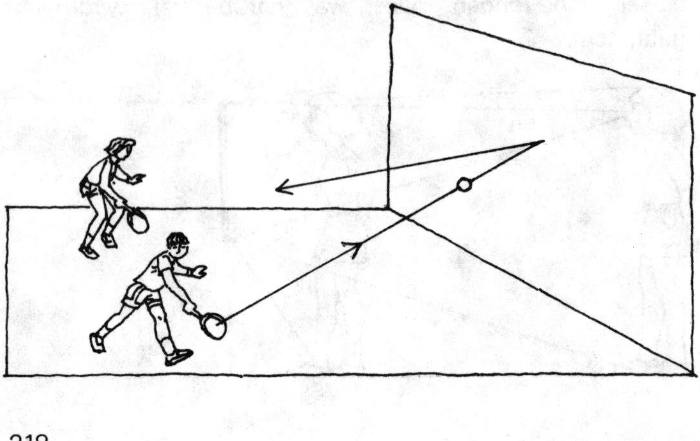

Körperlänge und in halber Augenhöhe über dem Boden beginnen. Der Abstand zwischen Person und Spiegel spielt überhaupt keine Rolle. Ob diese Person dicht am Spiegel steht oder weit von ihm entfernt ist, stets sieht sie sich in voller Größe.
Das Reflexionsgesetz gilt übrigens nicht nur für Lichtstrahlen, die auf einen Spiegel treffen, sondern unter anderem auch für Tennisbälle, die auf den Boden des Tennisfeldes treffen, für Squashbälle, die auf eine Wand prallen, und für Billardbälle, die an eine Bande des Billardtisches stoßen.

Was essen die Studenten?

„Was essen die Studenten?" rufen manche Kinder, wenn sie in der Nähe eines Waldrandes oder einer Felswand stehen, und prompt erhalten sie von dort die Antwort: „Enten!" Manchmal fragen sie auch: „Wie heißt der Bürgermeister von Wesel?" und freuen sich diebisch über die Antwort: „Esel!" Wenn ihre Eltern nicht dabei sind, wagen sie oft auch zu fragen: „Wie heißt der Bürgermeister von Passau?" oder „Wie heißt der Monarch?", und auch darauf gibt ihnen das Echo bereitwillig Auskunft.
Ein Echo kommt dadurch zustande, daß der Schall von einem Hindernis genauso zurückgeworfen wird wie Lichtstrahlen von einem Spiegel. Ursache eines Echos ist folglich eine Schallreflexion. Nicht jede Schallreflexion jedoch führt zu einem Echo. Befindet sich nämlich das Hindernis, von dem der Schall reflektiert wird, nicht weit genug von der Schallquelle, beispielsweise von einem rufenden Kind, entfernt, so vermischen sich der erzeugte und der zurückgeworfene Schall miteinander und können nicht mehr getrennt voneinander wahrgenommen werden. In diesem Fall sprechen wir nicht von einem Echo, sondern von einem Nachhall. In geschlossenen Räumen ist ein gewisser Nachhall

meistens sehr erwünscht, weil der ursprüngliche Schall, zum Beispiel die Sprache eines Redners, dadurch verstärkt wird. Bei hinreichend großer Entfernung zwischen Schallquelle und Hindernis kann man jedoch den ursprünglichen Schall und den reflektierten Schall getrennt wahrnehmen. Dann erst ist ein Echo möglich.

Zwei verschiedene Schallereignisse, zwei Glockenschläge etwa, können wir erst dann getrennt voneinander wahrnehmen, wenn zwischen ihnen eine Zeit von mindestens 0,1 s vergeht. Sonst hören wir nur einen einzigen Glockenschlag. Und da der Schall in der Luft pro Sekunde etwa 332 m zurücklegt, sind das in 0,1 s also 33,2 m. Um demnach den ursprünglichen und den reflektierten Schall getrennt voneinander wahrnehmen zu können, muß der reflektierte Schall insgesamt einen Weg von mindestens 33,2 m zurücklegen. Das ist der Fall, wenn der Abstand zwischen der Schallquelle und dem reflektierenden Hindernis mindestens 16,6 m beträgt. Und damit haben wir die Bedingung für das Zustandekommen eines Echos: Zwischen Rufer und Waldrand bzw. Felswand muß eine Entfernung von mindestens 16,6 m (≈ 17 m) liegen.

Je größer diese Entfernung ist, desto eindrucksvoller wird das Echo. Dann kann man nämlich unter Umständen nicht nur das letzte Wort eines Satzes als Echo hören, sondern bisweilen sogar den ganzen Satz.

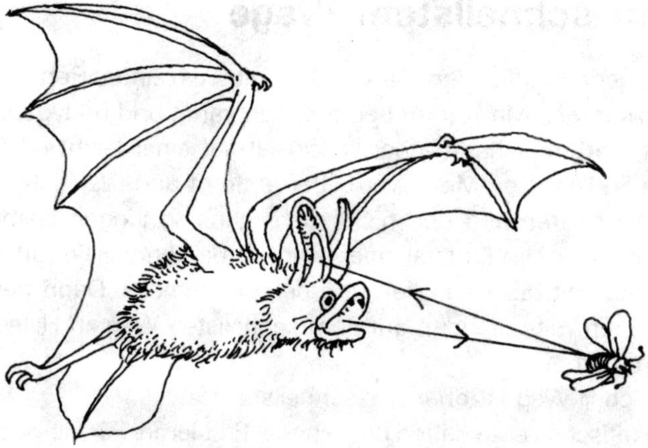

Übrigens ist das Echo keineswegs nur als Kinderbelustigung geeignet. Es wird durchaus zu nützlichen Zwecken verwendet, beispielsweise zur Messung von Meerestiefen. Echolot heißt die dazu dienende Vorrichtung. Sie besteht aus einer Schallquelle und einem Schallempfänger, beide unter Wasser am Rumpf eines Schiffes befestigt. Die Schallquelle sendet einen kurzen Schallimpuls zum Meeresboden, und der Schallempfänger registriert das von dort zurückkommende Echo. Aus der Zeit, die zwischen dem Aussenden des Schallimpulses und dem Empfang des Echos vergeht, wird mit Hilfe der Ausbreitungsgeschwindigkeit des Schalls in Wasser, etwa 1490 m/s, die Meerestiefe berechnet (siehe Anmerkung S. 271).

Auf schnellstem Wege

An jedem offiziellen Badestrand gibt es einen Rettungsschwimmer. Meist thront er, braungebrannt und bodygebuildet, mit unnachahmlicher Lässigkeit auf einer leicht erhöhten Stelle einige Meter vom Ufer entfernt und läßt sich von den jüngeren und den nicht mehr ganz so jungen Damen anhimmeln. Im Ernstfall aber, wenn jemand um Hilfe ruft, ist es aus mit der Lässigkeit und der Anhimmelei. Dann heißt es, dem Hilferufenden auf dem schnellsten Weg zu Hilfe zu kommen.
Welcher Weg ist aber der schnellste?
Unkritische Leute haben da keinerlei Probleme. Für sie ist der schnellste Weg stets auch der kürzeste. Und der kürzeste Weg zwischen zwei Punkten ist bekanntlich die gerade Linie. Der Rettungsschwimmer müßte nach ihrer Meinung nur „geraden" Weges auf den Hilfesuchenden zueilen, und dann käme er auch am schnellsten bei ihm an.
Tatsächlich gibt es aber nur zwei Fälle, in denen der kürzeste Weg auch der schnellste ist, wenn nämlich entweder der Rettungsschwimmer genauso schnell schwimmen wie laufen kann, und das ist ziemlich unwahrscheinlich, oder wenn der gerade Weg zum Hilfesuchenden genau senkrecht zur Uferlinie verläuft, was schließlich auch nicht sehr wahrscheinlich ist. In allen anderen Fällen ist jedoch der schnellste Weg länger als der kürzeste.
Angenommen, der Rettungsschwimmer befindet sich auf dem Land an der Stelle R und der Hilfesuchende im Wasser an der Stelle H, so verläuft der kürzeste Weg zwischen R und H entlang der Geraden, die durch diese beiden Punkte festgelegt ist. Diesen „geraden" Weg sollte der Rettungsschwimmer aber nicht einschlagen. Weil er im allgemeinen schneller laufen als schwimmen kann, sollte er vielmehr einen Weg wählen, der möglichst lange auf dem Land verläuft. Am längsten bleibt er aber an Land, wenn er folgenden Weg einschlägt:

Obwohl dieser Weg wesentlich länger als der gerade Weg ist, käme er auf ihm in der Regel doch etwas schneller zum Hilfesuchenden. Mit Sicherheit handelt es sich aber auch jetzt noch nicht um den schnellsten Weg. Dieser liegt nämlich zwischen diesen beiden Wegen, d. h. zwischen dem kürzesten Weg und dem, der am längsten über Land führt.
An welcher Stelle des Ufers der Rettungsschwimmer jedoch ins Wasser hechten muß, um so schnell wie möglich beim Hilfesuchenden zu sein, hängt vor allem davon ab, in welchem Verhältnis seine Laufgeschwindigkeit zu seiner Schwimmgeschwindigkeit steht.
Je größer seine Laufgeschwindigkeit gegenüber seiner Schwimmgeschwindigkeit ist, desto weiter muß er zunächst auf dem Lande laufen, bevor er sich ins Wasser stürzt, wie aus dem Bild hervorgeht.
Genau umgekehrt müßte sich ein Seehundweibchen verhalten, das sich an Land sonnt und plötzlich von den Hilferufen seines im Wasser spielenden Jungen alarmiert wird. Da Seehunde schneller schwimmen als laufen können, hätte das Tier einen Weg zu wählen, der nur möglichst kurz auf dem Land verläuft. Am kürzesten ist dieser Landweg, wenn er senkrecht zum Ufer führt.

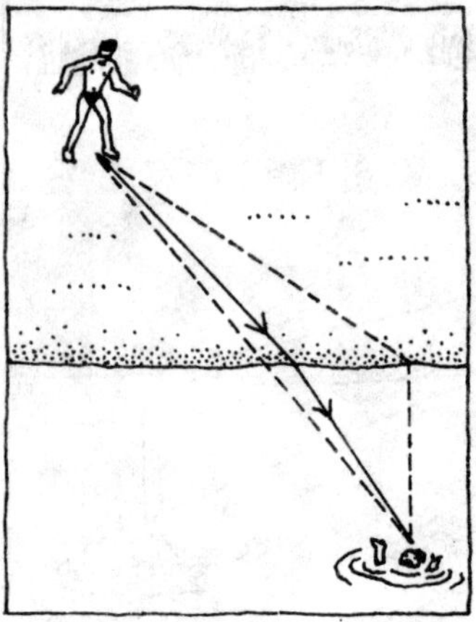

Laufgeschwindigkeit
nur wenig höher
als Schwimmge-
schwindigkeit

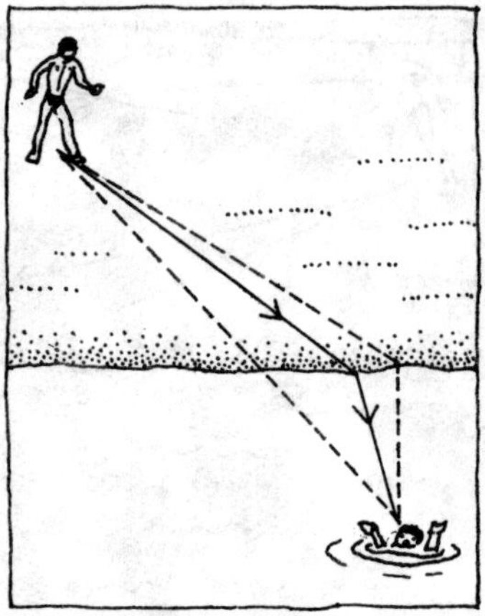

Laufgeschwindigkeit
wesentlich höher
als Schwimmge-
schwindigkeit

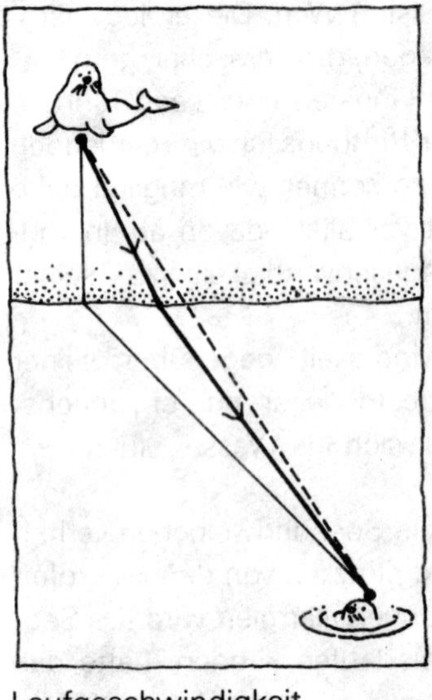

Laufgeschwindigkeit
nur wenig geringer als
Schwimmgeschwindigkeit

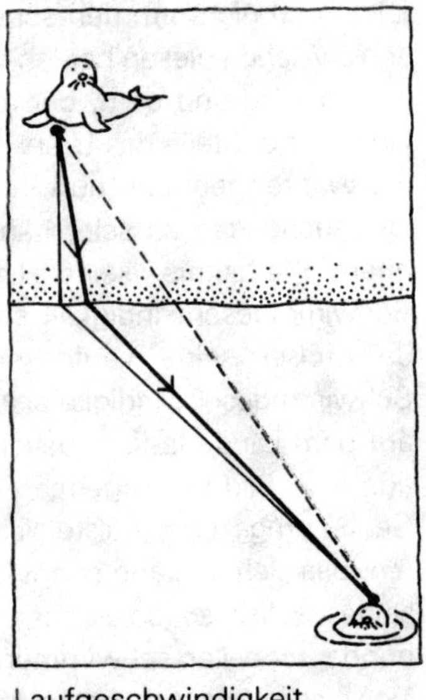

Laufgeschwindigkeit
wesentlich geringer als
Schwimmgeschwindigkeit

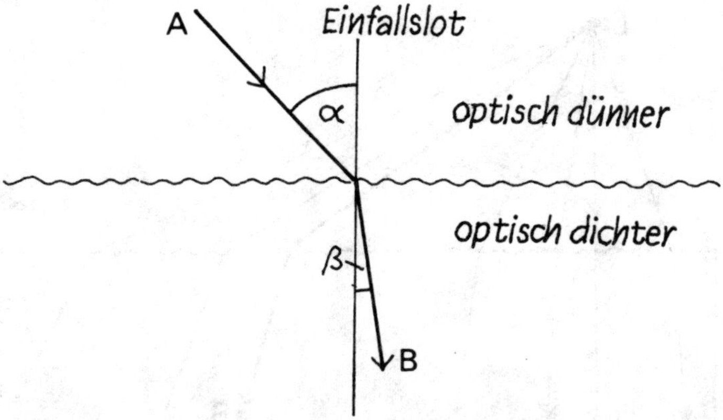

Auch jetzt liegt der schnellste Weg wieder zwischen dem kürzesten, d. h. dem geraden, und dem Weg, bei dem die kürzeste Strecke über Land führt. An welcher Stelle das Seehundweibchen ins Wasser gehen soll, hängt auch hier vom Verhältnis zwischen Laufgeschwindigkeit und Schwimmgeschwindigkeit ab.

Den schnellsten Weg wählt auch ein Lichtstrahl, der von einem Punkt A in der Luft zu einem Punkt B im Wasser gelangen soll. Weil er, genauso wie ein Rettungsschwimmer, in der Luft schneller vorwärtskommt als im Wasser, verläuft er nicht etwa geradlinig, d. h. auf kürzestem Wege, von A nach B, wie es sonst seine Gewohnheit ist, sondern er knickt an der Wasseroberfläche deutlich ab. Dadurch wird zwar sein Weg von A nach B insgesamt länger, das Wegstück, das im Wasser verläuft, wird jedoch kürzer. Und da sich der Lichtstrahl im Wasser langsamer ausbreitet als in Luft, kommt er auf diesem längeren Weg letztlich doch schneller ans Ziel. Er hat nicht den kürzesten, sondern den schnellsten Weg gewählt.

Denkt man sich dort, wo der Lichtstrahl auf das Wasser trifft, ein Lot zur Wasseroberfläche gezeichnet, so erkennt man, daß der Lichtstrahl zu diesem Einfallslot hin gebrochen wird. Die Winkelgröße β ist kleiner als die Winkelgröße α.

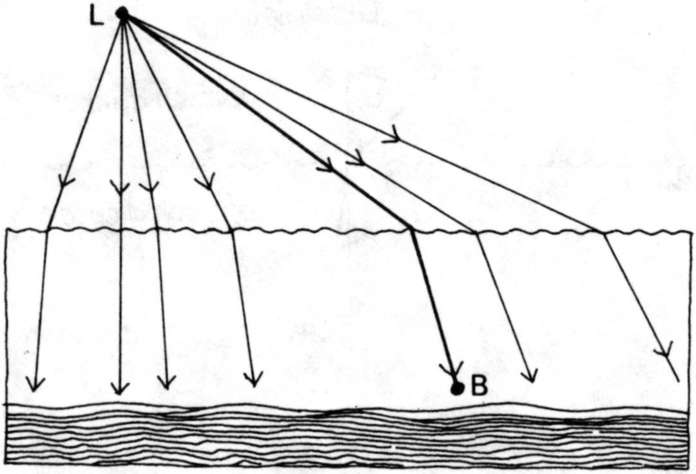

Diesen Vorgang nennt man die Brechung des Lichts. Die Lichtbrechung bewirkt, daß von allen Strahlen, die, von einer Lichtquelle L ausgehend, auf die Trennfläche zwischen Luft und Wasser fallen, nur derjenige zum Punkt B gelangt, der dort am schnellsten ankommt. Alle anderen Strahlen gehen am Punkt B vorbei.
Wenn umgekehrt ein Lichtstrahl aus dem Wasser in Luft übertritt, verhält er sich ähnlich, wie sich unser Seehundweibchen verhalten müßte. Weil nämlich die Ausbreitungs-

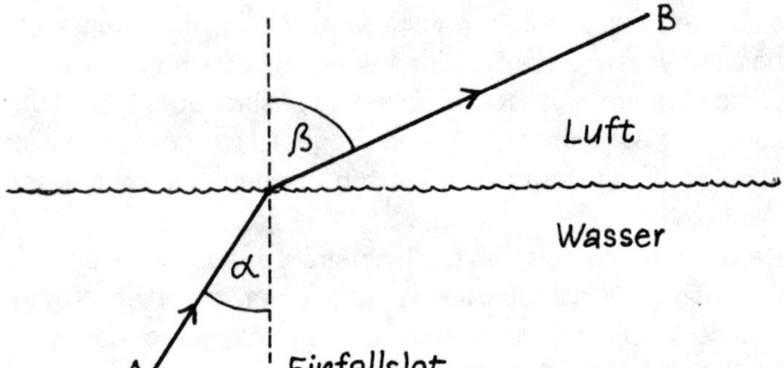

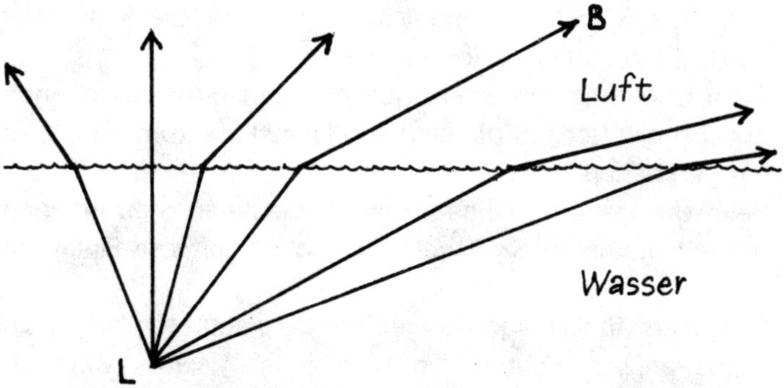

geschwindigkeit des Lichts im Wasser geringer ist als in der Luft, so verläuft der Strahl im Wasser auf einem möglichst kurzen Weg. Deshalb knickt er an der Trennfläche zwischen Wasser und Luft deutlich ab, diesmal allerdings vom Einfallslot weg. Die Winkelgröße α ist kleiner als die Winkelgröße β. Und wieder gilt: Von allen Lichtstrahlen, die, von einer Lichtquelle L ausgehend, auf die Trennfläche zwischen Wasser und Luft treffen, gelangt nur derjenige zum Punkt B, der dort in kürzester Zeit eintrifft. Alle anderen Strahlen gehen am Punkt B vorbei.

Breitet sich das Licht in einem Stoff A langsamer aus als in einem Stoff B, so nennt man den Stoff A optisch dichter als

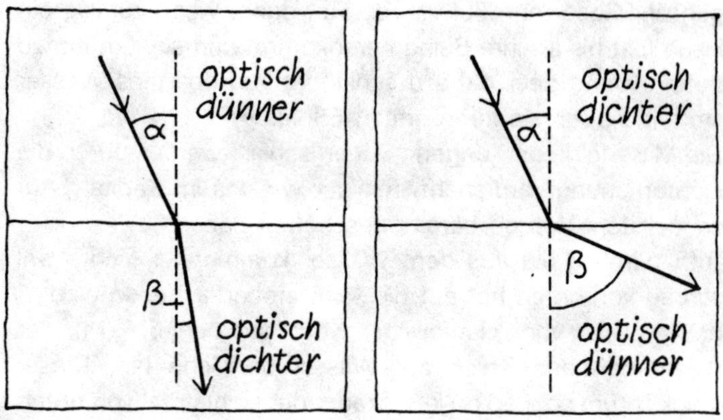

den Stoff B. Das verwendet man, um die Gesetzmäßigkeit der Lichtbrechung zu formulieren:
Beim Übergang von einem optisch dünneren Stoff in einen optisch dichteren Stoff wird ein Lichtstrahl zum Einfallslot hin gebrochen.
Beim Übergang von einem optisch dichteren Stoff in einen optisch dünneren Stoff wird ein Lichtstrahl vom Einfallslot weg gebrochen.
Selbstverständlich kann keine Brechung auftreten, wenn ein Lichtstrahl senkrecht auf die Trennfläche zwischen zwei Stoffen unterschiedlicher Dichte trifft.

Ein schwieriger Fischfang

Im Gebiet der Südsee soll es Eingeborenenstämme geben, die mit dem Speer auf Fischjagd gehen. Sie stellen sich ins flache Wasser, warten reglos, bis sich ein Fisch nähert, stoßen blitzschnell zu, und schon zappelt ihre Beute durchbohrt an der Speerspitze. Wenn die Jungen solcher Stämme alt genug sind und zum erstenmal mit auf die Fischjagd gehen dürfen, erleben sie im allgemeinen eine herbe Enttäuschung. Was sie auch tun und wie sie sich auch anstrengen, stets geht ihr Speer am Ziel vorbei. Erst dann, wenn zufällig ein Fisch fast bis an ihre Beine herankommt und sie, um ihn zu treffen, den Speer nahezu senkrecht von oben ins Wasser stoßen, haben sie ihren ersten Erfolg.
Die Mißerfolge der jungen „Speerfischer" werden durch die Lichtbrechung verursacht, mit der wir uns im Kapitel „Auf schnellstem Wege" bereits beschäftigt haben.
Trifft nämlich ein aus dem Wasser kommender Lichtstrahl schräg von unten her auf die Wasseroberfläche, so wird er bekanntlich vom Einfallslot weg gebrochen, d. h. er bekommt einen Knick zur Wasseroberfläche hin. Dieser Knick ist um so stärker, je schräger der Lichtstrahl von unten

her auf die Wasseroberfläche trifft. Nur Lichtstrahlen, die genau senkrecht auf die Trennfläche zwischen Wasser und Luft treffen, erhalten keinen Knick, sondern gelangen ungebrochen aus dem Wasser in die Luft.
Wie wirkt sich das auf die Fischjagd mit dem Speer aus? Damit der Eingeborene seine unter der Wasseroberfläche herumschwimmende Beute überhaupt sehen kann, müssen einige der vom Fischkörper reflektierten Lichtstrahlen auf sein Auge treffen. Unser Gesichtssinn ist aber daran gewöhnt, daß sich Lichtstrahlen geradlinig ausbreiten. Deshalb vermutet ein Neuling den Fisch in der Richtung des Lichtstrahls, der in sein Auge gelangt. Daß dieser Strahl beim Verlassen des Wassers einen Knick gemacht hat, will ihm nicht in den Kopf, und deshalb stößt er den Speer genau in die Richtung des ankommenden Lichtstrahls. Dem Fisch passiert nichts. Der Speer fährt neben ihm ins Wasser, genauer gesagt, er geht über ihn hinweg.
Erst dann, wenn die jungen Eingeborenen gelernt haben, daß sie den Speer immer ein bißchen vor dem scheinbaren Ort des Fisches ins Wasser stoßen müssen, um die Beute zu treffen, ist ihre Ausbildung als Fischjägerlehrling beendet. Warum jedoch sogar der blutigste Anfänger einen Treffer landet, wenn sich der Fisch genau senkrecht unter seinem Auge befindet, kann sich jeder nun selbst erklären.

Die Welt steht kopf

Die Welt steht tatsächlich auf dem Kopf! Und nicht etwa dann, wenn wir vor Vergnügen einen Kopfstand machen, nein, dann steht sie gerade nicht auf dem Kopf. Wenn wir uns aber aufrecht auf zwei Beinen befinden, dann steht die Welt auf dem Kopf, und zwar in unseren Augen.
Manche werden das sicherlich nicht ohne weiteres glauben. Es ist ja auch wirklich kaum zu fassen, daß uns unser Auge

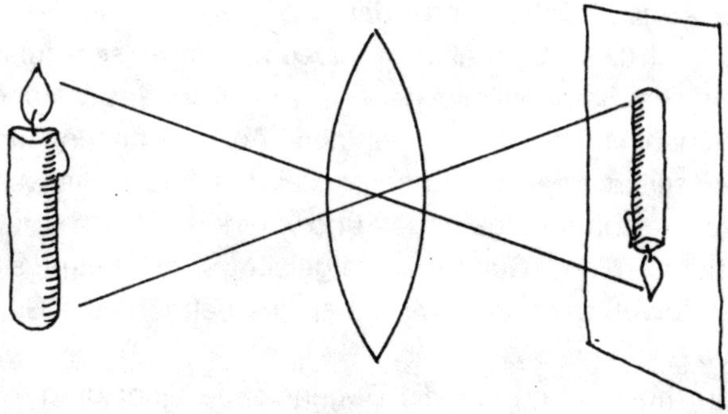

von unserer Umgebung ein Bild liefert, das auf dem Kopf steht. Aber es ist nun einmal so, und an dieser Tatsache läßt sich nicht rütteln.
Wenn wir in hinreichend großer Entfernung vor eine Sammellinse, d. h. eine Linse, die in der Mitte dicker als am Rande ist, eine brennende Kerze stellen, so können wir hinter der Linse auf einer Mattscheibe oder auf einem Blatt Papier ein Bild dieser Kerze auffangen. Dieses Bild ist umgekehrt, die brennende Kerze steht also auf dem Kopf, die Flamme ist unten, die Kerze oben. Das Bild ist außerdem seitenvertauscht: Blasen wir die Kerzenflamme nach rechts, zeigt sie im Bild nach links. Das Bild ist kleiner als die Kerze.
Diese Erscheinung können wir bei jeder Sammellinse beobachten, wenn die Kerze nur weit genug vor der Linse steht.

Unser Auge hat aber hinter der Pupille eine kleine Sammellinse. Und diese Sammellinse erzeugt, wie es sich für eine ordentliche Sammellinse gehört, von allen Gegenständen, die sich hinreichend weit vor dem Auge befinden, umgekehrte, seitenvertauschte und verkleinerte Bilder. Sie werden auf der Netzhaut aufgefangen und von dort in Form von Nervenimpulsen ans Gehirn weitergeleitet. Dort treten sie in unser Bewußtsein, und wir sehen die betrachteten Gegenstände.

Warum aber sehen wir die Gegenstände nicht umgekehrt, auf dem Kopf stehend, wie sie doch auf unserer Netzhaut erscheinen? Ganz einfach deshalb, weil wir uns an diesen Zustand gewöhnt haben, d. h. daran, daß die Welt in unserem Auge, auf unserer Netzhaut also, auf dem Kopf steht. Das empfinden wir als normal, und normal ist für uns „aufrechtstehend''. Logischerweise müßte dann ein aufrechtstehendes Netzhautbild in unserem Gehirn den Eindruck „umgekehrt'' hervorrufen. Das ist auch der Fall. Befinden wir uns im Kopfstand, steht das Bild von unserer Umgebung auf der Netzhaut aufrecht und nicht auf dem Kopf. Und welchen Eindruck liefert uns unser Gehirn, wenn wir die Welt aus dem Kopfstand betrachten?

Na, bitte!

Ein umgekehrtes Netzhautbild liefert den Eindruck „aufrechtstehend", ein aufrecht stehendes Netzhautbild liefert den Eindruck „umgekehrt".
Wie sehr dabei die Gewohnheit eine Rolle spielt, haben die Wissenschaftler durch ein Experiment nachgewiesen: Einer Versuchsperson wurde eine Brille aufgesetzt, durch die sie alles umgekehrt sah, also auf dem Kopf stehend. Nach zwei bis drei Tagen empfand die Versuchsperson diesen Zustand als normal. Sie hatte trotz Brille den Eindruck, daß alles, wie es sich gehört, aufrecht steht. Als sie aber nach einigen Tagen die Brille wieder absetzen durfte, sah sie plötzlich alles auf dem Kopf stehen, und es dauerte einige Zeit, bis sie sich wieder an den normalen Zustand gewöhnt hatte.
Unsere Netzhaut können wir übrigens nicht nur durch Licht, sondern auch durch Druck reizen. Jeder, der einmal einen Faustschlag aufs Auge bekommen hat, weiß das. Da konnte er nämlich Sternchen tanzen sehen. Und diese Sternchen waren durch den Druck auf die Netzhaut erzeugt worden. Wenn wir leicht rechts unten an einen unserer Augäpfel drücken, so sehen wir links oben eine Lichterscheinung. Und drücken wir links oben gegen den Augapfel, dann empfinden wir rechts unten eine Lichterscheinung.
Jeder mag diesen Vorgang selbst deuten.

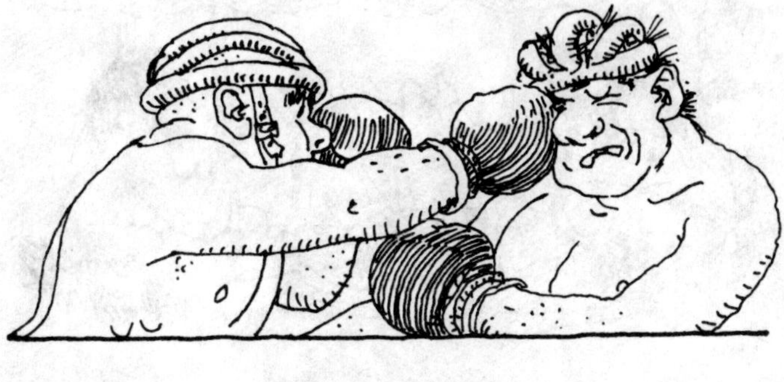

Der Wassertropfen als Brandstifter

Feuermachen können wir auf die unterschiedlichste Art und Weise. Meistens verwenden wir dazu ein Zündholz oder ein Feuerzeug. Wir könnten aber auch zwei Steine zusammenschlagen und die Funken auf einen benzingetränkten Wattebausch fallen lassen oder, wie die Menschen der Frühzeit, zwei Holzstücke aneinander reiben, bis sie zu glimmen beginnen. Wir könnten auch einen Holzstoß aufschichten und warten, bis der Blitz hineinfährt; nur brauchten wir dann eine sagenhafte Geduld. Schließlich ließen sich auch mit einem Brennglas die Strahlen der Sonne „sammeln" und auf ein Stück Papier oder einen anderen leichtentzündlichen Stoff richten.

Wie aber funktioniert ein Brennglas?

Physikalisch betrachtet, ist ein Brennglas nichts anderes als eine Sammellinse. Das ist eine Linse, die in der Mitte dicker ist als am Rand. Den Namen Sammellinse hat sie ihrer bemerkenswerten Eigenschaft wegen, parallel zueinander verlaufende Lichtstrahlen, wie beispielsweise die Sonnen-

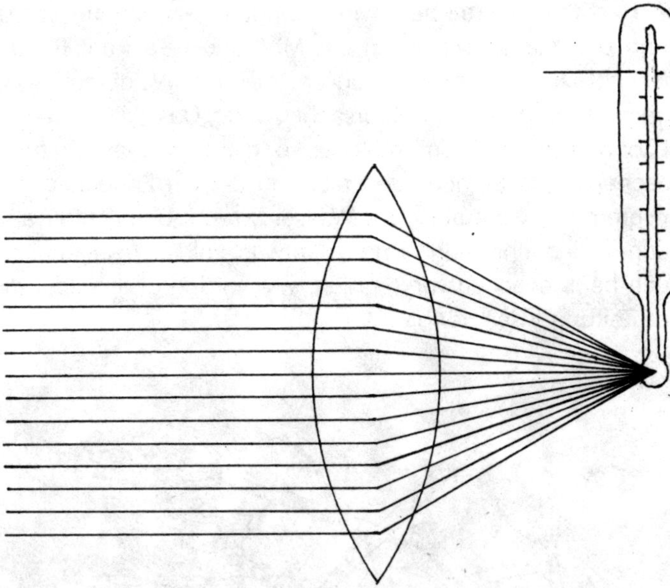

strahlen, in einem Punkt zu sammeln. Und in diesem Punkt wird's dann ziemlich warm, denn wo sichtbares Licht ist, sind ja stets auch Wärmestrahlen, und wo viel Licht ist, ist eben meist auch viel Wärme.
Die mit den Lichtstrahlen ankommende Wärmeenergie, die sich über die gesamte Fläche der Linse verteilt, wird dadurch praktisch in einem Punkt, genauer gesagt, auf einer winzig kleinen Fläche konzentriert. Und dort entstehen dann so hohe Temperaturen, daß leicht entzündliche Stoffe zu brennen beginnen.
Genauso wie eine Sammellinse kann jede beliebige Glasscherbe wirken, sofern sie nur in der Mitte dicker als am Rand ist, und das trifft beispielsweise auf den Boden einer Sektflasche zu. Fällt Sonnenlicht durch eine solche Glasscherbe auf einen leicht brennbaren Stoff, wie es zum Beispiel trockenes Laub ist, so kann es unter Umständen dazu kommen, daß sich dieser Stoff entzündet. Mancher Waldbrand ist auf diese Weise entstanden.

Auch ein Wassertropfen wirkt übrigens als Sammellinse, denn er ist ja schließlich in der Mitte dicker als am Rand. Deshalb ist es durchaus möglich, daß ein Waldbrand von einem Wassertropfen verursacht wird. Das klingt recht absonderlich, denn normalerweise dient ja Wasser zum Löschen eines Brandes und nicht zu dessen Entfachen. In unserem Fall wäre aber das Wasser sowohl Brandstifter als auch Feuerwehrmann. Und so etwas soll ja gelegentlich auch bei Menschen vorkommen, wie wir hin und wieder in der Zeitung lesen können.

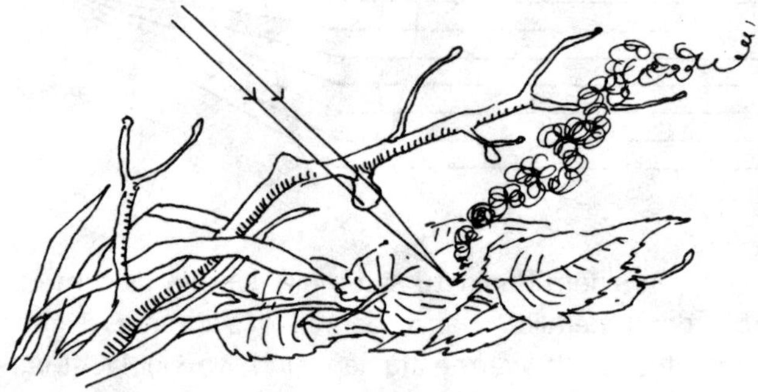

Der Lichtschlauch

Wasserschläuche verwenden wir dazu, Wasser dahin zu leiten, wo sich in unmittelbarer Nähe keine Wasserentnahmestelle befindet. Die Feuerwehr braucht Wasserschläuche, um Löschwasser vom Löschteich oder vom nächstgelegenen Hydranten zur Brandstelle zu bringen. Gärtner brauchen Wasserschläuche, um mit ihnen Wasser auf Rasen und Beete zu gießen. Daß es aber auch „Lichtschläuche" gibt, wissen nur die wenigsten. Sie sind sogar weiter verbreitet, als wir allgemein annehmen. Und so, wie ein Wasserschlauch dazu dient, Wasser von einem Teich oder einem

Wasserhahn, d. h. einer Wasserquelle im weitesten Sinn des Wortes, zum Verbraucher zu bringen, dient ein Lichtschlauch dazu, Licht von einer Lichtquelle an eine Stelle zu bringen, wo es dringend benötigt wird. Eine solche Stelle könnte beispielsweise unser Magen sein, in dem ein Arzt nach einem Magengeschwür Ausschau halten will. Da es aber in einem Magen dunkel ist, muß Licht dorthin, und weil man uns nicht gerade zumuten kann, eine Taschenlampe oder wenigstens ihr Glühlämpchen zu verschlucken, benutzt der Arzt einen dünnen Lichtschlauch, den er uns durch Mund oder Nase einführt. Da dieser Lichtschlauch beweglich ist, kann damit systematisch die Magenwand abgeleuchtet werden. Wie aber soll der Arzt die beleuchtete Magenwand betrachten? Schließlich sitzt er ja vor und nicht in uns! Er führt ganz einfach noch einen zweiten Lichtschlauch ein, und durch diesen betrachtet er dann den gut ausgeleuchteten Magen. Wenn man uns die unangenehme Prozedur, die das Einführen des Schlauches für die meisten Patienten darstellt, nicht gleich zweimal zumuten will, verbindet man beide Schläuche zu einem und führt sie gleichzeitig ein.

Diese Art der Untersuchung, bei der ein Arzt von außen her fast alle Stellen im Inneren unseres Körpers betrachten kann, heißt Endoskopie. Ihre physikalische Grundlage ist eine Erscheinung, die man Totalreflexion nennt. Wie verhält es sich damit?

Wenn wir z. B. den Lichtstrahl einer Taschenlampe auf die ruhige, glatte Oberfläche eines Sees oder Schwimmbeckens richten, durchdringt der Strahl die Trennfläche zwischen Luft und Wasser, und zwar in jedem Fall, ganz gleich, ob wir ihn sehr steil oder sehr flach auf die Wasseroberfläche richten. Beim Eintritt ins Wasser wird er allerdings gebrochen, wie wir aus dem Kapitel „Auf schnellstem Wege" bereits wissen. Der Strahl erhält einen mehr oder weniger deutlichen Knick, es sei denn, wir lassen ihn genau senkrecht auftreffen. Bei diesem Vorgang geht aber nur ein Teil des Lichtstrahls in das Wasser über, während der andere Teil an der Wasseroberfläche reflektiert wird. Diese Reflexion ist aber keine Totalreflexion, deshalb ist sie für unser Thema uninteressant.

Ganz anders jedoch verhält sich die Sache, wenn beispielsweise ein Taucher einen Lichtstrahl aus seinem Unterwasserscheinwerfer von unten her gegen die Wasseroberfläche richtet. Dann ist noch lange nicht sicher, ob dieser Lichtstrahl auch durch die Wasseroberfläche hindurch nach außen gelangt. Das tut er nämlich nur, wenn er verhältnis-

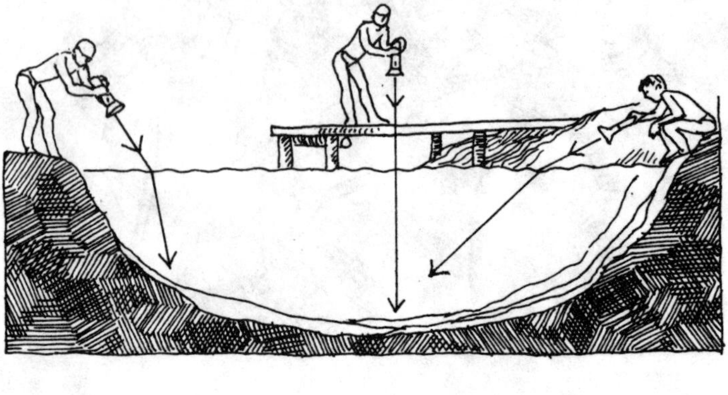

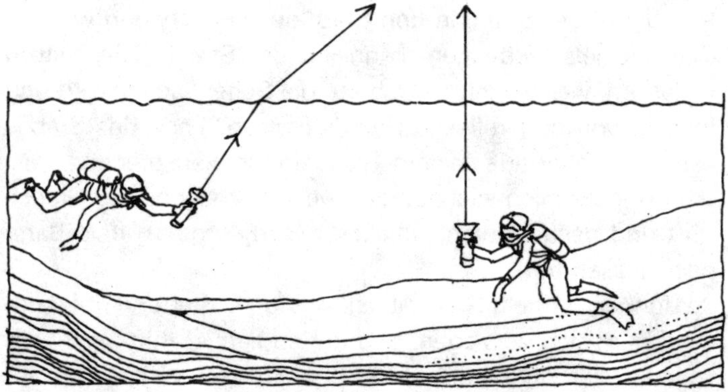

mäßig steil nach oben gerichtet wird. Trifft der Strahl jedoch sehr flach, d. h. unter einem sehr kleinen Winkel, von unten her auf die Trennfläche zwischen Wasser und Luft, so kann er sie nicht durchdringen, sondern er wird an ihr reflektiert. Das ist so ähnlich, wie wenn wir einen Stein flach gegen eine Wasseroberfläche werfen. Er springt ja auch zunächst einmal zurück.

Die gleiche Erscheinung tritt jedoch nicht nur an der Grenzfläche zwischen Wasser und Luft auf, sondern beispielsweise auch zwischen Glas und Luft bzw. Glas und Wasser. Wenn wir einen dünnen, biegsamen Glasstab nehmen und einen Lichtstrahl senkrecht auf eine seiner Stirnflächen rich-

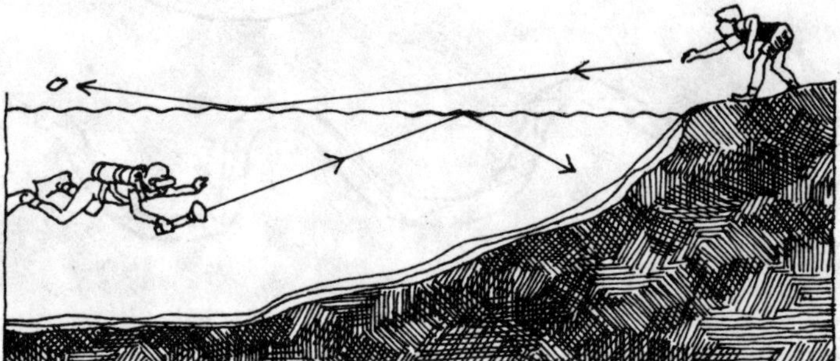

ten, dringt der Strahl in den Stab ein. Selbst wenn wir den Glasstab jetzt verbiegen, kann ihn der Strahl nicht seitlich verlassen, weil er viel zu flach auf die Seitenflächen trifft und folglich von dort reflektiert wird. Erst am Ende des Stabes kann er wieder aus seinem Glasgefängnis ausbrechen, weil er dort ja ziemlich steil auf die zweite Stirnfläche des Stabes trifft und deshalb nicht reflektiert wird, sondern freie Bahn nach außen hat.
Je dünner aber ein Glasstab ist, desto leichter und gefahrloser läßt er sich verbiegen, und um so flacher trifft ein in ihm verlaufender Lichtstrahl selbst bei stärkster Verbiegung auf die seitliche Grenzfläche. Man stellt deshalb derartige Lichtschläuche so her, daß man sehr viele, oft mehrere tausend, haarfeine Glasfasern zu einer Art Kabel, dem sogenannten Glasfaserkabel, zusammenbindet. Und der Lichtschlauch heißt natürlich auch nicht Lichtschlauch, obwohl das sicherlich ein sehr treffender Name wäre. Er wird vielmehr Lichtleiter genannt, weil das ja auch viel besser klingt.

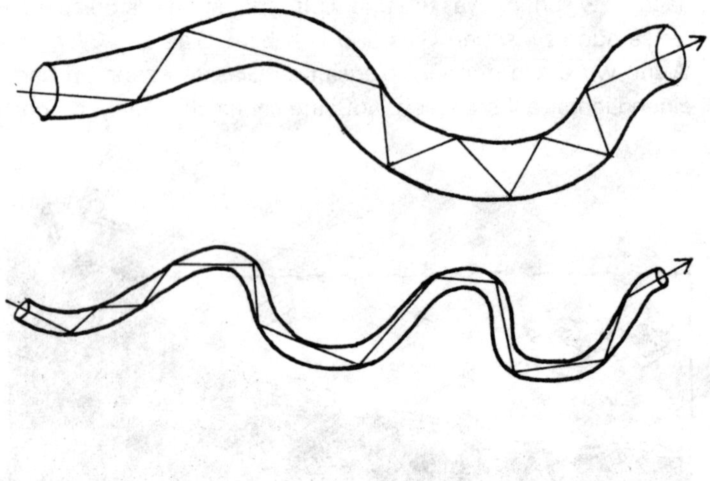

Die Luftpfütze

Sind wir mit dem Auto im Sommer auf einer schnurgeraden Straße unterwegs, dann sieht es manchmal so aus, als befände sich weit voraus mitten auf der Fahrbahn eine Pfütze, in der sich der Himmel oder ein entgegenkommendes Auto spiegelt. Wenn wir aber danach an dieser Stelle vorbeifahren, staunen wir, daß gar keine Pfütze vorhanden ist; die Straße ist trocken. Ihre Oberfläche glänzt nicht, sie ist matt und rauh.

Wie aber kommt es dann zu dieser Spiegelung? Schließlich war es doch keine optische Täuschung, denn wir haben ganz deutlich gesehen, daß sich der Himmel in einer Pfütze gespiegelt hat.
Der Himmel hat sich tatsächlich in einer Pfütze gespiegelt, nur nicht in einer Pfütze aus Wasser, sondern in einer „Pfütze" aus sehr warmer Luft.
Wie aber geht das vor sich?
Unmittelbar über dem schwarzen Straßenbelag bildet sich bei Sonneneinstrahlung eine sehr warme Luftschicht heraus, die bei Windstille wie eine Decke auf der Straße liegenbleibt. Trifft ein Lichtstrahl, der aus der darüber liegenden kälteren Luftschicht kommt, sehr schräg auf diese Warmluftschicht, so kann er nicht in sie eintreten. Er wird vielmehr zurückgeworfen, und zwar genauso, wie ein Lichtstrahl aus der Lampe eines Tauchers an der Wasseroberfläche reflektiert wird. Diese Erscheinung, wie aus dem Kapitel „Der Lichtschlauch" hervorgeht, heißt Totalreflexion. In unserem Fall sieht das so aus:

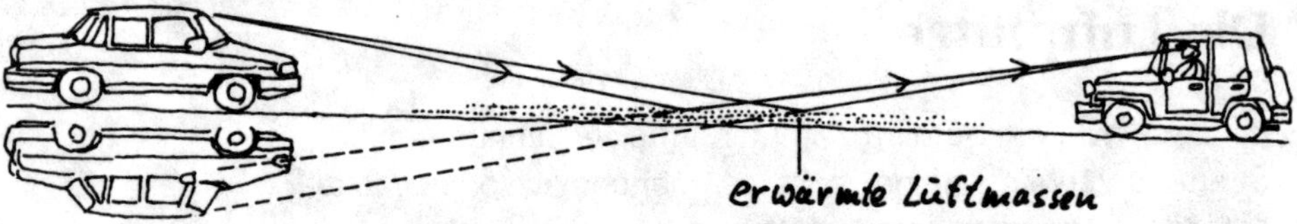

Weil aber nicht alle Lichtstrahlen, sondern nur die sehr schräg auftreffenden reflektiert werden, sehen wir diese Warmluftpfützen nur in ziemlich großer Entfernung. Beim Näherkommen treffen die zurückgeworfenen Lichtstrahlen nicht mehr auf unser Auge, es sei denn, wir bückten uns bis nahe an die Straßenoberfläche herunter.

Übrigens kann nicht nur an einer auf dem Boden liegenden Warmluftschicht eine Totalreflexion auftreten, sondern auch an einer Warmluftschicht, die sich hoch über dem Erdboden befindet. Zwischen diesen beiden Erscheinungen besteht jedoch ein Unterschied: An einer auf der Erde liegenden Warmluftschicht werden von oben her kommende Lichtstrahlen reflektiert, folglich wird an ihr der Himmel gespiegelt. An einer Warmluftschicht hoch über der Erdoberfläche dagegen werden von unten her kommende Lichtstrahlen reflektiert, folglich wird an ihr ein Gebiet der Erde gespiegelt, wie im Bild dargestellt.

Für einen nach oben blickenden Beobachter scheint ein riesengroßer Spiegel waagerecht am Himmel zu hängen. Und

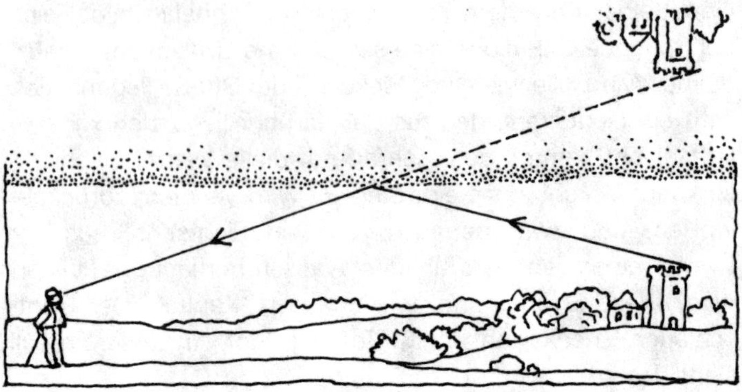

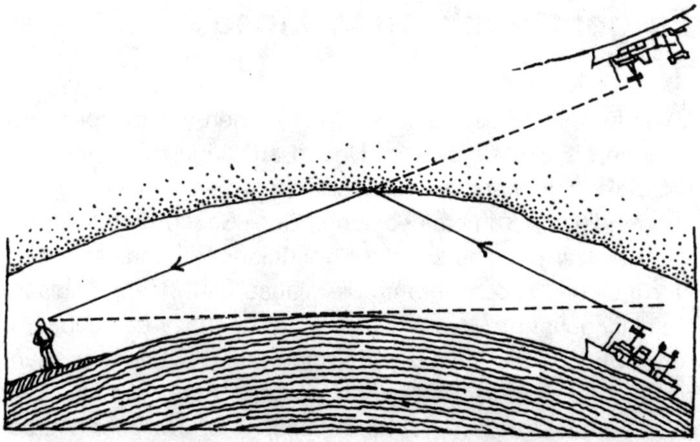

in diesem Spiegel sieht er das umgekehrte Bild der Erdoberfläche. Was in Wirklichkeit oben ist, das ist im Spiegelbild unten, und was in Wirklichkeit unten ist, das ist im Spiegelbild oben. Die Welt scheint für ihn auf dem Kopf zu stehen. Fata Morgana heißt diese Erscheinung im Volksmund. Sie kann unter Umständen sogar dazu führen, daß man das Spiegelbild solcher Gebiete der Erdoberfläche am Himmel erblicken kann, die man auf direktem Wege infolge der Erdkrümmung überhaupt nicht sieht. So taucht beispielsweise ein ankommendes Schiff, vom Strand aus gesehen, schon als Spiegelbild in der Luft auf, lange bevor es am Horizont zu sehen ist.

Es geht auch ohne Linse

Was für tolle Fotoapparate sie mit sich herumschleppen, die Touristen, wenn sie sich im Urlaub auf Jagd nach Sehenswürdigkeiten begeben. Kilogrammschwer baumeln da die aufwendigsten Kameras vor Brust oder Bauch und zwingen ihre Besitzer beinahe zu leicht gebückter Haltung. Am meisten fällt bei diesen Geräten die „Linse" auf, fachmännisch Objektiv genannt. Wahre Ofenrohre können wir da beobachten, 20, 30, 40 Zentimeter lang und mehr. Oft vermag man gar nicht zu unterscheiden, ob an der Kamera ein Objektiv oder am Objektiv eine Kamera befestigt ist. Darüber hinaus schleppen viele Kamerabesitzer noch zahlreiche Wechselobjektive mit sich herum, die sie bei Bedarf an ihren Apparat schrauben: Teleobjektive, mit denen man weit entfernte Gegenstände aufnehmen kann, beispielsweise den Wetterhahn auf einem hohen Kirchturm, und Weitwinkelobjektive, mit denen man aus 1 m Entfernung ein 5 m breites und 3 m hohes Wandbild fotographieren kann. Auch Spezialobjektive für fast jeden Zweck werden benutzt. Kaum einer dieser Leute, die ein halbes Vermögen in ihre Fotoausrüstung gesteckt haben, ahnt jedoch, daß man auch gänzlich ohne Objektiv fotographieren kann.
In der Tat, die ersten Kameras hatten überhaupt keine Linse. Dort, wo sich bei den heutigen Fotoapparaten das Objektiv befindet, hatten sie nichts weiter als ein kleines Loch. Deshalb hat man ihnen auch den Namen „Lochkamera" gegeben. Und dieses Loch funktioniert im Grunde genommen ganz genauso wie eine Linse, es erzeugt von einem vor der Kamera stehenden Gegenstand ein Bild. Dieses Bild kann auf einer Mattscheibe aufgefangen und betrachtet oder in der lichtempfindlichen Schicht eines Filmes konserviert werden. Wie das Bild bei einer Lochkamera entsteht, zeigt unsere Abbildung. Der Einfachheit halber fotographieren wir dabei einen aufrechtstehenden, gut beleuchteten Pfeil.

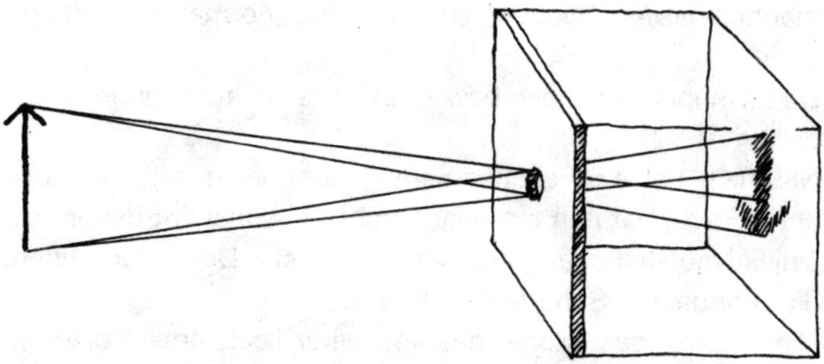

Von der Spitze S des Pfeils gehen Lichtstrahlen in alle Richtungen aus. Einige davon gelangen durch das Loch, treffen auf die Rückwand der Lochkamera und erzeugen dort eine winzige Lichtscheibe. Dieses Lichtscheibchen ist das Bild der Pfeilspitze.

Auf dieselbe Weise wird von jedem einzelnen Punkt des Pfeils ein Lichtscheibchen erzeugt, und die Gesamtheit aller dieser Lichtscheibchen ergibt das Bild des Pfeils. Es steht auf dem Kopf und ist seitenverkehrt. Man kann es auf einem Film auffangen, den Film entwickeln und sich Abzüge davon

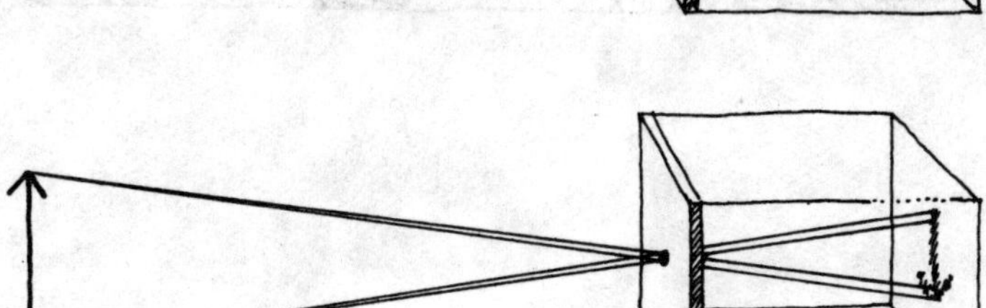

machen lassen wie bei einem ganz „normalen" Fotoapparat.
Damit haben wir aber bewiesen, daß es auch ohne Linse geht.
Natürlich hat eine Lochkamera gegenüber den heute üblichen Fotoapparaten ein paar Nachteile, sonst würden ja die Objektivhersteller längst schon Pleite sein. Da ist zum einen die mangelnde Schärfe des Bildes.
Die Schärfe des Bildes, das von einer Lochkamera erzeugt wird, hängt vom Durchmesser der winzigen Lichtscheibchen ab. Je kleiner dieser Durchmesser ist, desto schärfer wird das Bild. Einen kleinen Durchmesser erreichen wir durch ein sehr kleines Loch. Dann aber gelangt nur wenig Licht in die Kamera, und man braucht längere Belichtungszeiten. Bei Personenaufnahmen ist das ein erhebliches Handikap, denn wer kann schon einige Sekunden oder gar Minuten lang unbeweglich vor der Kamera stehen?

Mister Franklins funkenspeiender Drache

Solange es Menschen gibt, gibt es auch die Angst vieler Menschen vor Gewittern. Blitz und Donner galten in grauer Vorzeit als Ausdruck des Zorns der Götter. In zahlreichen Sagen der verschiedensten Völker werden Gewitter als Kämpfe von Dämonen gedeutet.

Die alten Germanen glaubten, daß der Gott Donar, nach dem übrigens unser Donnerstag benannt ist, die Gewitter verursachte. Immer dann, wenn er schlecht gelaunt war und seinen schweren Hammer durch die Gegend schleuderte, „donar"te es.

Die alten Griechen hielten Zeus, den obersten ihrer zahlreichen Götter, für den Urheber von Blitz und Donner. Wenn Zeus Wut hatte, und das geschah recht häufig, denn er lag mit Hera, seiner Göttergattin, wegen seiner zahlreichen Liebesabenteuer ständig im Streit, schleuderte er Blitz und Donner über die Erde.

Auch in der Bibel ist häufig von Gewittern als einer Strafe Gottes die Rede.

Es dauerte recht lange, bis die Menschen erkannten, daß Blitz und Donner keine übernatürlichen Vorgänge sind, sondern eine ganz natürliche Ursache haben. Noch um die Mitte des 18. Jahrhunderts bestand die irrige Ansicht, der Blitz sei nichts anderes als eine heftige Explosion von Schwefelgasen, die aus irgendwelchen Sümpfen und Morasten in die Atmosphäre gestiegen waren.

Erst um 1750 kam die Vermutung auf, beim Blitz handle es sich um nichts anderes als um eine elektrische Entladung allergrößten Ausmaßes. Um diese Zeit war es zur großen Mode geworden, mit Elektrisiermaschinen zu experimentieren. Die dabei zwischen zwei elektrisch geladenen Kugeln überspringenden Funken und das Knallen und Knistern dazu deuteten darauf hin, daß ein Blitz nichts anderes sei als

ein riesengroßer elektrischer Funke und das Donnern der diesen Funken begleitende Knall.
Es war der Amerikaner Benjamin Franklin (1706-1790), der den entscheidenden Beweis für diese Annahme lieferte. Im Jahre 1752 ließ er während eines Gewitters in einem Park von Philadelphia einen Drachen steigen, um damit gewissermaßen einen Blitz vom Himmel herunterzuholen und ihn auf der Erde zu untersuchen. Das gelang ihm auch. Die in der Luft enthaltene Elektrizität floß über die feuchte Drachenschnur nach unten, und zwischen dem unteren Ende der Schnur und der Erde sprangen unter Knistern und Knallen zahlreiche kräftige Funken über. Diese Funken unterschieden sich in nichts von denen, die mit einer der üblichen Elektrisiermaschinen erzeugt worden waren. Und dadurch hatte Mister Franklins funkenspeiender Drache das Geheimnis um Blitz und Donner endgültig gelichtet.

Es ist jedoch keinesfalls zu empfehlen, den Franklinschen Drachenversuch nachzumachen. Er ist nämlich lebensgefährlich, und Benjamin Franklin hatte seinerzeit riesengroßes Glück, daß er ihn unbeschadet überstand. Nicht so viel Glück hatte ein Jahr später der russische Naturwissenschaftler Georg Wilhelm Richman (1711–1753). Er kam bei einem ähnlichen Experiment, bei dem er die Luftelektrizität über einen Blitzableiter in sein Laboratorium leitete, ums Leben. Damit war er vermutlich der erste, der beim Umgang mit Elektrizität einen tödlichen Unfall erlitt.

Weder voll noch leer

Gelegentlich hören wir jemanden sagen: „Die Batterie meiner Taschenlampe ist leer!'' Oder wir werden gefragt: „Hast du vielleicht mal eine volle Batterie für mich?''
Jeder weiß, was damit gemeint ist, dennoch sind die Sätze falsch. Es gibt nämlich keine vollen Batterien. Und weil es keine vollen Batterien gibt, kann es auch keine leeren geben. Eine Batterie ist weder voll noch leer. Sie ist nichts anderes als eine besondere Art von Pumpe. Während aber beispielsweise eine Wasserpumpe Wasser pumpt, pumpt eine Batterie Elektronen. Wir könnten sie demnach „Elektronenpumpe'' nennen.
Von einer Wasserpumpe weiß wohl jeder, daß sie weder Wasser erzeugt, noch einen größeren Wasservorrat enthält. Eine Wasserpumpe setzt lediglich das schon vorhandene Wasser in Bewegung. Sie erzeugt kein Wasser, sondern einen Wasserstrom. Und dazu hat sie zwei Anschlüsse: ein Saugrohr und ein Preßrohr (Druckrohr). Durch das Saugrohr saugt sie Wasser an, durch das Preßrohr preßt sie das angesaugte Wasser wieder aus sich heraus. Sie behält nicht etwa einen größeren Vorrat an Wasser für schlechtere Zeiten in

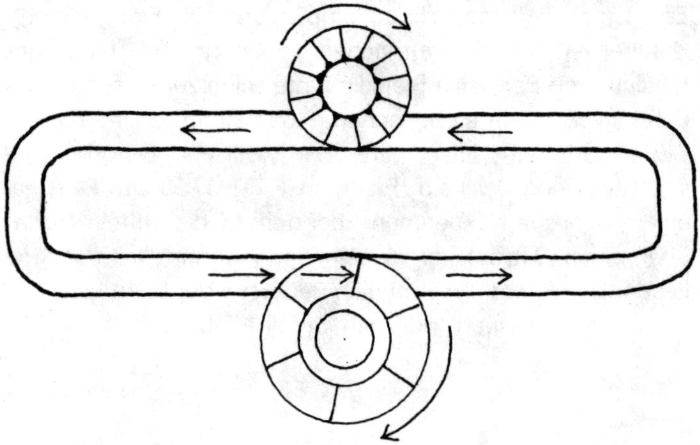

sich zurück. Alles, was sie ansaugt, gibt sie im nächsten Moment auch schon wieder von sich.
Mit einer solchen Wasserpumpe läßt sich in einer geschlossenen Rohrleitung ein Wasserstrom erzeugen, mit dem man beispielsweise ein Wasserrad antreiben kann.
Entsprechend funktioniert auch eine Batterie, denn sie ist eine ,,Elektronenpumpe''. Sie erzeugt weder Elektronen, noch besitzt sie einen größeren Elektronenvorrat. Vielmehr setzt sie die schon vorhandenen Elektronen in Bewegung. Sie erzeugt einen Elektronenstrom oder, wie man für gewöhnlich sagt, einen elektrischen Strom. Und genauso wie die Wasserpumpe hat auch die Elektronenpumpe zwei Anschlüsse, einen Pluspol und einen Minuspol. Durch den Pluspol saugt sie Elektronen an, durch den Minuspol preßt sie die angesaugten Elektronen wieder aus sich heraus. Und weil sie, ähnlich einer Wasserpumpe, alle Elektronen, die sie auf der einen Seite ansaugt, sofort auf der anderen Seite wieder von sich gibt, enthält sie keinen Vorrat an Elektronen.
Woher aber kommen dann die Elektronen, die von der Batterie in Bewegung gesetzt werden? Diese frei beweglichen Elektronen sind in großer Anzahl in Metallen enthalten, beispielsweise in Kupferdrähten oder in den dünnen Drähten

von Glühlampen. In einer geschlossenen Drahtleitung läßt sich demnach mit Hilfe einer Batterie ein Elektronenstrom erzeugen, mit dem wir beispielsweise eine Glühlampe zum Leuchten bringen oder einen Elektromotor antreiben können. Und nun ist es wohl klar, daß es keine vollen und keine leeren Batterien gibt, allenfalls solche, die noch pumpen können und solche, die keine Kraft mehr zum Pumpen haben. Diese Kraft einer Batterie, mit der sie die Elektronen durch die Leitung treibt, heißt ihre elektrische Spannung.

Ein beschwerlicher Selbstmord

Da hängt nun unten am Mast der Hochspannungsleitung ein großes, gelbes Schild mit der Aufschrift: „Hochspannung! Vorsicht! Lebensgefahr!''
Immer wieder haben uns unsere Eltern und Lehrer eindringlich vor den Gefahren gewarnt, die von einer Hochspannungsleitung ausgehen.
Strikt ist uns verboten worden, in der Nähe einer Hochspannungsleitung Drachen steigen zu lassen.
Und nun sitzt da so ein kleiner Vogel hoch droben auf der Leitung und zwitschert fröhlich vor sich hin! Stellt die Hochspannungsleitung für den Vogel keinerlei Gefahr dar?
Hochspannungsleitungen sind tatsächlich für Vögel im Normalfall völlig ungefährlich. Wäre es anders, die Naturschüt-

zer hätten schon längst dafür gesorgt, daß all diese Leitungen unterirdisch geführt würden. Das käme zwar teurer, auf das Gezwitscher unserer Vogelschar möchte aber kein vernünftiger Mensch verzichten.
Wieso eigentlich ist für die Vögel ungefährlich, was für uns Menschen mit allerhöchster Lebensgefahr, genauer gesagt: mit allerhöchster Todesgefahr, verbunden ist: das Berühren einer Hochspannungsleitung?
Könnten wir es schaffen, uns wie ein Vogel auf eine Hochspannungsleitung zu hocken, passierte auch uns nichts. Aber da wir nun einmal nicht fliegen können, müßten wir, um auf die Leitung zu gelangen, zunächst am Mast hochklettern. Beim Übergang vom Mast zur Leitung aber würde es passieren: Ein tödlicher Stromschlag träfe uns. Der erste Funke würde überspringen und sich schnell zu einem äußerst heißen Lichtbogen entwickeln, in dem unser Körper regelrecht verschmorte.
Die physikalische Ursache dafür, daß dem auf der Hochspannungsleitung hockenden Vogel nichts passiert, uns hingegen in dem Augenblick, da wir vom Mast aus nahe genug an den Draht kommen, der sichere Tod ereilt, liegt darin, daß Elektrizität nur dann schädlich werden kann, wenn sie durch den Körper eines Menschen oder eines Tieres hindurchfließt. Fließende Elektrizität nennt man elektrischen Strom. Sobald elektrischer Strom durch unseren Körper fließt, kann es gefährlich für uns werden.

Strom fließt aber nur dann durch unseren Körper, wenn dieser nicht nur mit einem, sondern mit zwei Anschlüssen einer Stromquelle verbunden ist.
Die Stromquelle, an der die Hochspannungsleitung angeschlossen ist, befindet sich im Elektrizitätswerk, auch Kraftwerk genannt. Wie jede Stromquelle, so gibt es auch dort mindestens zwei Anschlüsse. Der eine ist mit der Hochspannungsleitung verbunden, der andere mit der Erde. Berühren wir mit den Händen die Hochspannungsleitung und mit den Füßen die Erde, dann sind wir, weil das Erdreich ein ebenso guter Stromleiter ist wie der Draht der Hochspannungsleitung, mit zwei Anschlüssen dieser Stromquelle verbunden. Durch uns hindurch fließt ein elektrischer Strom mit allen seinen verheerenden Auswirkungen.
Wenn wir dagegen die Hochspannungsleitung berühren, ohne mit der Erde in Verbindung zu sein, kommt kein Stromfluß durch unseren Körper zustande, weil ein Strom ja nur zwischen den zwei Anschlüssen einer Stromquelle fließen kann. Ebenso passiert uns, Gott sei Dank, überhaupt nichts, wenn wir auf der Erde stehen, ohne dabei die Hochspannungsleitung zu berühren. Wir sind dann zwar auch mit einem Anschluß der Stromquelle im Elektrizitätswerk über die gut leitende Erde verbunden, da wir aber mit dem zwei-

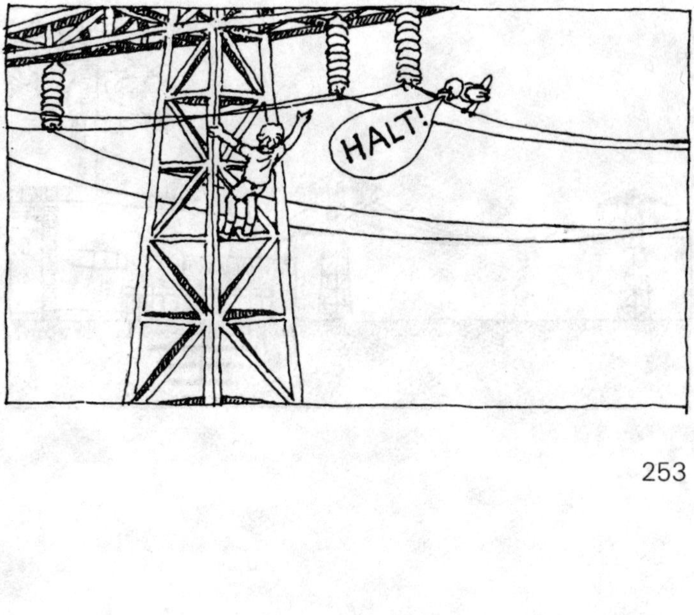

ten Anschluß nicht in Verbindung stehen, kann auch kein elektrischer Strom durch uns hindurchfließen.
Ein auf der Erde stehender Mensch befindet sich demnach, physikalisch betrachtet, in derselben Lage wie ein auf der Hochspannungsleitung sitzender Vogel. Beide sind jeweils nur einseitig mit der Stromquelle verbunden, und beiden passiert nur deshalb nichts, weil sie nicht gleichzeitig auch mit dem zweiten Anschluß in Verbindung stehen.
Besteigt aber jemand den Mast der Hochspannungsleitung und kommt oben mit dem Draht in Berührung, so ist er mit beiden Anschlüssen der Stromquelle in Kontakt, mit dem einen durch den Draht, mit dem anderen durch den Mast und die Erde. Er wird nicht ungeschoren davonkommen.
Dasselbe passiert übrigens, wenn jemand über eine Drachenschnur mit der Hochspannungsleitung in Berührung kommt. Seine Hand wäre über Drachenschnur und Drahtleitung mit dem einen Anschluß der Stromquelle, dem Elektrizitätswerk, verbunden, seine Füße über die Erde mit dem anderen. Und eine so günstige Gelegenheit läßt sich kein Strom entgehen. Mit aller Macht würde er den Körper durchfließen. Viel würde man davon allerdings nicht mehr verspüren.
Eine Frage ist allerdings noch zu klären, die sicherlich schon vielen auf den Lippen liegt: Die Hochspannungsleitung ist

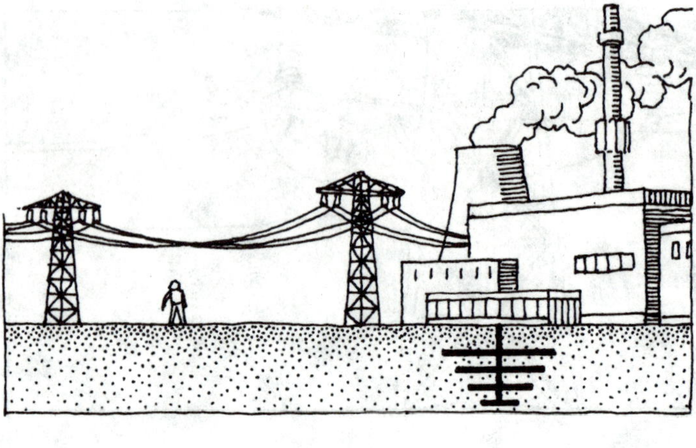

doch irgendwie am Mast befestigt. Müßte da nicht eigentlich dauernd ein elektrischer Strom fließen, und zwar zwischen dem einen Anschluß der Stromquelle im Elektrizitätswerk über die Drahtleitung, den Mast, die Erde und dem anderen Anschluß? Ein solcher Stromfluß würde tatsächlich eintreten, wenn der Draht der Hochspannungsleitung direkt am Mast befestigt wäre. Das ist aber, wie ein Blick nach oben zeigt, nicht der Fall. Zwischen Mast und Leitung befinden sich ganz merkwürdig geformte Körper. Sie bestehen aus Porzellan, und Porzellan hat die Eigenschaft, den elektrischen Strom so gut wie überhaupt nicht zu leiten. Ein solcher Körper wird Isolator genannt. Zwischen Leitung und Mast wirkt er genauso wie die Luft zwischen Leitung und Erde: Er verhindert eine dauernde „stromleitende" Verbindung zwischen den Anschlüssen der Stromquelle.
Die merkwürdige Form dieser Isolatoren soll übrigens verhindern, daß sich auf ihnen bei Regen, Nebel oder Schnee eine zusammenhängende Wasserschicht bildet, durch die ein Stromfluß zustande kommen könnte.
Bei kleineren Reparaturen werden die Fahrleitungen von elektrischen Straßen- und Eisenbahnen in der Regel nicht

abgeschaltet. Die Monteure stehen dabei auf einer Arbeitsbühne, die durch Isolatoren von der Erde „elektrisch getrennt'' ist, und damit befinden sie sich in der gleichen gefahrlosen Lage wie ein auf einer Hochspannungsleitung sitzender Vogel.

Was müßte wohl, um endlich auf die merkwürdige Überschrift zurückzukommen, ein Vogel machen, wenn er, aus welchen Gründen auch immer, durch einen elektrischen Schlag seinem Vogelleben ein Ende setzen wollte? Sich einfach auf eine Hochspannungsleitung zu setzen, genügt nicht, wie wir nunmehr wissen. Er müßte sich vielmehr auf die Suche nach einem Draht oder nach einer verlorenen Drachenschnur machen, diese in den Schnabel nehmen und sich damit auf die Hochspannungsleitung setzen. Falls dann der Draht bzw. die Drachenschnur den Mast oder eine der anderen Leitungen berührt, hat sich die Sache für ihn erledigt. Entschieden besser ist es natürlich, doch noch ein paar Tage, Monate oder Jahre zur Freude des Menschen und zum eigenen Vergnügen in der schönen Welt umherzufliegen und herumzuzwitschern.

Tod in der Badewanne

Immer wieder liest man in der Zeitung von Unfällen, bei denen Menschen durch elektrischen Strom getötet wurden. Beim Umgang mit Elektrizität sollten wir sehr vorsichtig sein, denn zu einem tödlichen Elektrounfall bedarf es gar keines allzu starken Stromes. Schon der Strom, der durch das Glühlämpchen einer Taschenlampe fließt und es zum Leuchten bringt, reicht allemal aus, einen erwachsenen Menschen ins Jenseits zu befördern. Elektrischer Strom schädigt nämlich unseren Körper in doppelter Hinsicht: Zum einen bringt er unser Herz aus dem Takt, zum anderen zerstört er unsere Körperzellen, und beides ist lebensbedrohlich.

Die Stärke eines elektrischen Stromes wird in der Einheit Ampere (A) gemessen. Ein Strom von 1 Ampere Stärke fließt beispielsweise, wenn ein Staubsauger, ein größeres Fernsehgerät oder ein Mixer in Betrieb ist. Mit weniger als 0,5 Ampere begnügen sich die meisten Glühlampen. Ein Gutteil mehr verlangt eine Waschmaschine oder eine Herdplatte: 9 bis 10 Ampere müssen es da schon sein, wenn sie ihre Arbeit ordnungsgemäß verrichten soll. Dagegen nimmt sich ein Taschenrechner mit seinen 0,005 Ampere recht bescheiden aus.
Unser menschlicher Körper ist, was die Stromstärke betrifft, recht empfindlich. Bereits 0,05 Ampere genügen manchmal, um uns vom Leben zum Tode zu befördern.
Damit jedoch ein Strom fließen kann, bedarf es einer antreibenden Kraft. Und diese Kraft, die man elektrische Spannung nennt, wird von einer Batterie, einem Akkumulator oder auch der Steckdose geliefert. Gemessen wird die elektrische Spannung in der Einheit Volt (V). So hat beispielsweise eine Monozelle eine elektrische Spannung von 1,5 Volt. In einer flachen Taschenlampenbatterie sind drei solche Monozellen zusammengeschaltet, wodurch eine elektrische Spannung von 4,5 Volt entsteht. Auf 12 Volt bringt es eine Autobatterie, und mit 220 Volt steckt die gewöhnliche Haushalt-Steckdose jede Batterie in die Tasche.
Wenn beispielsweise eine Kochplatte ordnungsgemäß arbeiten, d. h. in ihr ein Strom von etwa 10 Ampere fließen soll, müssen wir sie an eine Spannungsquelle von 220 Volt anschließen, etwa an eine Steckdose. Wollten wir dieselbe Kochplatte mit einer Autobatterie von 12 Volt Spannung betreiben, so würde nur ein Strom von ungefähr 0,5 Ampere fließen, und bei einer derart mageren Kost dächte die Kochplatte nicht im entferntesten daran, ihre Arbeit zufriedenstellend zu verrichten. Wir könnten auf ihr kaum eine Tasse Wasser erwärmen, geschweige denn etwas kochen.
Das Glühlämpchen einer Taschenlampe braucht, um ordentlich zu leuchten, einen Strom von etwa 0,2 Ampere. Um

einen Strom dieser Stärke zu erzeugen, muß man es an eine Spannungsquelle von 3 Volt anschließen. Wollte man dasselbe Glühlämpchen mit einer Monozelle von 1,5 Volt Spannung betreiben, so würde nur ein Strom von 0,1 Ampere fließen. Solchermaßen auf halbe Kost gesetzt, würde das Lämpchen nur noch trübe vor sich hin funzeln. Man täte ihm auch keinen Gefallen, wenn man es an eine Spannungsquelle von 220 V anschlösse, beispielsweise an die Steckdose. Diese Spannungsquelle würde einen Strom von rund 15 Ampere in Bewegung setzen, und den verträgt das robusteste Lämpchen nicht. Es würde einmal kurz aufleuchten, um danach für immer zu verlöschen (siehe Anmerkung S. 272).

Damit ein elektrischer Strom seine schädigende Wirkung auf uns entfalten kann, muß er zunächst einmal an irgendeiner Stelle in unseren Körper hinein- und an irgend einer anderen Stelle wieder aus unserem Körper herausfließen. Daran hindert ihn jedoch in erster Linie die Haut. Sie setzt dem Fließen des Stromes einen erheblichen Widerstand entgegen. Und das ist auch gut so, denn nur deshalb können wir normale Batterien ohne Gefahr anfassen. Ihre geringe Spannung reicht nicht aus, um einen Strom der schädlichen Stärke von 0,05 Ampere durch die Haut hindurchzuzwingen.

Nun hat aber unsere Haut die unangenehme Eigenschaft, ihren Widerstand gegenüber dem elektrischen Strom erheb-

lich zu verringern, wenn sie feucht ist. Und sie wird natürlich dann am feuchtesten, wenn wir in der Badewanne sitzen. Dann genügt im ungünstigsten Falle schon eine elektrische Spannung von etwas mehr als 40 Volt, um die tödliche Stromstärke zu erzeugen. Die 220 Volt der Steckdose sind in einer solche Situation für jeden absolut tödlich. Aus diesem Grunde wäre es Selbstmord, in der Badewanne ein elektrisches Gerät zu benutzen oder von der Badewanne aus ein elektrisches Gerät zu berühren. Es könnte ja sein, daß dieses Gerät einen kleinen Defekt hat, der bei trockener Haut überhaupt nicht bemerkt wird, bei nasser Haut jedoch katastrophale Folgen hat. Selbst wenn ein elektrisches Gerät völlig intakt ist, wird es zur tödlichen Gefahr, wenn es in das Badewasser fällt. Wie schnell ist das beispielsweise mit einem Haarföhn passiert, wenn man sich damit, in der Wanne sitzend, die Haare trocknet. Sobald das Gerät ins Wasser fällt, gelangt die volle Spannung der Steckdose an den Körper, und schon ist es geschehen.

Übrigens ist auch das Telefon ein elektrisches Gerät. Wir sollten deshalb, selbst wenn es schick aussieht oder wenn ein dringendes Gespräch ankommt, niemals in der Badewanne telefonieren, falls überhaupt die Anschlußschnur bis dahin reicht. Vor Jahren hat ein ausländischer Botschafter in Bonn dieses Gebot nicht beachtet. Es war das letzte Telefongespräch seines Lebens, wie damals in allen Zeitungen zu lesen war.

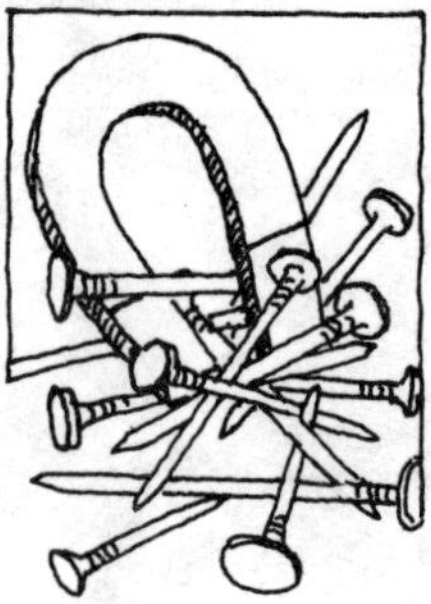

Ordnung ist das halbe Leben

Schon jedes Kind weiß, was ein Magnet ist: ein meist stab- oder hufeisenförmiger Körper aus Eisen, der andere Eisenkörper anzieht. Daß ein Magnet darüber hinaus auch noch Körper aus Kobalt und Nickel anzieht, ist schon nicht mehr so bekannt. Und wenn wir schließlich fragen, worin sich ein magnetisches von einem unmagnetischen Eisenstück unterscheidet, müssen die meisten Leute passen. Das wissen sie nicht.

Kein Wunder! Einem Stück Eisen, beispielsweise einem Eisenstab, kann man nicht ansehen, ob er magnetisch ist oder nicht. Gäbe es jedoch ein Mikroskop, unter dem wir die kleinsten Teilchen erkennen könnten, aus denen der Eisenstab besteht, so wäre es uns ein leichtes, zu entscheiden, ob er magnetisch oder unmagnetisch ist. Jedes dieser kleinsten Eisenteilchen ist nämlich ein winzig kleiner, aber dennoch voll ausgebildeter Magnet, der, wie jeder ordentliche

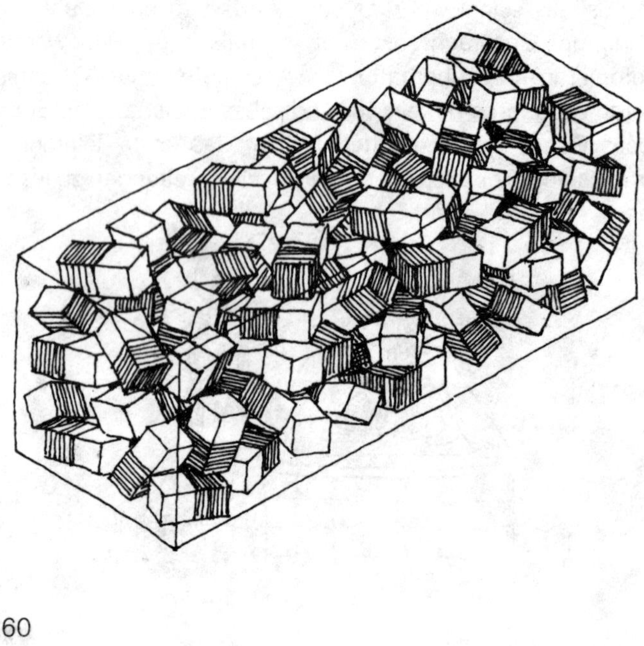

Magnet, zwei Pole hat: einen Nordpol und einen Südpol. Diese kleinen Magnete, Physiker nennen sie Elementarmagnete, liegen in einem unmagnetischen Eisenstab kreuz und quer durcheinander, so etwa, wie unsere Abbildung zeigt. Diese Unordnung hat zur Folge, daß sich die Elementarmagnete in ihrer magnetischen Wirkung gegenseitig behindern, ja sogar völlig neutralisieren. Deshalb wirkt der Eisenstab als Ganzes nach außen hin unmagnetisch.

Wenn es uns aber gelingt, die Elementarmagnete auszurichten wie eine Kompanie gut gedrillter Soldaten, und zwar so, daß sie alle mit ihrem Nordpol in dieselbe Richtung zeigen, dann verstärken sie sich in ihrer Wirkung gegenseitig, und der Eisenstab wird als Ganzes zu einem großen Magnet, der an einem Ende einen Nordpol, am anderen einen Südpol hat. Wie aber kann man wohl diese kleinen Elementarmagnete dazu bringen, sich ordentlich in Reih und Glied aufzustellen?

Mit einem militärischen Kommando ist es nicht getan, da

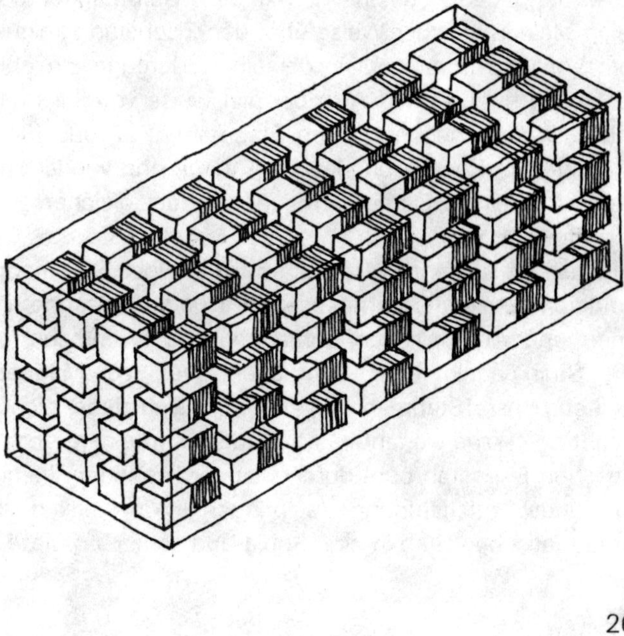

muß schon ein bißchen mehr Zwang her. Oder genügt vielleicht auch ein gutes Vorbild? Gute Beispiele verderben bekanntlich schlechte Sitten. Also her mit einem Eisenstab, bei dem die Elementarmagnete bereits ausgerichtet sind, wie das bei einem Stabmagnet der Fall ist.
Diesen Stabmagnet zeigen wir nun dem unordentlichen Volk. Leider reicht das nicht aus. Ohne Zwang läuft eben nichts. Und der Zwang besteht darin, daß wir den Nordpol des Stabmagnets langsam in Längsrichtung über den noch unmagnetischen Eisenstab bewegen.
Vom Nordpol des Stabmagneten werden jetzt die Südpole der Elementarmagnete unwiderstehlich angezogen. Und genauso, wie eine Kompanie Soldaten Mann für Mann dem General, der die Front abschreitet, die Gesichter zuwenden, bis schließlich alle in dieselbe Richtung schauen, drehen sich auch die Elementarmagnete, bis sie schließlich alle mit ihrem Südpol in die gleiche Richtung zeigen, und zwar dorthin, wohin sich der Nordpol des Stabmagneten bewegt hat. Für Nachzügler, die beim ersten Mal noch nicht gemerkt haben, wo es lang geht, sollten wir mit dem Stabmagnet noch einige Male in gleicher Weise über den Eisenstab streichen. Aber Vorsicht! Immer nur in derselben Richtung streichen, nicht etwa hin und her! Also beispielsweise von links nach rechts. Danach heben wir den Stabmagnet ab und führen ihn in weitem Bogen zurück zum Anfang, und wieder streichen wir über die Elementarmagnete in der gleichen Richtung hinweg.
Auf diese Weise können wir mit einem einzigen Stabmagnet Hunderte, Tausende, Zehntausende, Hunderttausende, Millionen und Abermillionen unmagnetische Eisenstäbe, wie z. B. Stricknadeln oder Schraubenzieher, zu Magneten machen. Unser Stabmagnet verbraucht sich dabei nicht.
Es gibt noch eine elegantere Methode, die in einem unmagnetischen Eisenstab bunt durcheinander liegenden Elementarmagnete zur Ordnung zu bringen. Wir stecken den unmagnetischen Stab in eine Spule und schließen diese an

eine Gleichstromquelle, z. B. eine Batterie, an. Unter dem Einfluß des Gleichstroms, der durch die Spule fließt, richten sich die Elementarmagnete in Reih und Glied aus, so daß der Eisenstab zum Stabmagnet wird.
Gelegentlich kann es vorkommen, daß wir einen magnetischen Eisenstab wieder unmagnetisch machen wollen. Wir müssen dazu ganz einfach die Elementarmagnete veranlassen, ihre Ordnung wieder aufzugeben. Auf Kommando tun sie das zwar nicht, wenn wir aber den magnetischen Eisenstab durch Hammerschläge oder durch wiederholtes Fallenlassen auf einen harten Untergrund lange genug erschüttern, geraten die Elementarmagnete wieder in ihre gewohnte Unordnung, und der Stab wird nach außen hin unmagnetisch. Wem dieses Verfahren zu anstrengend oder zu langwierig ist, kann auch noch brutalere Methoden anwenden, um die Entmagnetisierung zu erzwingen. Wir brauchen den magnetischen Eisenstab nur bis zur Rotglut zu erhitzen. Die Elementarmagnete geraten dadurch außer Rand und Band, bewegen sich panikartig hin und her, stoßen heftig gegeneinander und verlieren jedes Gespür für Ordnung. Und wenn der Stab wieder erkaltet, ist er ein Magnet gewesen. Das schließt aber nicht aus, daß er gelegentlich wieder einer werden kann. Das Zeug dazu trägt er nach wie vor in sich: die Elementarmagnete.

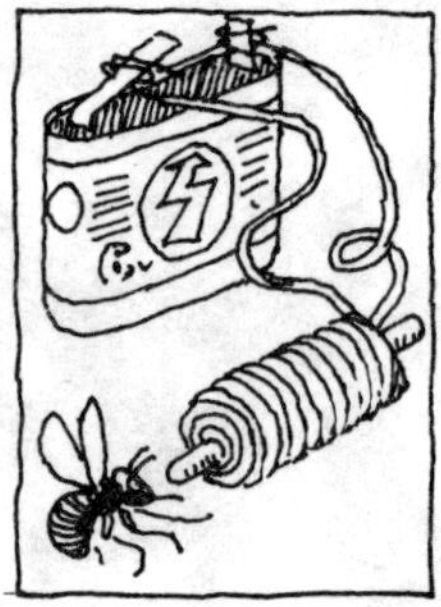

Der abschaltbare Magnet

Wer schon einmal eine Nadelbüchse, z. B. die aus dem Nähkästchen der Mutter, fallen lassen hat, der weiß, welch große Mühe es macht, die „zehntausend" Stecknadeln wieder einzusammeln.

Wohl dem, der einen Magnet zur Hand hat. Im Nu sind damit die Stecknadeln eingefangen. Sie hüpfen dem Magnet geradezu entgegen und hängen in dicken Trauben an seinen Polen. Und damit beginnt der Tragödie zweiter Teil: Wie bekommen wir die Stecknadeln vom Magnet wieder los? Von allein machen sie keinerlei Anstalten, den ihnen offensichtlich höchst angenehmen Ort zu verlassen, um wieder in der dunklen Nadelbüchse dahinzudämmern. Folglich müssen sie mit Gewalt vom Magnet gelöst werden. Dagegen aber wehren sie sich. Und womit wehren sie sich? Natürlich mit Nadelstichen. Und während wir die ersten Blutstropfen vom Finger lecken, wünschen wir uns sehnlichst einen abschaltbaren Magnet. Wie einfach wäre dann doch diese Angelegenheit! Wir brauchten den Magnet nur, während er sich senkrecht über der Nadelbüchse befindet, abzuschalten, und schon fielen die Nadeln dorthin, wo man sie haben will.

Aber leider können wir einen der üblichen Stab- oder Hufeisenmagnete nicht abschalten. Er behält seine magnetische Kraft dauernd bei, auch dann noch, wenn wir sie gar nicht mehr brauchen. Solche Magnete nennt man deshalb Dauermagnete, auch Permanentmagnete.

Es gibt aber auch den abschaltbaren Magnet, und wir können ihn uns sogar ganz leicht selber herstellen. Wir brauchen dazu nur einen möglichst langen, isolierten Kupferdraht, den wir zu einer Spule wickeln. Schließen wir diese Spule an eine Gleichstromquelle an, beispielsweise an eine Taschenlampenbatterie, so verhält sie sich auf einmal genauso wie ein ganz gewöhnlicher Magnet. Sie zieht Kör-

per aus Eisen, Kobalt oder Nickel an. Sobald wir danach den Strom wieder abschalten, ist es aus mit unserem Magnet. Die Spule wird wieder unmagnetisch.
Hier haben wir ihn also, den abschaltbaren Magnet! Weil er mit elektrischem Strom betrieben wird, heißt er Elektromagnet. Seine magnetische Kraft ist um so größer, je kürzer unsere Spule ist, je mehr Windungen sie hat und je stärker der hindurchfließende Strom ist. Wir können die Kraft unseres Magnets sogar noch um ein Vielfaches verstärken, wenn wir einen Eisenstab in die Spule stecken oder, wie man dazu auch sagt, einen Eisenkern. Gewöhnliches Eisen ist allerdings dazu nicht geeignet, weil es nach dem Abschalten des Stromes einen, wenn auch kleinen, Rest Magnetismus behält. Bei einer besonderen Eisensorte, dem Weicheisen, geschieht das nicht. Ein Elektromagnet ist deshalb eine Spule mit einem Weicheisenkern. Kerne aus besonderen Legierungen können die Kraft des Magneten bis zum 50 000fachen verstärken.
Einen solchen Elektromagnet brauchen wir also, um unsere Stecknadeln aufzuheben und in die Nadelbüchse zurückzubefördern, ohne daß wir uns dabei die Finger zerstechen.
Auch viel schwerere Lasten, als es unsere Stecknadeln sind, lassen sich mit Elektromagneten anheben und transportieren, zum Beispiel tonnenschwere Eisenteile auf Schrottplätzen oder in Hüttenwerken. Die Elektromagnete hängen dabei an Kränen. Solange der Strom eingeschaltet ist, haften die Eisenteile am Magnet. Sie können gefahrlos zum Hochofen oder zu einem Transportfahrzeug geschwenkt werden. Dort wird der Strom dann einfach abgeschaltet, und die Sache ist erledigt.
Zum Sortieren von Altmetall sind solche elektrischen Lasthebemagnete ebenfalls geeignet. Aus einem Gemisch verschiedenster Metalle greifen sie sich zielstrebig Eisen, Kobalt und Nickel heraus. Alle übrigen Metalle, wie zum Beispiel Kupfer, Blei, Zinn, Zink und Messing, bleiben zurück.
So uns Leben und Gesundheit lieb und teuer sind, sollten wir

uns nie unter einen Lasthebemagnet stellen, besonders dann, wenn wir genagelte Schuhe anhaben. Selbst wenn keine Last am Magnet hängt, könnte es ja sein, daß der Kranführer plötzlich den Strom einschaltet, und dann hätten wir keine Chance. Augenblicklich würden wir kopfunter am Magnet hängen, und dann kann man uns nur wünschen, daß unsere Schuhe gut zugeschnürt sind und daß der Kranführer vor lauter Schreck über unser Angstgeschrei den Strom nicht gleich wieder abschaltet.

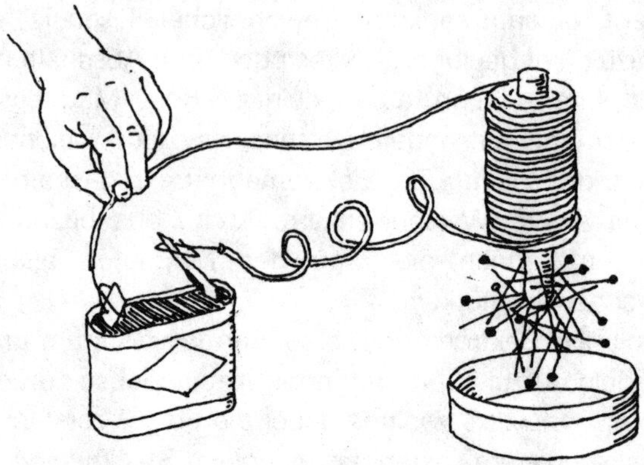

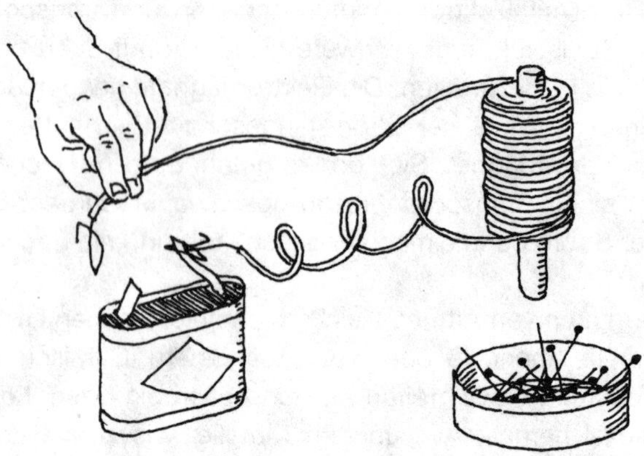

Anmerkungen

zu S. 12
Die Längenzunahme eines festen Körpers, die man mit dem Symbol Δl bezeichnet, können wir mit der Beziehung $\Delta l = l_1 \cdot \alpha \cdot \Delta\vartheta$ berechnen. In dieser Beziehung bedeuten die Symbole l_1 die Anfangslänge unseres Körpers, α die Längenausdehnungszahl des Materials, aus dem der Körper besteht, und $\Delta\vartheta$ die Temperatur, um die der Körper erwärmt wird. (Die Symbole Δ, α und ϑ sind griechische Buchstaben, und man liest sie: Delta bzw. Alpha bzw. Theta.).
Die Längenausdehnungszahl α hat für jedes Material einen bestimmten Wert, den wir in einer Tabelle in Physikbüchern finden können. Für Stahl, d. h. das Material einer Eisenbahnschiene, hat diese Zahl den Wert 0,000012. Wenn wir also wissen wollen, um wieviel sich eine Eisenbahnschiene mit der Anfangslänge $l_1 = 10\,\text{m}$ bei einer Erwärmung um $\Delta\vartheta = 65\,°\text{C}$ ausdehnt, müssen wir $\Delta l = 10\,\text{m} \cdot 0{,}000012 \cdot 65$ z. B. mit einem Taschenrechner ausrechnen.

zu S. 16
Um wieviel sich 75 Liter Benzin ausdehnen, wenn sie um $\Delta\vartheta = 40\,°\text{C}$ erwärmt werden, können wir mit Hilfe der Beziehung $\Delta V = V_1 \cdot \gamma \cdot \Delta\vartheta$ berechnen, in der ΔV diese Volumenzunahme, V_1 das Anfangsvolumen des Benzins, d. h. bei 20 °C, und der griechische Buchstabe γ (gelesen: Gamma) die Raumausdehnungszahl des Benzins bedeuten. Diese Beziehung hat die gleiche Form wie die für die Längenänderung eines festen Körpers bei Erwärmung verwendete (siehe „Sommer- und Winterpreise . .“). Die Raumausdehnungszahl des Benzins kann man in vielen Tabellen finden, sie hat den Zahlenwert 0,001. Folglich erhalten wir für unsere 75 Liter Benzin eine Volumenzunahme von $\Delta V = 75 \cdot 0{,}001 \cdot 40$ Liter $= 3$ Liter.

zu S. 17
Wie im Kapitel „Ein Loch im Benzintank“ berechnen wir die Volumenzunahme des Heizöls mit der Beziehung $\Delta V = V_1 \cdot \gamma \cdot \Delta\vartheta$, nur daß wir jetzt die Raumausdehnungszahl des Heizöls, d. h. den Zahlenwert 0,00096, verwenden müssen. Wir bekommen $\Delta V = 5000 \cdot 0{,}00096 \cdot 15$ Liter $= 72$ Liter.
Haben wir anfangs nicht 5000 Liter, sondern nur 4929 Liter Heizöl bei einer Temperatur von 10 °C, so erhalten wir nach dem Erwärmen um 15 °C ein Volumen von $\Delta V = 4929 \cdot 0{,}00096 \cdot 15$ Liter ≈ 71 Liter mehr, also insgesamt 5000 Liter Heizöl.

zu S. 21
Die Ausdehnung gasförmiger Stoffe bei Erwärmung berechnen wir nicht mit Hilfe derselben Beziehung wie die Ausdehnung fester Körper (siehe „Sommer- und Winterpreise . .“). Für Gase benutzen wir die allgemeine Zustandsgleichung, wie man diese Beziehung in der Physik nennt. Sie hat die Form $p_1 \cdot V_1/T_1 = p_2 \cdot V_2/T_2$, und hierin bedeuten p_1 und p_2 den Druck, V_1 und V_2 das Volumen sowie T_1 und T_2 die absolute Temperatur der entsprechenden Gasmenge vor bzw. nach dem Erwärmen. Die absolute Temperatur eines Stoffes erhalten wir, indem wir zu dem gemessenen Wert in Grad Celsius den Wert 273 addieren und als Einheit „Kelvin“ (K) schreiben. In unserem Beispiel hat die Luft im Klassenzimmer morgens 7 Uhr ein Volumen von

$380\,m^3$, eine absolute Temperatur von 10 + 273)K = 283 K und normalen Luftdruck, d. h. etwa 1 bar. Wenn die Luft das Zimmer nicht verlassen kann, behält sie beim Erwärmen ihr Volumen. Danach ist ihre Temperatur auf T_2 = 293 K gestiegen, und ihren Druck ermitteln wir aus der Gleichung. $1\,bar \cdot 380\,m^3/283\,K = p_2 \cdot 380\,m^3/293\,K$. Durch einfache mathematische Umformung erhalten wir daraus $p_2 = 293/283\,bar \approx 1{,}035\,bar$. Dieses Resultat ist auf den ersten Blick nicht gerade überwältigend. Nehmen wir hingegen an, daß die Luft beim Erwärmen ohne weiteres aus dem Zimmer strömen kann, ihr Druck sich folglich nicht vergrößert, sondern nur ihr Volumen, so erhalten wir die Gleichung $1\,bar \cdot 380\,m^3/283\,K = 1\,bar \cdot V_2/293\,K$, und daraus ergibt sich wieder erst — durch Umformung und dann mit dem Taschenrechner — das Volumen $V_2 = 380\,m^3 \cdot 293\,K/283\,K \approx 393{,}4\,m^3$. Das Volumen der Luft im Klassenzimmer nimmt folglich um $13{,}4\,m^3$ zu.

zu S. 32

Eine Flüssigkeit geht sowohl durch Verdampfen als auch durch Verdunsten in Dampf, d. h. in den gasförmigen Zustand, über. Der Unterschied zwischen beiden Vorgängen besteht einzig und allein darin, daß eine Flüssigkeit bei ihrer Siedetemperatur verdampft, wobei innerhalb der gesamten Flüssigkeit Dampfblasen bilden, hingegen unterhalb ihrer Siedetemperatur verdunstet, wobei sich der Dampf nur an der Oberfläche der Flüssigkeit entsteht.

Zu beiden Vorgängen wird jedoch die gleiche Wärmeenergie pro Kilogramm der betreffenden Flüssigkeit benötigt. Beispielsweise braucht ein Kilogramm Wasser zum Verdampfen bzw. zum Verdunsten 2256374 Joule Wärmeenergie. Mit dieser Energie könnten wir knapp 5,4 Liter Wasser von 0 °C zum Kochen bringen.

Da Schweiß fast vollständig aus Wasser besteht, wird folglich beim Verdunsten von $1\,cm^3$ Schweiß auf unserer Haut unserem Körper rund 2256 J Wärmeenergie entzogen, und damit könnten wir $5{,}4\,cm^3$ Wasser von 0 °Cauf 100 °C erwärmen.

zu S. 48

Der englische Mathematiker und Physiker Isaac Newton (1643–1727) erforschte den Zusammenhang zwischen der Masse m eines Körpers und der auf diesen Körper wirkenden Kraft F. Diesen Zusammenhang drückte er in der Beziehung $F = m \cdot a$ aus, in der a die Beschleunigung ist, die der Körper durch die Kraft F erfährt. Da jeder Körper von der Erde angezogen wird, d. h. die Erdanziehungskraft auf ihn wirkt, erfährt er durch diese Kraft die Fallbeschleunigung $g = 9{,}81\,m/s^2$. Folglich erhält man für 1 kg Masse ein Gewicht von $F = G = 1\,kg \cdot 9{,}81\,m/s^2 = 9{,}81\,N$.

zu S. 57

Wie Albert Einstein herausfand, läßt sich die Masse m (Trägheit) eines Körpers, der sich mit der Geschwindigkeit v (in Kilometer pro Sekunde) bewegt, mit Hilfe der Gleichung $m = m_0/\sqrt{1-(v/c)_2}$ berechnen. In dieser Gleichung bedeuten m_0 die Masse des Körpers im Ruhezustand und c die Geschwindigkeit des Lichts im leeren Raum, und diese ist c = 299 793 km/s, wie wir aus jedem Lexikon erfahren können. Könnte sich beispielsweise eine Rakte, die im Ruhezustand 2000 kg Masse hat, mit einer Geschwindigkeit von 285 000 km/s bewegen, so hätte sie die Masse $m = 2000/\sqrt{1-(285\,000/299\,793)_2}\,kg \approx 6446\,kg$, und das sind rund 6,5 Tonnen.

zu S. 76

Unter dem Druck versteht man die Kraft einer Flüssigkeit oder eines Gases, die auf jede Flächeneinheit wirkt. Wenn p den Druck, F die Kraft und A den Flächeninhalt

bedeuten, so gilt $p = F/A$, und daraus folgt $F = p \cdot A$. Man sagt auch, daß die Kraft F dem Flächeninhalt A proportional ist. Wenn man demnach den Flächeninhalt A verdoppelt, verdreifacht usw., muß sich auch die Kraft F verdoppeln, verdreifachen usw., da sich ja der Druck in der Wasserleitung kaum ändert.
Der Druck in einer bestimmten Wassertiefe, beispielsweise von 2 m, wird hydrostatischer Druck oder auch Schweredruck genannt, weil er vom Gewicht des Wassers verursacht wird.

zu S. 111
Die jeweils zusammengehörigen Werte in der Tabelle können wir leicht berechnen, denn die Geschwindigkeit v (in Meter pro Sekunde), die man beim Aufprall auf den Erdboden hat, wenn man aus der Höhe h herabfällt, erhält man mit Hilfe der Formel $v = \sqrt{2 \cdot g \cdot h}$, in der das Symbol g, wie in vorherigen Texten, die Fallbeschleunigung (Zahlenwert 9,81) bedeutet. Fällt man beispielsweise aus 18 m Höhe herab, so prallt man mit der Geschwindigkeit $v = \sqrt{2 \cdot 9{,}81 \cdot 18}$ m/s = 18,79 m/s auf den Erdboden auf, und das sind 18,79 · 3,6 km/h ≈ 68,3 km/h, denn um aus einer Geschwindigkeit in m/s eine in km/h angegebene Geschwindigkeit zu bekommen, müssen wir den betreffenden Zahlenwert mit 3,6 multiplizieren.

zu S. 121
Die Schwingungsdauer T eines Fadenpendels auf der Erde können wir mit dem Taschenrechner selbst berechnen, und zwar mit Hilfe der Beziehung $T = 2\pi \cdot \sqrt{l/g}$. Hier bedeuten l die Länge des Pendels in Metern, g die sogenannte Fallbeschleunigung auf der Erde und π die Kreiszahl. Die gerundeten Werte für g und π sind 9,81 bzw. 3,14.
Hat beispielsweise ein Fadenpendel eine Länge von 25 cm = 0,25 m, so erhalten wir seine Schwingungsdauer T, indem wir zunächst 0,25 durch 9,81 teilen, also 0,25/9,81 = 0,0254842, dann aus dieser Zahl die Quadratwurzel berechnen (mit dem Taschenrechner kein Problem!), also $\sqrt{0{,}0254842} = 0{,}15963$, und diesen Wert noch mit 2 · 3,14 = 6,28 multiplizieren, also 0,15963 · 6,28 = 1,0025248. Die Schwingungsdauer dieses Fadenpendels beträgt also fast genau eine Sekunde.

zu S. 137
Wirft ein Astronaut, der sich im schwerelosen Zustand befindet, irgendeinen Gegenstand von sich weg, so bewegen sich der davongeworfene Gegenstand und er selbst infolge des Reaktionsprinzips in einander entgegengesetzte Richtungen.
Die Geschwindigkeit v_1 des Astronauten nach dem Davonwerfen des Gegenstandes ist von seiner eigenen Masse m_1, der Masse m_2 des Gegenstandes sowie von der Geschwindigkeit v_2 abhängig, die er dem Gegenstand erteilt hat. Für diesen Vorgang gilt nämlich nicht nur das Reaktionsprinzip, sondern auch das Gesetz von der Erhaltung des Impulses: $m_1 \cdot v_1 = m_2 \cdot v_2$.
Hat der Astronaut beispielsweise eine Masse von 75 kg und erteilt er einem Gegenstand von 1 kg Masse die Geschwindigkeit $v_2 = 25$ m/s, so bewegt er sich nach dem „Abstoßen" mit der Geschwindigkeit $v_1 = m_2 \cdot v_2/m_1 = 1 \cdot 25/75$ m/s ≈ 0,33 m/s, d. h. er legt in jeweils 3 s einen Weg von 1 m zurück.

zu S. 139

Das Gesetz von der Erhaltung der mechanischen Energie sagt aus, daß sich die mechanische Gesamtenergie, die aus Lageenergie und Bewegungsenergie besteht, während eines solchen Vorganges nicht ändert.
Nach dem Gesetz von der Erhaltung des Impulses ändert sich der Gesamtimpuls aller Kugeln während des Vorganges nicht.
Läßt man nur eine Kugel auf die restlichen prallen, so überträgt sie beim Aufprall die Bewegungsenergie $W_1 = 1/2 \cdot m \cdot v_1^2$ auf die nächste Kugel, und diese gibt die Energie an die übernächste Kugel weiter und so fort bis zur letzten Kugel. Dabei bedeuten m die Masse einer solchen Kugel und v_1 die Geschwindigkeit, mit der die erste Kugel auf die übrigen prallt. Die letzte Kugel erhält von der vorletzten die Bewegungsenergie $W_2 = 1/2 \cdot m \cdot v_2^2$, und hier bedeutet v_2 die Geschwindigkeit, mit der die letzte Kugel „startet".
Für die Impulse I_1 und I_2 der aufprallenden ersten bzw. weggestoßenen letzten Kugel gilt entsprechend: $I_1 = m \cdot v_1$ und $I_2 = m \cdot v_2$.
Infolge der beiden Gesetze muß aber $W_1 = W_2$ sowie $I_1 = I_2$ gelten, so daß $v_1 = v_2$ sein muß, weil ja alle Kugeln die gleiche Masse m haben.
Läßt man jetzt mehrere Kugeln, z. B. a Stück, auf die restlichen prallen und nimmt man an, daß auf der anderen Seite b Stück Kugeln „weggeschleudert" werden, so muß man jetzt der beiden Gesetze wegen $1/2 \cdot a \cdot m \cdot {}_1^2 = 1/2 \cdot b \cdot m \cdot v_2^2$ und $a \cdot m \cdot v_1 = b \cdot m \cdot v_2$ schreiben. Aus diesen zwei Gleichungen erhält man mit Hilfe einfacher mathematischer Regeln die Beziehung $b/a = 1$, und das bedeutet $b = a$. Folglich muß die Zahl der aufprallenden gleich der Zahl der „weggeschleuderten" Kugeln sein.

zu S. 169

Selbstverständlich können wir auch berechnen, welche Frequenzen die Töne haben, die wir hören, wenn beispielsweise ein hupendes Auto an uns vorüberfährt. Für solche Frequenzberechnungen zum Dopplereffekt benutzt man nämlich die Beziehung $f_B = f_S \cdot c/(c - v_s)$, und darin bedeuten f_B die Frequenz des Tones, den wir hören, f_S die Frequenz des ausgesandten Tones, c die Geschwindigkeit des Schalls in Luft, also 331,6 m/s, und v_s die Geschwindigkeit der Schallquelle, die sich auf uns zu bzw. von uns weg bewegt und die wir dementsprechend als positiven bzw. negativen Wert einzusetzen haben.
Erzeugt beispielsweise die Hupe eines Autos einen Ton mit 440 Hz, d. h. den Kammerton a, und fährt es mit $v_s = 120$ km/h $\approx 33{,}33$ m/s Geschwindigkeit an uns vorüber, so hören wir bei Annäherung einen Ton mit der Frequenz $f_B = 440 \cdot 331{,}6$ $- 33{,}33)$ Hz ≈ 489 Hz. Ist es an uns vorübergefahren, so hören wir einen Ton mit $f_B = 440 \cdot 331{,}6/(331{,}6 - (-33{,}33))$ Hz ≈ 400 Hz, und das ist ein Unterschied von nahezu 90 Hz, was dem Tonverhältnis einer kleinen Terz entspricht.

zu S. 179

Wie oft wir eine gefüllte Milchkanne in jeder Sekunde herumschleudern müssen, damit gerade nichts mehr heraus läuft, können wir selbstverständlich auch exakt berechnen.
Wenn wir für die Fliehkraft, die an der Kanne nach außen zieht, den Buchstaben F, für die Gesamtmasse der Kanne mit Inhalt den Buchstaben m, für die Länge des Arms, der die Kanne im Kreis bewegt, den Buchstaben r und für die Umdrehungszahl pro Sekunde den Buchstaben n schreiben, so können wir die auf die Kanne wirkende Fliehkraft mit der Beziehung $F = m \cdot 4 \cdot \pi^2 \cdot n^2 \cdot r$ berechnen, π bedeutet die Kreiszahl, also $\pi = 3{,}14$. Dieser Gleichung können wir entnehmen, daß die Fliehkraft F

der herumgeschleuderten Kanne von der Masse, der Drehzahl und der Armlänge abhängt. Hat beispielsweise die Kanne eine Masse von 1,5 kg, der Arm eine Länge von 60 cm = 0,6 m und wird die Kanne in jeder Sekunde zweimal herumgeschleudert, so zieht sie mit der Kraft $F = 1{,}5 \cdot 4 \cdot 3{,}14^2 \cdot 2^2 \cdot 0{,}6$ Newton $\approx$ 142 Newton radial nach außen.
Auf die herumgeschleuderte Kanne wirkt aber nicht nur die Fliehkraft, sondern auch die Erdanziehung, die das Gewicht der Kanne hervorruft. Im höchsten Punkt der Kreisbahn ziehen Fliehkraft und Gewicht in entgegengesetzter Richtung an der Kanne: die Fliehkraft nach oben, das Gewicht nach unten. Soll die Flüssigkeit gerade noch in der Kanne bleiben, so müssen beide Kräfte den gleichen Betrag haben, d. h. es muß $F = G$ sein. Wie wir im Text „Kosmische Gewichtsreduzierung" festgestellt haben, ist $G = m \cdot g$, und deshalb können wir $m \cdot 4 \cdot \pi^2 \cdot n^2 \cdot r = m \cdot g$ schreiben. Durch einfache mathematische Umformung erhalten wir aus dieser Gleichung die Grenzdrehzahl $n = {}^1/_{2\pi} \cdot \sqrt{g/r}$. Da die Fallbeschleunigung an allen Orten der Erde angenähert den gleichen Wert hat, hängt diese Grenzdrehzahl nur von der Länge des Arms ab, der die Kanne im Kreis herum schleudert. Für eine Armlänge von 50 cm = 0,5 m erhalten wir die Drehzahl $n = 1/(1 \cdot 3{,}14) \cdot \sqrt{9{,}81/0{,}5}$ Umdrehungen pro Sekunde $\approx$ 0,7 Umdrehungen pro Sekunde. Das Symbol $\sqrt{\ }$ bedeutet eine sogenannte Quadratwurzel, deren Berechnung mit einem Taschenrechner kein Problem sein dürfte.

zu S. 188

Was aber ist die Ursache für die Bewegung der Planeten, und wie kommt es, daß die Planetenbahnen Ellipsen um die Sonne sind? Diese Frage konnte der bedeutende englische Mathematiker und Physiker Isaac Newton, der von 1643 bis 1727 lebte, als erster genau beantworten. Er fand heraus, daß zwei Körper einander anziehen, und er entdeckte auch ein physikalisches Gesetz, mit dem man diese Anziehungskraft berechnen kann. Es ist die Beziehung $F = \gamma \cdot m_1 \cdot m_2/r^2$, die man das Gravitationsgesetz nennt und in der m_1 und m_2 die Massen der beiden Körper und r die Entfernung zwischen den Mittelpunkten dieser Körper bedeuten. Der griechische Buchstabe γ bedeutet eine sehr kleine Größe, die man die Gravitationskonstante nennt und die den Zahlenwert 0,0000000000668 hat.
Zwei Metallkugeln beispielsweise, die je 100 kg Masse haben und deren Mittelpunkte 1 m voneinander entfernt sind, ziehen sich gegenseitig mit der Kraft $F = 0{,}0000000000668 \cdot 100 \cdot 100/1^2$ N = 0,000000668 N an. Das ist natürlich äußerst wenig. Hingegen wirkt beispielsweise zwischen einem Stein mit 10 kg Masse und unserer Erde mit ihrer mächtigen Masse eine wesentlich größere Kraft, die wir durchaus spüren können. Es ist das Gewicht des Steins, nämlich $F = G = 98{,}1$ N. Ist schließlich der zweite Körper kein Stein, sondern unsere Sonne, deren Masse 333 000mal so groß wie die Erde ist, so wirkt zwischen ihnen trotz ihres großen Abstandes voneinander eine unvorstellbar große Kraft. Und diese Kraft zwingt die Erde dazu, ständig um die Sonne herum zu laufen.
Mit Hilfe des Gravitationsgesetzes kann man auch mathematisch nachweisen, daß die Bahn der Erde um die Sonne kein Kreis ist, sondern eine Ellipse sein muß.
Über die Planetenbewegung gibt es noch ein physikalisches Gesetz, das etwas über die Umlaufzeiten der Planeten und ihre durchschnittlichen Entfernungen von der Sonne aussagt. Auch dieses Gesetz entdeckte Kepler.

zu S. 221

Um den Weg zu berechnen, den der Schall im Wasser zurücklegt, müssen wir die Schallgeschwindigkeit im Wasser, d. h. $v \approx 1490$ m/s, mit der Schall-Laufzeit t multiplizieren, also $s = v \cdot t$. Mißt man beispielsweise 0,7 s Laufzeit, so beträgt der Schallweg s ≈ 1490 m/s · 0,7 s = 1043 m. Da die Schallwelle aber zum Meeresboden und wieder zurück laufen muß, damit man das Echo empfangen kann, beträgt die Meerestiefe an der betreffenden Stelle nicht etwa 1043 m, sondern nur die Hälfte davon, d. h. 521,5 m.

zu S. 258

„Aller guten Dinge sind drei", sagt ein Sprichwort, und das weiß auch jeder Elektrotechniker, der einfachste Berechnungen durchführen will. Außer der elektrischen Stromstärke, für die man das Symbol I schreibt, und der elektrischen Spannung mit dem Symbol U gibt es nämlich noch eine dritte grundlegende Größe, den elektrischen Widerstand mit dem Symbol R, den wir in der Einheit Ohm (Ω) messen. Jedes elektrische Gerät, ja alle Stoffe haben einen elektrischen Widerstand.
Für das Glühlämpchen einer Taschenlampe beträgt dieser ungefähr 15 Ω, und unsere Kochplatte, in der an einer 220-V-Steckdose ein elektrischer Strom von 10 A fließt, hat einen elektrischen Widerstand von 22 Ω.
Daß diese Zahlenwerte miteinander in Zusammenhang stehen, können wir sicherlich leicht erkennen. Wenn wir nämlich jeweils den Wert für die elektrische Spannung durch den Wert für die Stromstärke dividieren, so bekommen wir den Wert des elektrischen Widerstandes.